自由活塞内燃发电系统设计理论与方法

冯慧华　左正兴　张志远　著

Design Theory and Method of Free Piston Engine Generator System

北京理工大学出版社

BEIJING INSTITUTE OF TECHNOLOGY PRESS

图书在版编目(CIP)数据

自由活塞内燃发电系统设计理论与方法 / 冯慧华,左正兴, 张志远著. -- 北京：北京理工大学出版社, 2023.10

ISBN 978 - 7 - 5763 - 2996 - 4

Ⅰ. ①自… Ⅱ. ①冯… ②左… ③张… Ⅲ. ①内燃发电机 - 系统设计 Ⅳ. ①TM314.02

中国国家版本馆 CIP 数据核字(2023)第 202081 号

责任编辑：多海鹏　　　文案编辑：辛丽莉
责任校对：周瑞红　　　责任印制：李志强

出版发行 / 北京理工大学出版社有限责任公司
社　　址 / 北京市丰台区四合庄路 6 号
邮　　编 / 100070
电　　话 / (010) 68944439（学术售后服务热线）
网　　址 / http://www.bitpress.com.cn

版 印 次 / 2023 年 10 月第 1 版第 1 次印刷
印　　刷 / 三河市华骏印务包装有限公司
开　　本 / 710 mm × 1000 mm　1/16
印　　张 / 19.5
彩　　插 / 4
字　　数 / 335 千字
定　　价 / 92.00 元

前　言

　　一百余年来，内燃机技术的持续完善，以及内燃机产品在工业、生活、国防等多个领域的广泛应用，对推动经济发展和社会进步、提升居民生活品质、保障国家安全等方面起到了不可替代的重要作用。尽管内燃机在一些应用场景和今后一段时间尚不可完全被替代，但在各类载运车辆及机动平台电动化的背景下，内燃机面临的发展压力也是现实存在的。将内燃机技术同动力系统电动化技术进一步融合，探寻具有更高效、更智能的新型动力发电集成系统解决方案，也成为国内外动力系统领域一些学者和科技人员的重要研究课题。自由活塞内燃发电系统（free piston engine generator，FPEG）越来越受到关注，因而成为一种具有诸多潜在优势的新型动力形式。

　　FPEG是自由活塞发动机与直线电机直接耦合而成的新型高效、高功率密度的能量转换系统，自由活塞内燃机推动运动组件作往复直线运动，通过直线电机直接将燃料的化学能转换为电能。相比传统的内燃机，FPEG精简了传统内燃机所具有的曲柄连杆机构，结构更简单、紧凑，且运动件摩擦功损小、潜在能量转化效率高。通过运动组件的往复直线运动，FPEG直接将燃料的化学能转换为电能，实现了原动机到电力负载的近零传递和直驱发电。FPEG由于不受曲柄连杆机械机构约束而具备压缩比可调、运行轨迹可控的特点，因此可适用于汽油、柴油、重油等多种传统化石燃料，同时可满足氢气、乙醇、氨气等低碳清洁燃料的高效燃烧应用。进一步集成化设计的 FPEG 还可模块化应用，以适应不同平台对动力系统输出功率等指标的不同要求。未来，FPEG 有望成为灵活布置、分布驱动动力系统的重要发展方向。

本书聚焦自由活塞内燃发电系统设计理论与方法，系统地介绍了自由活塞内燃发电系统的基本设计理论、总体设计方法以及各子系统设计流程。全书共 8 章，主要内容分为 3 个部分。第一部分（第 1、2 章）介绍 FPEG 主要结构组成、研究进展以及系统总体设计理论与方法，概述自由活塞内燃发电系统多学科优化设计理论与总体性能约束下子系统匹配方法。第二部分（第 3 ~ 7 章）重点描述了 FPEG 关键系统设计基础理论和重要设计优化方法，介绍了：燃烧系统工作原理及工作特点并提出 FPEG 燃烧系统匹配设计优化的重点需求；直线电机子系统工作原理及工作特点、磁路设计、极槽匹配和控制系统开发；电能输出特点与高效转换设计要求，FPEG 电源集成优化和电力综合控制；供油、润滑、冷却和增压等辅助系统设计基础理论和设计匹配优化方法；FPEG 稳定运行控制基础以及内燃机、直线电机的集成控制系统设计与优化。本书在最后一部分（第 8 章）介绍了基于 FPEG 样机开发的总体设计方法。本章以课题组开发的单缸双活塞式FPEG 样机为例，介绍对于一定性能指标要求下的 FPEG 样机，从实际应用出发，FPEG 核心子系统的主要设计与优化理论、流程和方法。

本书兼顾基础理论、设计方法与工程实践，既可供动力工程及工程热物理、机械工程等学科和相关专业的本科生和研究生学习，也可供内燃机、混合动力、复杂机电系统设计等领域相关技术和管理人员参考借鉴。

前期，作者团队的诸多研究生在自由活塞内燃发电系统设计理论与方法、物理样机集成与测试等领域开展了富有成效的研究，部分研究成果也在本书的一些章节中有所体现，在此对博士研究生肖狲、田春来、袁晨恒、宋豫、贾博儒、郭陈栋以及硕士研究生张静、尚蛟、朱彧良、唐智锋、王瑶等表示感谢。博士研究生吴礼民，在读博士研究生王嘉宇、在读硕士研究生魏铄鉴、靳秉睿等承担了许多图表的绘制、部分文字整理和全书初稿的校核工作，在此一并表示感谢。在本书即将出版之际，感谢北京理工大学出版社对本书出版的大力支持以及辛丽莉编辑为本书付出的辛勤努力。

本书所涉及的题材创新性强、涉及学科领域广且技术发展迅速，限于时间和作者水平，书中难免存在不足和疏漏之处，恳请广大读者包涵、指正。

冯慧华
于北京理工大学

目　　录

第 1 章
绪 论

自由活塞内燃发电机是由自由活塞发动机和直线电机直接耦合形成的新型发电系统。与传统曲柄连杆式内燃机相比，自由活塞发动机取消了曲轴系统和飞轮，通过高温高压混合气直接推动运动组件做往复直线运动，通过电机进一步将动能转化为电能输出。

FPEG 具有可变压缩比、结构紧凑、传动链短、振动噪声小、能量转化效率高以及高功率密度等优点。考虑 FPEG 运行过程中直线电机电能特性，将 FPEG 与目前较为成熟的复合电源技术相结合，匹配合理的复合供能/储能系统，可使电能高效利用。在需要电能供应的场合，FPEG 可单独使用或者模块化应用，具体应用目标包括混合动力车辆的增程器、无人机供电装置、坦克装甲车辆辅机电站等。

根据发动机模块数量以及与直线电机的布置形式，可以将 FPEG 划分为三类：单缸单活塞式、双缸双活塞式以及对置活塞式。本书涉及的 FPEG 主要为对置活塞式。对置活塞式 FPEG 主要包含直线电机、自由活塞发动机以及负载/储能单元，对置式以及单活塞式 FPEG 还配置有回弹机构，为活塞提供回复运动反力。此外，对置式 FPEG 还包含保证双活塞运行同步性的同步机构。相对于双活塞式以及单活塞式 FPEG，对置式结构更加复杂，控制难度更大，但其固有的自平衡特性使其具有优良的 NVH 性能。

　　来自西弗吉尼亚大学的 Atkinson 等人根据牛顿第二定律以及热力学基本定律建立了 FPEG 的活塞动力学以及发动机缸内工作过程的数值仿真模型,对后续相关领域的研究奠定了良好的理论基础,研究人员重点研究了负载变化对 FPEG 性能的影响。研究结果表明,当外接负载为常值时,峰值缸压升高,燃烧持续期逐渐缩短,并且燃烧持续期对 P–V 图影响较大,峰值缸内压力越大,系统运行频率越快。研究人员后续根据电机电磁理论以及法拉第电磁感应定律,推导出电机总的输出电压,并对直线发电机的性能进行了研究,发现通过适当增加线圈电阻值可以提高电机的发电效率,研究人员设计的电机如图 1–1 所示。该课题组的研究人员采用无量纲法对压燃式 FPEG 进行了设计分析以及参数化研究,以获得柴油 FPEG 在稳定运行条件下的性能参数。该课题组还对四冲程 FPEG 在不同燃烧模式条件下进行了研究,结果表明均质充量压燃(homogeneous charge compression ignition,HCCI)燃烧模式的热效率可以超过 60%,高于压燃模式,但是在 HCCI 燃烧模式下运行区间较窄,控制复杂。课题组最近对具有弹簧装置辅助燃烧的 FPEG 进行了研究,发现运行频率和输出功率随着弹簧刚度的减小而降低,点火正时对缸内压力的影响较大。美国桑迪亚国家实验室的研究人员通过搭建 FPEG 系统模型对氢燃料的 HCCI 燃烧模式进行了研究,主要采用活塞动力学以及缸内工作过程相结合的方法,建立系统工作过程表达式,具体形式与西弗吉尼亚大学类似,在此不再赘述。研究人员发现,与传统旋转式内燃机相比,FPEG 的活塞运行轨迹在压缩冲程运行较慢,膨胀冲程运行较快,如图 1–2 所

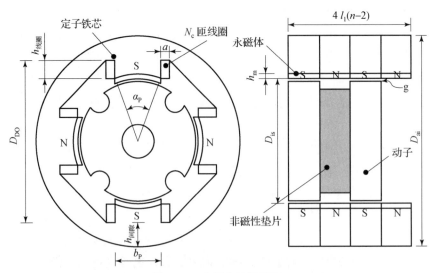

图 1–1　直线电机横截面

示。以氢气作为燃料，自由活塞发动机的理论指示热效率能够达到 65%，并且与传统旋转式发动机相比，NO_x 排放显著降低。基于仿真软件，在不同的设计参数下，分析了不同扫气形式的特性，研究发现直流扫气性能最优，此外，在 HCCI 燃烧模式下，残余高温废气区对 NO_x 生成起主要作用。研究人员也对比了不同燃料下的系统特性，计算结果表明辛烷值较高的燃料需要较高的压缩比，较高的压缩比可以提高系统运行频率、输出功率和效率。

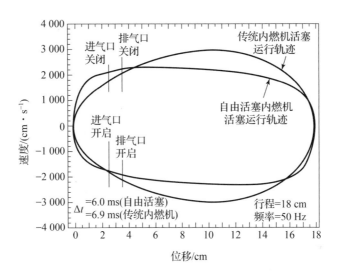

图 1 - 2 典型自由活塞位移 - 速度曲线

欧盟从 2002 年开始对 FPEG 进行研究。Erland Max 等人通过搭建仿真模型进行分析计算，分析发现活塞位移曲线与传统旋转式发动机区别很大，并不是正弦曲线，活塞运动学特性研究结论与美国桑迪亚国家实验室基本一致，在此基础上，研究人员根据活塞运动特性，详细分析了直线电机运行机理，并推导出直线电机瞬态电磁推力表达式。当处于 HCCI 燃烧模式时，指示效率约为 51%，有效效率约为 46%，输出功率为 23 kW，直线电机发电效率可达 93%。通过对横向磁通和纵向磁通永磁发电机进行分析，发现横向磁通永磁发电机动子质量较轻，齿槽力对电机性能影响不大，而纵向磁通式永磁发电机发电效率和输出功率均较高。

捷克科技大学的研究团队进一步完善了缸内工作过程数值模型，基于 FPEG 工作过程，细分各能量占比，并得出缸内瞬时压力和工质温度变化特性，利用韦伯函数对缸内工质燃烧质量分数以及放热率进行了描述；对于机械结构，应用牛顿第二定律，详细描述了运动部件的物理特性表征。基于 MATLAB/Simulink 软件平台和 dSPACE 处理器,搭建了包含活塞动力学模型、发动机缸内热力学模型、传热模型以及电力电子模型的相对完整的数值仿真模型,仿真结果对试验样机的开发和控制策略设计起到了较好的指导作用。

英国纽卡斯尔大学分别对点燃式和压燃式 FPEG 进行了理论分析和数值仿真,探究其运行特性。通过化学反应机理分析,得出了 CO、NO_x、HC、CO_2 等有害排放物的生成机理以及对系统性能的影响。研究发现 FPEG 各个结构设计参数以及性能参数高度耦合,并且表现出强非线性特性,其效率比传统旋转式发动机高,膨胀冲程活塞运动速度较快,缸内压力较低,有利于减小 NO_x 排放,如图 1-3 所示。研究者进一步分析发现,自由活塞独特的位移曲线对缸内气流会产生一定影响,但是并不明显,研究者通过大量计算得出了 FPEG 在不同压缩能量和点火正时下的指示效率和峰值缸内压力 MAP 图。通过对比发现,自由活塞发动机摩擦损失较旋转式发动机减少 50%,二冲程 FPEG 运行频率较快,而缸压较低,在高压缩比下有爆震现象发生,在类似的运行工况下四冲程 FPEG 性能较优。

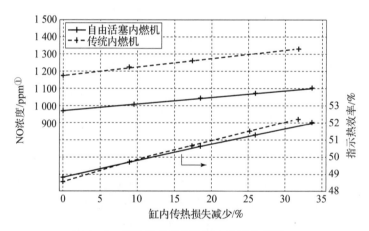

图 1-3　发动机指示效率和 NO 变化规律

来自德国宇航中心的研究人员利用两个气缸模拟发动机燃烧过程,获得了自由活塞发动机 - 直线电机能量转换关系,搭建三维 CFD 计算模型用于模拟缸内燃烧和扫气过程,模型精度得到了实验验证。在 HCCI 燃烧模式下,指示效率比满负荷下火花塞点燃燃烧模式下高,点燃燃烧模式下点火延迟与空燃比、缸内压力等参数有关。研究人员最近对二冲程对置式 FPEG 进行了数值仿真和试验研

———————————

① 1 ppm = 10^{-6}。

究，并且对比分析了系统在 SI 燃烧模式下和 HCCI 燃烧模式下的性能，燃烧分析结果如图 1 − 4 所示，研究发现在 HCCI 燃烧模式下指示效率较高而 IMEP 较低。

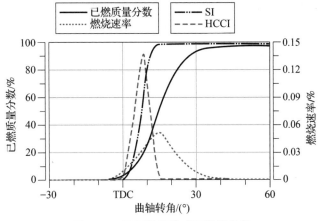

图 1 − 4　不同燃烧模式下燃烧分析

　　上海交通大学的研究人员将 FPEG 简化为单自由度可变刚度和阻尼的离散系统，其固有频率由进气压力和活塞冲程决定。分析了系统运行失稳机理，当外部激励减小时，阻尼系数增加，FPEG 运行更加稳定。图 1 − 5 所示为发动机的缸内压力和温度随时间的变化情况，以此分析系统的波动源。研究人员通过有限元仿真对直线电机性能进行分析，得到了电磁推力和动子速度的非线性关系，并且研究了活塞质量、发动机缸径、点火正时、进气压力等参数对活塞运动特性、扫气效率、放热率以及排放特性的影响规律。

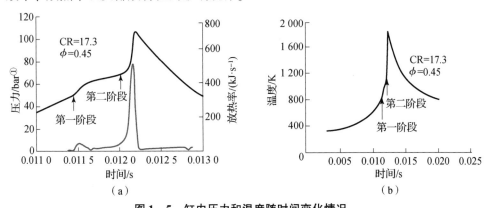

图 1 − 5　缸内压力和温度随时间变化情况

（a）缸内压力；（b）缸内温度

① 1 bar = 100 kPa。

南京理工大学的徐照平等人通过对单缸点燃式四冲程 FPEG 进行研究发现，当压缩比和膨胀比分别为 9 和 15 时，系统效率可达 39%，直线电机发电效率大约为 92%。通过对活塞运动轨迹进行优化，结合燃料燃烧特性，与膨胀压缩过程更好地匹配，系统指示效率得到有效提高。近年来，基于对置式 FPEG 扫气形式和动态建模理论展开研究，对燃烧效率、排放特性以及能量损失以及控制策略进行了评估。

中国科学院的研究人员对应用于增程式电动车辆的 FPEG 进行了仿真研究，结果表明系统效率为 38.2%，有效输出功率为 15 kW，且输出功率受运行参数影响较大，继而提出一种单缸 FPEG 解耦设计方法。研究人员对氢燃料 FPEG 运行特性展开研究，并利用高速摄像机获得了缸内燃烧火焰图像。

北京理工大学的左正兴、冯慧华等人通过搭建 FPEG 零维仿真模型和三维 CFD 模型，对不同关键结构设计参数、喷油和点火策略、扫气正时下的燃烧和扫气过程、系统运动学和动力学特性、运行稳定性以及排放特性都进行了比较全面的研究。研究发现，较短的气门重叠距离有较高的扫气效率，但扫气利用率较低，因为较短的气门重叠距离会导致较长的扫气周期，如图 1-6 所示。此外，研究人员发现发动机缸内工作过程以及活塞速度和行程受外部负载的影响较大，扫气效率应该控制在合理范围内。通过对柴油 FPEG 研究发现，后燃现象较传统内燃机严重，同时对比分析了不同喷油策略下的缸内燃油当量比。

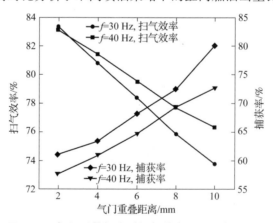

图 1-6　气门重叠长度对扫气效率和利用率的影响

此外，近年来重庆交通大学、马来西亚国油科技大学、天津大学等科研机构也做了较多的深入研究。总结上述世界范围内关于 FPEG 运行机理研究现状可以发现，目前主要集中在活塞动力学特性、发动机缸内工作过程以及不同运行条件下 FPEG 特性研究。研究发现，自由活塞发动机性能优于旋转发动机，但是自由活塞发动机后燃现象较严重且系统容易失稳。

参 考 文 献

［1］ATKINSON C, PETREANU S, CLARK N, et al. Numerical simulation of a two – stroke linear engine – alternator combination ［J］. SAE Technical Paper, 1999, 1999 – 01 – 0921.

［2］HOUDYSCHELL D. A diesel two – stroke linear engine ［D］. West Virginia: West Virginia University, 2000.

［3］ROBINSON M C, CLARK M C. Study on the use of springs in a dual free piston engine alternator ［J］. SAE Technical Paper, 2016, 2016 – 01 – 2233.

［4］WANG J, WANG W, CLARK R, et al. A tubular flux – switching permanent magnet machine ［J］. Journal of Applied Physics, 2008, 103: 229 – 238.

［5］WANG J, WEST M, HOWE D, et al. Design and experimental verification of a linear permanent magnet generator for a free – piston energy converter ［J］. IEEE Transactions on Energy Conversion, 2007, 22 (2): 299 – 306.

［6］MIKALSEN R, ROSKILLY A P. Performance simulation of a spark ignited free – piston engine generator ［J］. Applied Thermal Engineering, 2008, 28 (14 – 15): 1726 – 1733.

［7］RAZALI H M, MIKALSEN R, ROSKILLY A P. The real – time interaction model for transient mode investigations of a dual – piston free – piston engine generator ［J］. Applied Thermal Engineering, 2022, 212: 1 – 15.

［8］NGWAKA U, SMALLBONE A, JIA B, et al. Evaluation of performance characteristics of a novel hydrogen – fuelled free – piston engine generator ［J］. International Journal of Hydrogen Energy, 2020, 46: 33314 – 33324.

［9］HAAG J, FERRARI C, STARCKE J H, et al. Numerical and experimental investigation of in – cylinder flow in a loop – scavenged two – stroke free piston engine ［J］. SAE Technical Paper, 2012, 2012 – 32 – 0114.

［10］HAAG J, NAUMANN C, SLAVINSKAYA N A, et al. Development approach for the investigation of homogeneous charge compression ignition in a free – piston engine ［J］. SAE Technical Paper, 2013, 2013 – 24 – 0047.

［11］SCHNEIDER S, CHIODI M, FRIEDRICH H, et al. Development and experimental investigation of a two – stroke opposed – piston free – piston engine ［J］. SAE Technical Paper, 2015, 2015 – 32 – 0076.

［12］李庆峰. 自由活塞直线发电机性能分析 ［D］. 上海：上海交通大学, 2011.

［13］XIAO J, LI Q, HUANG Z. Motion characteristic of a free piston linear engine – ScienceDirect ［J］. Applied Energy, 2010, 87 (4)：1288 – 1294.

［14］李庆峰, 肖进, 黄震. 变压缩比下自由活塞式内燃发电机的效率分析 ［J］. 上海交通大学学报, 2009, 43 (05)：745 – 749.

［15］李庆峰, 朱皓月, 肖进, 等. 自由活塞式内燃发电机振动特性 ［J］. 内燃机学报, 2009, 27 (04)：370 – 374.

［16］常思勤, 徐照平. 内燃 – 直线发电集成动力系统概念设计 ［J］. 南京理工大学学报 (自然科学版), 2008 (04)：449 – 452.

［17］徐照平. 内燃 – 直线发电集成动力系统的关键技术研究及其系统实现 ［D］. 南京：南京理工大学, 2010.

［18］徐照平, 常思勤, 黄玲. 四冲程自由活塞发动机仿真与实验 ［J］. 农业机械学报, 2012, 43 (07)：1 – 6.

［19］SUN P, ZHANG C, CHEN J, et al. Decoupling design and verification of a free – piston linear generator ［J］. Energies, 2016, 9 (12)：1067 – 1077.

［20］HUANG F, KONG W. Effect of hydrogen addition on the operating characteristics of a free piston linear engine ［J］. International Journal of Hydrogen Energy, 2020, 45 (30)：15402 – 15413.

［21］肖翀, 左正兴. 自由活塞式内燃发电机动态仿真与特性分析 ［J］. 农业机械学报, 2009, 40 (2)：46 – 49.

［22］MAO J, ZUO Z, LI W, et al. Multi – dimensional scavenging analysis of a free – piston linear alternator based on numerical simulation ［J］. Applied Energy, 2011, 88 (4)：1140 – 1152.

［23］JIA B, ZUO Z, TIAN G, et al. Development and validation of a free – piston engine generator numerical model ［J］. Energy Conversion and Management, 2015, 91 (2015)：333 – 341.

［24］ZHANG Z, FENG H, JIA B, et al. Effect of the stroke – to – bore ratio on the performance of a dual – piston free piston engine generator ［J］. Applied Thermal Engineering, 2020, 185：1 – 12.

［25］YAN X, FENG H, ZUO Z, et al. A study on the working characteristics of free piston linear generator with dual cylinder configuration by different secondary injection strategies [J]. Energy, 2021 (5): 121026.

[26] CHENG Z, JIA B, ZUO Z, et al. Investigation of performance of free − piston engine generator with variable − scavenging − timing technology under unsteady operation condition [J]. Applied Thermal Engineering, 2021, 196: 1 − 12.

[27] FENG H, ZHANG Z, JIA B, et al. Investigation of the optimum operating condition of a dual piston type free piston engine generator during engine cold start − up process [J]. Applied Thermal Engineering, 2021, 182: 1 − 9.

第**2**章
系统总体设计理论与方法

2.1　系统总体设计概述

多学科设计优化是近年来发展起来的解决多场耦合复杂系统的方法论，由于可以有效地提高设计精度、缩短设计周期而被广泛应用在航空、航天、车船等工业领域。FPEG 结构复杂，包含了内燃机、电机、控制三个核心系统，是一种新型的机电一体化设备，涉及热力学、流体力学、传热学、电机学、控制理论、结构强度、材料、制造工艺学等学科领域，部件、学科间耦合、相互影响强烈，使得 FPEG 的研制成为一项复杂的系统工程。

对于 FPEG 这种多场耦合、可靠性要求高的产品，以往依靠串行设计方法设计，将 FPEG 割裂成几个部件和学科，以部件和学科为单位展开确定性设计，以满足设计指标和设计要求。传统的设计方法没有考虑产品在加工过程和实际工况中存在的不确定性因素，以及部件、学科间的耦合影响，一旦设计不能满足所有部件和学科要求，重复设计和验证将耗费大量的时间和成本。随着对性能、经济性和可靠性要求的不断提高，需要寻求一种能集相关学科于一体，综合考虑部件、学科之间的耦合影响，提高产品综合性能和可靠性的技术。

在这方面，目前出现的多学科设计优化技术具有无可比拟的优势。多学科设计优化是近几十年发展起来的用于解决设计中多个学科耦合问题的优化设计方法，它借助现代计算机技术，集成各种相关学科的资源，充分探索理解各学科（子系统）的相互作用，以一定的优化算法搜索系统整体最佳方案，从而极大地提高设计速度和设计质量。由于多学科设计优化技术勾勒出了富有吸引力的美好前景，西方尤其是美国投入了大规模的人力、物力进行研究，并且在飞行器、发动机设计上取得了丰硕的成果，已经成为复杂系统设计一项必不可少的手段。

研究多学科设计优化理论，并应用于相关产品的设计，可以有效提高我国 FPEG 动力装置的设计能力，提升我国 FPEG 设备的质量和性能，进而提升我国在这一领域新型动力系统的整体实力和技术水平。本章的主要内容是系统地研究了多学科设计优化的理论体系，围绕着解耦与重构方法、效率与精度权衡策略、不确定建模技术、多学科集成设计环境、多目标策略等方面进行了探索，并结合 FPEG 的特点，给出了实施部件和整机多学科设计优化方案。由于各个系统具有不同的特点，可根据情况在实践中融会贯通。

2.2　多学科设计优化理论体系

多学科设计优化最早由美国国家航空航天局高级研究员，现任美国航空航天学会（American Institute of Aeronautics and Astronautics，AIAA）多学科设计优化技术委员会主席 Sobieszczanski - Sobieski 提出，是一种充分探索子系统相互作用的复杂系统设计方法论，它通过探索和利用系统中相互作用的协同机制，利用多目标策略和计算机辅助技术来设计复杂系统及子系统，可以有效缩短设计周期，获取系统整体最优性能。多学科设计优化与传统设计方法相比具有以下优势。

①考虑学科间耦合设计，更加贴切问题的实质，高保真。

②多学科综合优化设计，采用多目标机制平衡学科间影响，探索整体最优解，避免串行重复设计导致的人力、物力和财力浪费。

③协同/并行设计，缩短设计周期。

由于多学科设计优化技术勾勒出了富有吸引力的美好前景，西方尤其是美国投入了大规模的人力、物力进行研究。美国航空航天协会在 1991 年成立多学科设计优化技术委员会（MDO Technical Committee，MDO - TC），主旨是为多学科设计优化的发展、应用提供一个集中讨论的平台，除定期召开多学科设计优化会议外，AIAA 杂志《宇航学报》（*Aerospace America*）特设多学科设计优化专栏，每年总结讨论一年中多学科设计优化在工业界、学术界所取得的成果。

NASA 在 1994 年成立了多学科设计优化分部（MDO Branch），开展以包括高速民航客机（high - speed civil transport，HSCT）在内的飞行器多学科设计优化，包括解耦与重构技术、耦合信息传递技术，多学科集成设计优化环境等多学科设计优化所涉及的各方面内容的研究，呈现了一大批成果。桑迪亚国家实验室重点开展了不确定性分析方法和近似模型的应用研究，开发了多学科设计优化软件包 DAKOTA 软件，该软件包包含不确定性、试验设计（design of experiment，DOE）、并行优化设计和敏度分析的功能。

此外，美国各院校也纷纷成立多学科设计优化研究机构，开展多学科设计优化基础理论的研究。弗吉尼亚州立大学率先联合成立了先进飞行器的多学科分析与设计中心，该中心即被 NASA 选为 5 个培养多学科分析与设计研究人员的大学人才基地之一，并且得到专项基金资助。斯坦福大学针对飞行器开展的多学科设计优化系列研究，形成了飞行器初步设计和三维结构设计的多学科设计优化方法等，并应用于 BWB 飞行器。佐治亚理工大学在飞行器多学科并行设计优化和近似方法方面做出了突出贡献。

多学科设计优化技术在工程应用方面同样也产生了不少成果。Lockheed - Martin 公司在 F - 16 改进型的设计中应用多学科设计优化改善了飞机机动性，在 F - 22 的概念和初步设计阶段实现了多学科的平衡设计。波音公司在 BWB 的初步设计中引入了多学科设计优化，实现了综合性能的提高。通用电气公司同样开展了多学科设计优化的研究，如在涡轮盘的设计中引入了多学科设计优化。福特公司在汽车设计中引入了多学科设计优化，基于高性能计算和响应面模型（response surface model，RSM）提高了噪声、振动等综合性能，实现了多学科设计优化过程的快速可视化以引导设计决策。通用汽车公司利用 CAD 软件建立了参数化的几何模型，在系统中引入了敏感度分析和近似模型，实现了汽车的多学科设计优化。

在国内，多学科设计优化技术业已引起高度重视，研究集中在飞机、导弹和发动机等领域。西北工业大学的李为吉、北京航空航天大学的何麟书、南京航空航天大学的余雄庆等人的课题组均开展了飞行器多学科优化方法的研究，国防科技大学的陈琪锋等人开展了导弹的多学科设计优化。西北工业大学的岳珠峰课题组投入了大量的精力展开对发动机多学科设计优化技术的研究工作，包括参数化建模技术、耦合信息传递技术、近似技术、多学科优化方法和多学科集成设计框架等方面，并将这些研究成果应用于工程实例。

　　作为多学科设计优化技术委员会，AIAA MDO – TC 统计了学术界和工业界取得的成果、经验和需求，分别在 1991 年和 1998 年发布了多学科设计优化现状的白皮书。2007 年 Week 等人总结了美国、欧洲的多学科设计优化现状，提出了多学科设计优化的主要研究方向和发展趋势：多学科解耦与重构方法、近似方法、多目标权衡、优化算法、多学科集成设计环境、设计过程可视化技术等。在上述研究内容中，多学科解耦与重构方法、近似方法以及多学科集成设计环境成为目前的研究热点。本章根据目前国内外在多学科设计优化领域的研究热点，以及工程应用方面所得到的经验，总结得出多学科设计优化的理论体系，下面将逐一介绍。

2.2.1　解耦与重构方法

　　Sobieszczanski – Sobieski 提出将复杂耦合系统分解成一系列可控子系统的方法，耦合系统中各子系统的顺序和耦合关系可以利用设计结构矩阵（design structure matrix，DSM）来描述。Sobieszczanski – Sobieski 将耦合系统分为层次型系统（hierarchic system）和非层次型系统（non – hierarchic system）。层次型系统是其各子系统仅与上一级和下一级的系统之间存在耦合关系，即子级系统仅与父级系统之间存在耦合关系，而同级横向之间没有联系；反之为非层次型系统。但是应当认识到，系统的分解与组成是会因人因时而异的，人们对系统的认识与处理方法将会随着科学技术的改变而改变。

　　对于系统重构方法，利用子系统间的耦合信息传递实现系统耦合是最基本的重构方法，这种方法又称为多学科可行（multi – disciplinary feasible，MDF）方法。从多学科可行方法的原理可以看出，耦合信息传递是实现系统多学科设计优化的关键，因此引起了众多关注。Bock 基于参数化空间的方法实现了温度的传递，Kodiyalam 提出了网格重生成方法，Gnoffo、Zhang 等人基于弹簧元提出了网格调整方法，Samareh 统计了气弹分析中常用的传递方法，并提出了基于线弹性体的网格变形传递方法。

　　在上述耦合信息传递技术的基础上，多学科可行方法在工程应用方面取得了丰硕的成果。Farassat 等人以 PTA 为对象，考虑气弹、气动、噪声三个学科，利用在交界面上的耦合信息通信构造推进系统的多学科分析系统，比较了叶片变形对气弹、噪声的影响。Sutjahjo 等人以叶片为对象，考虑气动、传热、强度，通过各学科网格之间的耦合信息传递迭代实现了叶片的多学科分析。Korte 等人在参数化建模的基础上，利用学科间耦合信息传递实现了航天器尾喷口气动、强度耦合设计优化。

为了应对多学科设计优化过程中的计算挑战，避免子系统顺序迭代导致过长的分析时间，提出了多学科并行优化方法。Sobieszczanski Sobieski 引入了全局灵敏度分析（global sensitivity equations，GSE），并以此引出的两级集成系统整合（bi-level integrated system synthesis，BLISS）方法，实现了子系统的并行设计。Kroo 引入了协同优化（collaborative optimization，CO）系统，利用一致性约束实现了子系统间的并行设计。针对近似模型的优点，Batill 等人将其引入多学科设计优化体系中，提出了并行子空间优化（concurrent subspace optimization，CSSO）系统。由于并行优化方法表现出来的强大能力，被广泛应用于飞行器、水下航行器、工业设备等人的设计中。

Balling 等人在 1996 年统计了此前研究的多学科并行设计方法；Kroo 在 1997 年回顾了飞行器初步设计中的方法历程，包括了初始的顺序迭代设计到此后的并行设计优化方法。Perez 等人在 2004 年总结了常用的多学科设计优化系统，并比较了这几种方法的优缺点。目前看来，具有一定应用价值的多学科并行优化方法包括：单学科可行（IDF）方法、协同优化方法、并行子空间优化方法和两级集成系统整合方法等。

2.2.2　效率与精度权衡策略

在多学科设计优化的具体实施中，由于各学科常利用数值方法求解，并且需要实现系统的耦合分析，使得多学科优化设计花费较长的计算时间。特别是针对涉及学科众多的复杂系统，大规模的设计变量、目标和约束导致算法寻优效率低下，严重影响了多学科设计优化方法实施的可行性。目前主要从减少优化设计变量/学科分析时间、提高优化算法的寻优效率、缩减系统组织复杂度等几个角度出发，来提高多学科设计优化的效率。

近似方法从缩减学科分析时间的角度出发，利用数学函数代替实际的仿真分析，有效地提高了优化效率。Barthelemy 等人回顾了近似模型在优化设计中引入的理念，总结了局部、全局的近似函数。目前常用的近似函数包括响应面模型、Kriging 函数、神经网络等。

变复杂优化（variable complexity optimization，VCO）技术开展不同层次的优

化设计,利用低精度模型大量寻优和高精度模型的校验,是近年来发展起来的一种可以有效降低优化设计计算成本的方法。在多学科设计优化中引入变复杂设计技术的思想,形成了比较成熟的设计方法,如变颗粒优化设计技术、耦合松弛优化设计技术、变维度优化设计技术等。

2.2.3　多目标优化方法

多目标是多学科设计优化的一个突出特点。与单目标优化问题不同,在多目标优化问题中,各目标之间相互冲突,并且具有不可公度性。这些特点使得多目标优化问题往往存在一系列无法进行简单比较的解,它的最优解是由非劣解或Pareto 最优解组成的集合。多目标设计优化包含了两个层面的内容:多目标搜索和多目标决策。目前提出了多种方法来处理多目标优化问题,主要分为两大类:基于偏好的传统多目标方法和非偏好的多目标优化方法。

诸如线性加权方法、理想点法、极大－极小法等都属于基于偏好的多目标优化方法,它们采用先决策后搜索的思路,将多目标问题转化为单目标问题开展优化,由于可以直接采用单目标优化算法,在早期被广泛应用。随着智能算法的发展,逐渐发展出基于 Pareto 的非偏好的多目标算法,如多目标模拟退火算法、多目标遗传算法和多目标粒子群算法等。非偏好的多目标优化方法采用先搜索后决策的思想,在得到非劣解集的基础上,再根据一定的决策策略最终求得多目标优化问题的最终解。由于非偏好的多目标优化方法表现出强大的优势,已广泛应用于各种科学和工程领域。

2.2.4　多学科不确定性建模方法

产品在制造、加工、工作环境中存在一些不确定性因素,这些不确定性因素常常导致产品性能降低,甚至使功能丧失。特别是现代产品的设计往往是经过优化得到的,设计方案处于可行域与不可行域的交界处,使得这些因素的微小变化就可能导致产品发生破坏。因此不得不在设计阶段就考虑不确定性因素的影响,避免了不确定因素在设计层次上所导致的故障。

针对单学科设计问题,发展了基于可靠性的优化设计方法,包括双循环的可靠性优化设计方法、单循环的可靠性优化设计方法等。在多学科设计优化系统中,由于不确定性因素的影响会在学科之间相互传播,严重增加了可靠性分析和优化设计的复杂度。目前这方面的研究刚刚起步，已经成为一个重要的研究趋势。

（1）多学科集成设计环境

学科集成设计环境是开展多学科设计优化研究的软件工具。由于其是实现多学科设计优化工程化应用的一个重要内容，大量的研究机构进行了设计和开发。例如，NASA 开发的 CJOpt、分布式多学科设计优化框架软件 FIDO、桑迪亚国家实验室的 DAKOTA，并且业已出现成熟的通用商业化软件，如美国的 AML、iSIGHT 和欧洲的 LMS Optimum 等。

（2）数值仿真模型的校核

多学科设计优化是一种典型的数字设计方法，不仅利用数值方法实现学科间的耦合分析，而且依据数值优化方法实现产品的优化设计。这些数值分析方法、模型的正确性和稳定性直接影响着优化结果，以及多学科设计优化方法的工程应用前景。在数值仿真实施的过程中，需要将被仿真系统的物理过程描述成一定的数学模型，并经适当变化转化成计算机处理的离散化模型，最后进行程序编码以实现对实际物理过程的仿真。针对以上过程，多学科设计优化方法提出了模型与仿真的校核、验证和认可的思想，并建立了复杂系统数值仿真的解决思路。对于仅采用成熟理论、方法的多学科设计优化来讲，模型的校核工作成为研究的重点。

（3）多学科解耦–重构方法与耦合信息传递

FPEG 涉及气动、燃烧、传热、电机、控制、强度、寿命、振动等诸多学科，学科之间耦合、相互影响强烈，并且伴随设计指标的提高，学科间耦合效应越发突出。传统方法在进行多场耦合系统设计时，忽略了学科间的相互作用，难以获得整体最佳设计，并且重复设计及验证耗费了大量的时间和成本。多学科设计优化方法最早由 NASA 提出，是近年来发展起来的用于解决多场耦合系统设计问题的方法论，在求解系统耦合问题时主要借助于解耦–重构的思想，以现有学科理论能够分析的学科或者部件为单位将系统进行有机地分解，形成具有特定输入/输出的相对独立的子系统，并根据子系统间的耦合关系通过耦合信息传递或者一致性约束实现耦合系统的重构。

对于通过耦合信息传递实现重构的多学科系统，由于各子系统往往利用离散数值方法求解，网格成为施加载荷、存储物理状态的单位，因此多学科设计优化的耦合信息通常依附于耦合界面上的节点进行传递。按照数据类型和传递方法，耦合信息传递分为温度、压力等标量信息，变形等向量信息，功率等积分量信息的传递。对于各子系统在耦合界面网格匹配的情况，可以直接通过节点进行点对点的信息传递。实际上，由于各子系统（学科）对网格划分的要求不一样，耦合界面上网格往往不能相互匹配，对于不匹配的网格划分则需要通过插值实现耦合信息的传递。

（4）参数空间插值传递方法

由于各子系统往往利用数值方法求解，耦合信息需要在耦合界面上通过节点进行传递，不规则的网格划分导致节点间的数据传递属于典型的散乱数据插值问题。对于结构形式复杂的耦合系统，耦合截面往往呈现空间三维特性，插值函数不仅构造复杂而且常常满足不了插值精度。为此，Bock 将耦合界面参数化进行降维处理，李立州等人发展了 Bock 提出的参数空间插值方法，通过构造三阶响应面插值函数进行涡轮叶片温度的插值传递。

空间散乱数据插值方法求解未知数据点数据的思路为，在未知数据点 x 周围的 Ω 域内选取 n 个已知数据点，通过已知数据点构造插值函数 $F(x, x_1, \cdots, x_n)$，$x_i \in \Omega$，$i = 1, 2, \cdots, n$，求解未知数据点的数据。

散乱数据插值函数在地理、气象学中应用广泛，存在如几何方法、函数方法、统计学方法、随机模拟方法等多种插值函数构造方法。插值函数的特性直接决定了插值函数的适用范围和插值精度，如响应面插值函数构造的插值空间相对光滑，在局部插值中具有较高的插值精度；B 样条插值函数、非均匀有理 B 样条插值函数、Kriging 插值函数可以很好地模拟各种插值空间，在全局插值上保证很好的插值精度。反距离加权平均（Distance – Weighted Average，DWA）插值函数反映了样本点对插值点的影响程度，以插值点距样本点的距离作为权重构造插值函数，函数结构简单并保证了很好的插值精度。Kriging 插值函数突破了多项式插值和统计学的限制，考虑了插值空间的规律性和随机性，避免了多项式插值函数构造的光滑插值曲面而产生的误差，保证了较高的插值精度。需要重点研究这两种插值效果。

（5）动网格技术

活塞的热 – 流 – 固耦合分析，需要将结构变形传递到流场分析模型中，实现流场分析网格的相应变化。若是直接插值进行结构变形的传递往往导致流场网格产生畸变，大量的变形传递方法着眼于先进外部网格的变形传递，然后再进行内部网格的相应调整。常用的动网格技术包括动态层变法、网格重生成技术、网格变形技术、自由网格变形技术等。

网格重生成技术实现结构变形传递的原理：利用气动表面的控制线来表征气

动分析模型，将结构变形后的位移量插值传递到控制线上，重新生成气动分析网格实现结构变形到气动分析模型的传递。

网格变形技术是一种根据表面网格节点的移动来调整网格内部节点位置的方法。它将气动网格模拟成弹性固体，并将边界节点位移作为拟弹性体相应节点的位移载荷；根据固体弹性变形的规律，在位移载荷作用下，弹性体内部的节点会相应移动。由于弹性变形的特点，在弹性体内部节点移动过程中，点与点之间的拓扑结构变化不大，因此，用这种方法来调整网格内部节点可以保证良好的质量。

利用网格变形技术实现活塞的变形传递，分为以下几个步骤。

步骤1：将活塞气动网格转换成拟弹性固体有限元模型，这时可以将节点之间的网格线模拟为弹簧单元或杆单元，也可以将网格面所包围的体模拟为固体单元。

步骤2：将插值计算出的气动网格耦合面节点位移作为载荷，施加到弹性体单元模型相应的节点上。补充适当的变形约束条件，使拟弹性体不发生刚性位移，如定义活塞气动网格的周期边界、进气口和出气口为固定边界。

步骤3：计算拟弹性体在耦合界面节点位移载荷下的变形。拟弹性体的内部节点位置也按照固体弹性性质发生改变。

步骤4：按照拟弹性体各个节点的变形，修改气动网格中节点的坐标，就可以得到变形传递后的气动网格模型。

以现有的学科理论能够分析的学科或者部件为单位进行耦合系统的解耦，根据各子系统间的耦合关系，利用耦合信息传递技术或一致性约束条件实现耦合系统的重构。耦合信息传递技术需要通过迭代实现耦合系统的求解，一致性约束方法需要额外引入约束方程来保证学科间耦合变量的一致性。

在耦合信息传递技术中，针对动力缸中存在的流－热－固耦合问题，介绍了多学科设计优化中注入温度、压力等标量信息，变形等向量信息的传递方法。通过对参数化空间信息传递方法的研究，实现了温度等标量信息由流体域到结构域的传递，采用耦合界面参数化的降维处理有效地避免了空间曲率带来的插值误差。反距离加权平均插值函数和 Kriging 插值函数的传递效果的比较结果表明Kriging 插值函数由于在插值空间开展了最优无偏估计较好地保证了原始温度场的特性，反距离加权平均插值函数同样也达到了较高的插值精度，并且消耗的插值计算时间较少。针对结构域变形到流体域的传递，介绍了网格重生成方法和网格变形技术，这两种方法有效地避免了由于直接插值导致的流体域网格变形失真。

2.3　多学科优化设计可行性

从系统的组织结构来讲，多学科设计优化系统（方法）分为单级优化系统和两级优化系统；从学科开展的先后关系来讲，多学科设计优化系统分为串行优化系统和并行优化系统。单级优化系统由单个优化器来负责整个耦合系统的优化；两级优化系统则由学科级优化和系统级优化组成，学科级优化设计提供本学科的优化设计，提供本学科的最优方案，系统级优化负责总体的协调工作。多学科可行系统是一种典型的单级串行优化系统，其核心思想是根据解耦后各子系统的耦合关系，利用耦合信息传递技术建立系统的多学科耦合分析模型，在所建立的多学科分析模型上开展优化设计。这种（方法）系统结构简单、直观，由于直接开展了学科之间的耦合信息传递保证了较高的耦合分析精度，在飞行器、发动机的初步设计和详细设计阶段都得到广泛的应用。例如，Ajmera 针对机翼存在的流 – 固耦合，以多学科可行方法建立考虑气动、强度、飞行动力学、气动弹性的机翼多学科优化设计系统，实现了综合设计优化。Korte 建立了考虑气动、强度的航天器尾喷口多学科可行系统，实现了优化设计。王靖超等人研究了涡轮叶片流 – 热 – 固多学科优化设计，建立了考虑了气动、传热、结构、强度、寿命的叶片多学科可行系统，实现了叶片的多学科综合设计优化。

（1）FPEG 多学科分析

在所构建的 FPEG 多学科分析模型中，首先开展动力活塞的气动分析；将气动分析得到耦合界面上的温度边界条件施加到结构分析模型，进行传热分析；传热分析得到的温度场和气压边界条件施加到结构上，再进行结构强度分析；将结构变形传递到气动分析模型，迭代实现耦合系统的求解。利用反距离加权平均插值方法进行了气压、温度载荷的传递；以叶片型线作为控制线，利用网格重生成技术实现变形传递。以气动效率和结构最大变形量作为收敛标准，迭代实现了离心式压气机热 – 流 – 固耦合求解。

（2）FPEG 效率与精度的权衡策略

多学科设计优化技术由于考虑学科之间的耦合，并且开展优化设计权衡多个学科之间的矛盾，具有提高射击精度、获取整体最佳性能、提高设计质量和缩短设计周期等优点。但是在多学科设计优化实施的过程中，由于各学科常借助于数值方法利用专业软件求解，计算分析花费的时间较长；学科之间信息传递复杂，需要迭代实现系统耦合的分析；特别是针对复杂系统，由于考虑学科众多，设计变量、目标函数和约束的数目都很大，并且需要同时协调多个学科间的矛盾，导致算法寻优效率低下。以上这些因素使得完成复杂系统的多学科设计优化需要花费大量的时间，严重影响了多学科设计优化实施的可行性。

为了提高多学科设计优化的效率，常常牺牲一定的精度来达到缩减系统分析和构建的复杂性。目前开展了大量的研究来权衡精度与效率之间的矛盾，提出的方法主要包括灵敏度分析、主次因素分析，近似模型和变复杂度优化设计等。灵敏度反映了系统性能因设计变量或参数的变化表现出来的敏感程度。对灵敏度信息加以分析处理，可用于确定系统设计变量或参数对目标函数或约束函数影响的大小，确定各子系统之间的耦合强度等，并最终用于指导设计与搜索方向、辅助决策。主次因素分析从减少设计变量的角度出发，以灵敏度分析或主效应分析为基础，选取对系统影响较大的主要变量作为设计变量开展优化设计，缩减优化设计规模，以达到提高设计效率的目的。

近似方法从缩减系统分析时间的角度出发，在设计空间中构造数学函数表征设计变量与系统响应之间的关系，利用构造的数学模型代替系统实际的数值分析，达到缩短计算时间的目的。近似模型在使用前需要若干样本信息进行初始化，常常利用试验设计进行数据采样；在优化过程中实时增加样本点，更新近似模型确保学科近似分析的进度。

变复杂度优化设计是近年来发展起来的一种可以有效降低优化计算成本的方法。它从设计层次出发，构造具有不同复杂层次的分析模型开展优化设计，同时使用高复杂度模型和低复杂度模型，大量使用低精度模型探索设计空间以降低计算成本，使用高精度模型保证优化设计精度，在保证优化有效性的同时，解决了计算成本的问题。

（3）变复杂度设计方法

系统研发设计工作拓扑如图 2 - 1 所示。

变复杂度优化设计方法的核心思想是，采用较为简单的模型或方法进行全局寻优，随着优化过程的进行，逐渐改变模型或方法的复杂程度，进行较为精确详细的分析，搜索至最优解。由于综合了高精度模型计算精度高和低精度模型耗时少的特点，得到了广泛的应用。在变复杂度优化方法中，复杂度的变化可以为分析模型、分析方法，也可以为几何建模方法和寻优空间。针对上述复杂度变化的特点，发展出了变颗粒优化方法、变维度优化方法、变几何表征优化方法、耦合松弛优化方法等。

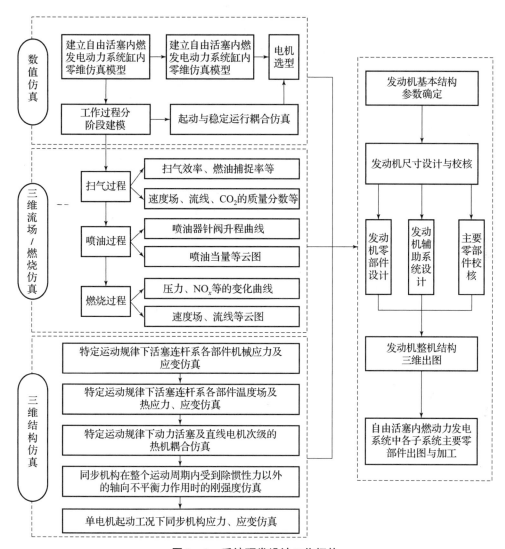

图 2-1　系统研发设计工作拓扑

FPEG 总体设计流程在整个新型动力系统的研发设计过程中，主要包括以下工作：系统匹配模型仿真；系统工作过程零维/三维建模与仿真；对不同起动方式进行仿真分析；对系统发电性能影响因素进行仿真分析；基于仿真数据甄选电机性能参数并根据该系统发动机的最优工况匹配设计最优电机参数；在确定基本结构参数的基础上设计发动机模块的相关零部件以及其他配套辅助零部件，完成三维与二维图纸的绘制；加工完成零部件；完成新型自由活塞内燃直线发电装置系统的整机装配工作；系统样机的全面调试。

2.4 系统基本结构参数确定

自由活塞内燃直线发电装置的总体参数匹配设计即寻求在一定的性能指标下，主要结构尺寸参数间的相互关系，并应可进一步求出其具体值。

关于参数匹配，为快速获得诸如动子质量、运动周期、喷油量、压缩比、活塞直径等核心参数间的关系，通常的做法是将实际的强非线性有阻尼受迫振动模型简化为线性无阻尼自由振动模型，再以简化模型周期、运动质量、等效刚度等参数间关系式为纽带导出全部主要参数间关系。该类方法所用简化模型与物理事实均存在较为明显的偏离，仅可用作粗略定性分析，所得参数计算值可信度不高，无法直接应用于样机开发设计。

实用、精度高的参数匹配方法应以能量转换关系（动能定理）为核心，而不必关注系统的具体运动/振动形式。自由活塞内燃直线发电装置（外源供气）总体参数匹配原则，即冲程内气体力、电磁推力、摩擦力等合外力做功转化为活塞动子动能，当合外力为零时，动能最大，且最大动能处应位于气口未打开的位置，同一行程对应二冲程结束时，合外力做功应均为零，以保证二冲程的行程一致。

相关方程如下：

$$p_{1xe}A_1 = p_{2xe}A_2 + (c_e + c_f)v_{max-e} \qquad (2-1)$$

$$W_{1xe} + W_{2xe} - \int (c_e + c_f)v\mathrm{d}x = 1/2 mv_{max-e}^2 \qquad (2-2)$$

$$W_{1xe} + W_{2xe} - \int (c_e + c_f)v\mathrm{d}x = 0 \qquad (2-3)$$

$$\int_{v=0}^{v=v_{max-e}} (c_e + c_f)v\mathrm{d}x \approx \frac{\pi}{4\omega}(c_e + c_f)v_{max-e}^2 = \frac{t_1}{4}(c_e + c_f)v_{max-e}^2 \qquad (2-4)$$

$$\int_{v=0}^{v=0} (c_e + c_f)v\mathrm{d}x = 2\frac{\pi}{4\omega}(c_e + c_f)v_{max-e}^2 = \frac{t_1}{2}(c_e + c_f)v_{max-e}^2 \qquad (2-5)$$

$$p_{1xe} = \begin{cases} p_z\left(\dfrac{V_\varepsilon}{V_\varepsilon + xA_1}\right)n_1, 0 < x \leqslant s(1-h_e) \\ p_{ef}, s(1-h_e) < x \leqslant s(1-h_s) \\ p_s, s(1-h_s) < x \leqslant s \end{cases} \qquad (2-6)$$

$$p_{2xe} = p_0(V_0/(V_0 - xA_2))^{n_2} \qquad (2-7)$$

$$W_{1xe} = (p_z V_\varepsilon) / (n_1 - 1) \left[1 - (V_\varepsilon / (V_\xi + xA_1))^{(n_1-1)} \right] \qquad (2-8)$$

$$W_{2xe} = (p_0 V_0) / (n_2 - 1) \left[1 - (V_0 / (V_0 - xA_2))^{(n_2-1)} \right], 0 < x \leqslant s \qquad (2-9)$$

$$W_{1xc} + W_{2xc} - \int (c_e + c_f) v \mathrm{d}x = 0 \qquad (2-10)$$

$$W_{1xc} + W_{2xc} - \int (c_e + c_f) v \mathrm{d}x = 1/2 m v^2_{\max-c} \qquad (2-11)$$

$$W_{1xc} + W_{2xc} - \int (c_e + c_f) v \mathrm{d}x = 0 \qquad (2-12)$$

$$\int_{v=0}^{v=v_{\max-c}} (c_e + c_f) v \mathrm{d}x \approx \frac{\pi}{4\omega} (c_e + c_f) v^2_{\max-c} = \frac{t_2}{4} (c_e + c_f) v^2_{\max-c} \qquad (2-13)$$

$$\int_{v=0}^{0} (c_e + c_f) v \mathrm{d}x \approx \frac{\pi}{2\omega} (c_e + c_f) v^2_{\max-c} = \frac{t_2}{2} (c_e + c_f) v^2_{\max-c} \qquad (2-14)$$

$$p_{1xc} = \begin{cases} p_0 \left(\dfrac{V_e}{V_e - xA_1} \right)^{n_1}, & sh_e < x \leqslant s \\ p_{eb}, & sh_s < x \leqslant sh_e \\ p_s, & 0 < x \leqslant sh_s \end{cases} \qquad (2-15)$$

$$p_{2xc} = p_0 \left(\frac{V_0}{V_0 + xA_2 - sA_2} \right)^{n_2} \qquad (2-16)$$

$$W_{1xc} = \begin{cases} -p_s A_1 x, & 0 < x \leqslant sh_s \\ -(p_s A_1 sh_s + p_{eb} A_1 (x - sh_s)), & sh_s < x \leqslant sh_e \\ -\left\{ \dfrac{p_0 V_e}{n_2 - 1} \left[\left(\dfrac{V_e}{V_e - (x - sh_e)A_1} \right)^{n_2-1} - 1 \right] + p_s A_1 sh_s + p_{eb} A_1 s(h_e - h_s) \right\}, & sh_e < x \leqslant s \end{cases}$$

$$(2-17)$$

$$W_{2xc} = \frac{p_{2c} V_{2c}}{n_2 - 1} \left[1 - \left(\frac{V_{2c}}{V_{2c} + xA_2} \right)^{n_2-1} \right], 0 < x \leqslant s \qquad (2-18)$$

$$p_{2c} V_{2c}^{n_2} = p_0 V_0^{n_2} \qquad (2-19)$$

$$V_e / V_\varepsilon = \varepsilon_1 \qquad (2-20)$$

$$V_0 / V_{2c} = \varepsilon_2 \qquad (2-21)$$

$$p_z = p_0 \varepsilon_1^{n_2} + \frac{p_0 \varepsilon_1 \eta h_u}{c_V T_0 (1 + l_0)} \qquad (2-22)$$

$$V_e = \frac{60 l_0 R_g T_0}{\eta \eta_e \eta_g n h_u p_0} p_e \qquad (2-23)$$

$$v_{\max-e} / v_{\max-c} \approx t_2 / t_1 \qquad (2-24)$$

$$\frac{\delta A_1 + \Delta V}{[\delta + s(1 - h_e)]A_1 + \Delta V} = \frac{1}{\varepsilon_1} \tag{2-25}$$

$$V_e = [\delta + s(1 - h_e)]A_1 + \Delta V \tag{2-26}$$

式中,

x 为活塞动子行程内运动距离;

p_{1xe}, p_{2xe} 分别为做功行程动力缸、回弹缸内气体压力;

A_1, A_2 分别为动力缸、回弹缸活塞轴向投影面积;

W_{1xe}, W_{2xe} 分别为做功行程动力缸、回弹缸气体力做功量;

W_{1se}, W_{2se} 分别为整个做功行程动力缸、回弹缸气体力做功量;

c_e, c_f 分别为电磁阻尼系数、摩擦阻尼系数;

v_{max-e} 为做功行程活塞动子峰值速度;

t_1 为做功行程时长;

p_z 为动力缸内止点峰值缸压;

V_ε 为动力缸内止点余隙容积;

n_1 为动力缸内气体做功膨胀过程平均多变指数;

s 为行程;

h_e, h_s 分别为动力缸排气冲程率和扫气冲程率;

p_{ef} 为预先排气过程动力缸内气体平均压力;

p_s 为预先扫气过程动力缸内气体平均压力;

p_0 为回弹缸内止点时起压压力;

V_0 为回弹缸内止点时起压容积;

n_2 为动力缸气体做功膨胀外所有压缩膨胀过程的平均多变指数;

p_{1xc}, p_{2xc} 分别为回弹行程动力缸、回弹缸内气体压力;

W_{1xc}, W_{2xc} 分别为回弹行程动力缸、回弹缸气体力做功量;

W_{1sc}, W_{2sc} 分别为整个回弹行程动力缸、回弹缸气体力做功量;

v_{max-c} 为回弹行程活塞动子峰值速度;

t_2 为回弹行程时长;

V_e 为动力缸有效起压容积;

p_{eb} 为过后排气过程中动力缸内气体平均压力;

p_{2c} 为回弹缸外止点时缸内气体压力;

V_{2c} 为回弹缸外止点时缸内气体容积;

ε_1 为动力缸压缩比;

ε_2 为回弹缸压缩比;

h_u 为汽油低热值；

c_V 为动力缸内止点定容燃烧产物比热容；

l_0 为化学计量空燃比；

R_g 为气体常数；

T_0 为动力缸排气口关闭时缸内气体温度；

η 为用于加热工质的热量占全部燃烧放热的比例；

η_e 为活塞动子机械功占工质吸收热量的比例；

η_g 为发电效率；

n 为系统等效转速；

P_e 为发电功率；

δ 为动力缸内止点活塞顶面余隙高；

ΔV 为动力缸活塞顶面内陷容积（注：上述对应实际动力装置的一半）。

摩擦阻尼系数范围确定：摩擦力模型在功率较大的动力装置中因其值相对于主要力较小，常作恒力甚至忽略处理，但在功率较小的动力装置中，摩擦力所消耗的功率相对可观，其变化规律可对系统动力学产生较明显的影响。摩擦力同样可按常规的黏滞阻尼力模型处理。

上述方程组即构成较为接近系统实际工作过程的动力学模型，通过解算可获得各关键结构尺寸，具体方法为依据上述模型编制相关计算程序，在约束条件内反复试算迭代。其约束条件有如下几个。

①由发电功率、等效转速、大概能量转换效率、大概行程缸径比、大概排气冲程率等粗略估算可得其动力缸缸径、半行程尺寸以及与之对应回弹缸的缸径，并且需保证回弹活塞直径与回弹缸压缩比都不致过高，使活塞动子总体质量不超标且漏气少，密封较易实现，同时回弹缸内气体压缩终温不致过高造成散热损失、润滑油结焦及不必要的热负荷。

②直线电机发电效率不应超过 0.81。

③内燃机部分化学能→机械能能效在压缩比为 10 的条件下不应超过 0.36。

④排气冲程率应在 0.15~0.25 范围内，扫气冲程率应在 0.08~0.15 范围内。

⑤动力缸、回弹缸活塞直径均应由商用活塞环/密封环直径决定。

⑥需考虑所采购直线电机能承受最大动子往复运动速度限制；同时也不应使活塞动子平均速度过低，因为对于所选直线电机而言，其发电能力（电磁阻尼系数）终究有限，应保证在其负载等效外阻抗不接近零的情况下，电磁阻尼系数处于 180~240 N/(m/s) 范围内。

⑦参考同等机械功率二冲程发动机的平均摩擦压力，考虑到所开发样机带有较大缸径的回弹缸，可能需要较多的密封环，并考虑加工及配合因素，且动力缸活塞比同级活塞多了一道气环，虽然自由活塞内燃直线发电装置因为没有曲轴和侧向力减少了摩擦，但综合之下仍必须留出一定的摩擦力冗余。基于上述因素，确定样机平均摩擦压力范围系统主要零部件设计。

2.5　总体性能约束下子系统匹配方法

2.5.1　活塞连杆组

（1）动力缸活塞设计

1）活塞顶

为降低活塞质量，在内燃机强化程度一般的前提下，使用铝合金材质活塞。其活塞顶面形状为浅盆形凹顶，两个动力活塞顶面合在一起与缸壁构成铍/盘形燃烧室。动力活塞的活塞顶厚度应为 $(0.06 \sim 0.10)D_1$，后需加上刚强度及散热条件校核。

2）活塞环

根据样机设计等效转速确定活塞环的数量，低速机需要较多环数以保证密封效果（实际使用时为降低摩擦力可酌情减少一道气环），从实现二冲程对置活塞内燃机特有的活塞结构功能角度出发，应分为上下两部环，上部环第一、二道为气环，第三道为油环，下部环为一道用来密封内止点时扫、排气口内气体的气环，同时也起到一定的导向作用，共计 4 道环。

顶岸高度 h_1：$(0.06 \sim 0.08)D_1$，应在保证第一道环温度不超过 225 ℃下尽量缩短 h_1。

环带高度 h_2：第一道气环环岸高 c_1 为 $(0.03 \sim 0.04)D_1$，其具体值必须满足特定约束条件；第二道气环环岸高 c_2 为 $(0.025 \sim 0.030)D_1$。

活塞高度 H：按常规汽油机设计活塞高为 $(0.85 \sim 1.10)D_1$，结合二冲程对置活塞内燃机活塞高必须大于行程，且需预留供压缩比提高时活塞底部的密封冗余长度及裙部气环安装位，同时不使活塞偏重，样机动力活塞的活塞高度 H 可基本确定。

第一环岸强度约束条件：若活塞顶所受最大气体压力为 $p_{1\max}$，则第一环岸上气体压力可按 $0.9p_{1\max}$，第一环岸下气体压力可按 $0.22p_{1\max}$，第一环岸高度为 c_1，环槽深为 t，此时环岸根部所受弯矩为

$$M = (0.9p_{1\max} - 0.22p_{1\max})\frac{\pi}{4}\big[D_1^2 - (D_1 - 2t)^2\big]\frac{t}{2} = 0.34\pi p_{1\max}(D_1 - t)t^2$$

$$(2-27)$$

此时环岸根部弯曲应力为

$$\sigma = \frac{M}{W} = 2.04\,\frac{(D_1 - t)t^2}{(D_1 - 2t)c_1^2}p_{1\max} \qquad (2-28)$$

环岸根部的剪切应力为

$$\tau = \frac{\left\{0.9p_{1\max} - 0.22p_{1\max}\dfrac{\pi}{4}\big[D_1^2 - (D_1 - 2t)^2\big]\right\}}{\pi c_1(D_1 - 2t)} = 0.68\,\frac{(D_1 - t)t}{(D_1 - 2t)c_1}p_{1\max}$$

$$(2-29)$$

其合成应力为

$$\sigma_\Sigma = \sqrt{\sigma^2 + 3\tau^2} \leqslant 30\sim40\ \text{MPa} \qquad (2-30)$$

由上式即可得到已知动力活塞直径 D_1 及最高缸内爆发压力 $p_{1\max}$ 前提下，第一环岸高度为 c_1 及环槽深为 t 的设计约束条件。

3）环槽间隙

二冲程对置活塞内燃机为无缸盖结构，热负荷相对较高，为保证活塞环有较高的抗黏连性，同时又不使环槽冲击过大，可将第一道环与环槽的侧隙 Δ_1 按 0.1 mm 设计，其余环与环槽的侧隙 Δ_1 可按 0.05 mm 设计，第一、二、四道气环与环槽的背隙 Δ_2 可按 0.5 mm 设计。

4）活塞顶最高温度约束条件

根据活塞单位面积功率是否小于 2 400 kW/m² 判断是否需要额外采用油冷。

对于非油冷活塞，其活塞顶面最高温度 $t_{\max}$ 可按下式估算：

$$t_{\max} = 0.27(3 + \varepsilon/16)\,\mathrm{e}^{-f(D_k,p_e)}f(p_e,n) \qquad (2-31)$$

$$f(D_k,p_e) = 0.2D_kp_e \times 10^{-3} \qquad (2-32)$$

$$f(p_e,n) = 128 + 4.18n \times 10^{-2} + \big[747 + 0.245n - (13.6 + 0.45n \times 10^{-2})p_e\big]p_e \times 10^{-2}$$

$$(2-33)$$

进一步检验所设计活塞在典型运行工况下，其活塞顶最高温度是否合理，则需要进行燃烧与结构的联合仿真。

5）活塞材料与制造工艺

为减轻动子质量，保证等效转速可达到 2 000 r/min，动力活塞和回弹活塞都应采用铝合金材质，目前应用最广泛的为铝硅合金。

活塞底部结构复杂程度视整个活塞动子质量冗余情况而定。在可用质量富余较多时，活塞成形方法可直接采用机加工；在可用质量紧张时，则应采用砂型铸造；当与连杆连接采用非传统活塞销连接方式（螺纹连接）时，由于活塞直径较小，裙部空间局促，不易安装末端螺母，可考虑采用开模铸造或 3D 成型打印等方式。

活塞顶可采用硬膜阳极氧化处理，以增加热阻并提高活塞顶面耐热性及硬度。

活塞裙部可涂二硫化钼或石墨，以降低摩擦，改善活塞与缸套的磨合性。

（2）回弹缸活塞设计

1）活塞结构及尺寸

回弹缸活塞不承高压不受高温，其活塞顶面可选择容易加工的平顶结构。因回弹缸活塞直径较大，为控制其质量，在预留出必要密封长度的前提下，其活塞高可适当减小，或依活塞环分布实际情况适当加长。

因回弹缸仅作空气压缩与回弹之用，不涉及高温高压工况，因此回弹活塞壁无须太厚，或依活塞环分布实际情况适当加厚裙部。由于连杆外径相比回弹活塞的外径偏小，为防止活塞形变，一方面应设计肋片以作支撑；另一方面应当设计直径稍大的连杆座以增加连杆接触支撑面并增大连杆头名义直径。

2）活塞连杆连接方式

自由活塞直线动力装置活塞动子运动过程中无翻转侧倾，活塞与连杆可以用螺纹连接而不必使用传统的活塞销连接方式。由于形位公差与装配误差可能造成径向的轻微偏移，为避免拉缸，可在远离活塞的一端设计销连接、能自由转动的连杆头部结构。

回弹缸活塞连杆采用螺纹连接时，为防止螺纹松动，需使连杆螺纹端伸出活塞顶面并配给密封垫及紧固螺母。

3）活塞密封方式

可采用传统活塞环密封或聚四氟乙烯（PTFE）密封环密封。

为保证活塞环密封效果，需要使用高弹力环和较多的环数增强迷宫密封效果，可能会形成较大的摩擦力。铸铁环可承受很高的活塞运动速度，在有机油润滑的情况下拥有良好的耐磨性。

聚四氟乙烯材料具有高度的化学稳定性、较宽温度范围内（−200~300 ℃）良好的热稳定性、良好的减磨性及自润滑性（与金属间干摩擦系数为 0.1~0.3，液体润滑条件下可低至 0.02~0.04，且动静摩擦系数几乎相同）、允许高速场合使用（液体润滑条件下，表面线速度可高达 43 m/s）等优良特性，广泛应用于液压及气动系统作往复/旋转密封之用，其本身缺乏高弹性，可配合橡胶弹性体等骨架组合密封。应优先选择 PTFE 改性环（应用石墨、铜粉等无机填料改性，可降低磨损量两个数量级，并提高导热性）作为回弹缸活塞的密封环与导向环，并给予润滑油润滑。回弹缸活塞应用 PTFE 密封环时可采用两端密封加中间导向的布置形式（5 mm + 15 mm + 5 mm），相比于铸铁活塞环，PTFE 密封环可定制。

（3）连杆设计

1）动力活塞连杆

径向尺寸方面：根据选用的商用直线电机次级直径/设计加工的电机次级，为避免连杆间形成明显阶梯，结合动力缸活塞缸径，可初定连杆外径。由于连杆整体较长，为控制动子整体质量，在保证连杆整体结构强度的前提下，需采用空心结构。

轴向尺寸方面：由于连杆整体较长，为导向并对抗往复运动时动子可能产生的径向晃动，必须使用直线轴承。直线轴承（钢保）可选标准件，应放置于直线电机两侧。考虑极限行程，且预留出零部件间的必要轴向间隙，可确定各动力活塞端连杆长度。

2）回弹活塞连杆

径向尺寸方面：与动力活塞端连杆依据相同。

轴向尺寸方面：与动力活塞端连杆依据相同。

3）选型直线电机次级运行安全性

直线电机次级作为 FPEG 动子一部分，经由动力活塞连杆与动力活塞相连，在样机工作过程中承受来自动力活塞与回弹活塞的压应力及自身惯性力，其截面为动力活塞面积 1/4.072 倍，所受峰值压应力最高不超过 36.6 MPa，远远低于钕铁硼材料的抗压强度 780 MPa（抗弯强度 295~345 MPa，弹性模量 1.6 × 105 MPa），因此在结构强度方面不存在安全问题。在热退磁方面，动力活塞通过活塞环传热与润滑油散热至裙部连杆处温度已相对较低，再经动力活塞连杆与直线电机次级相连，即使中间连杆仅靠与空气对流传热，输运至次级处来自动力活塞的热流量也已偏低。直线电机次级考虑外部传热导致升温所致稳态温度可控制在 90 ℃左右，对于钕铁硼磁体而言，该温度为安全温度。

2.5.2　同步机构

（1）整体结构

单缸双活塞 FPEG 样机两侧活塞及其连杆采用完全对称设计，共用燃烧室且回弹缸相互连通，理论上任意时刻受力均相等，但由于存在加工、装配误差、润滑条件及磨损不完全一致等实际因素影响，两侧动子事实上难以不借外力即保持严格同步。为维持系统稳定运行，必须采用机械同步机构。由于系统运行过程中动子作往复直线运动，且无直接与动子相连接的旋转运动件，因此需要从动子连杆中沿径向伸出工字臂供同步机构连接，该臂需要避让运动范围内所有的机械零部件。同步机构可选择最简单的直连杆，各段尺寸在机体尺寸确定之后可定，且为保持机体及运动件受力平衡，同步机构应成对设置。

（2）导向滑轨

自由活塞直线动力装置取消了常规与活塞直连的曲柄连杆机构，其活塞运动过程中与缸套间无侧向力。如果直接采用三段式连杆同步，则其活塞在运动过程中与缸套间依然会产生侧向力，由于动子中包含结构相对薄弱的直线电机次级，为避免侧向力的不良影响，需将该侧向力转移至更加可靠易调节维护的结构中，基于此同步机构可增加导向滑轨结构，即采用五段式连杆。导向滑轨承接与由连杆销延伸出的两端部固连的滚珠轴承或铝合金圆盘导轮，为便于安装，滑轨两端可用开式无盖结构。

（3）同步连杆

单缸双活塞 FPEG 的结构及运动特征决定了同步连杆为非主承力机构，可使用轻质铝合金材料，为增加连杆刚度，连杆截面可采用工字型。

（4）滑动/滚动导向件

可直接选用轻质滚珠轴承作为滚动导轮或采用铝合金圆盘作为滚动/滑动导轮，或直接使用铝合金方形滑块作为滑动导向件。导向件与导轨间必须给予机油/润滑脂润滑。

2.5.3　机体组

（1）气缸体

气缸体可采用铝合金/铸铁。当前比较适用的有 4 种缸体缸套组合形式：铝合金气缸体外壳（水冷道外罩）＋铝合金水冷套＋薄壁铸铁缸套；铝合金气缸体外壳（水冷道外罩）＋铝合金水冷套及薄壁铸铁缸套双金属缸体；铝合金气缸体外壳（水冷道外罩）＋耐磨铝合金湿式水冷套；缸套和缸体一体化铸造。因为内燃机部分非高强化机，四类组合方式均可使用，如何选用要依据加工条件和工艺可实现性而定，二冲程对置活塞内燃机缸体需配置冷却水道。

（2）气缸套

干式缸套采用球墨铸铁时其壁厚可取 3~4 mm（具体见强度校核），与缸孔（即铝合金水冷套）的配合为过渡配合，压入装配时可采用 H6/r6 配合。采用钢制缸套时可采用镀碳化硅/镀镍缸套，其壁厚可进一步降低。

（3）底座基础与支座

可采用铸铁基础，设置形位公差精度等级很高的供气套法兰、直线轴承、直线电机、回弹气缸及其安装孔座等的定位滑槽，滑槽中所有装置均采用 M12 内六角铰制孔螺栓紧固。基础采用精密加工的定位滑槽可避免拆卸安装时的繁琐操作，效果不可控的部件相对位置调节调试。底座基础通过螺栓紧固件固定在铸铁台上。

（4）附加加强架

加强架用于抵消较长动子往复运动时产生的可观弯矩，提高系统整体刚度。可使用两条钢制窄板连接两端回弹气缸座代替整体外框架。

（5）机体强度校核与缸壁强度校核

FPEG 动力缸气缸套承受着由气体作用力、热负荷等所引起的应力。最高燃烧爆发压力 $p_{g\max}$ 为最危险的负荷，其产生的纵向拉应力 σ_p 的值可据下式按薄壁缸套近似估算。

$$\sigma_p = p_{g\max} D/(2\delta) \tag{2-34}$$

当 $p_{g\max} = 7$ MPa 时，缸套壁厚 $\delta \geq 2.47 \sim 3.30$ mm，厚度越薄，球墨铸铁牌号越高；

当 $p_{g\max} = 8$ MPa 时，缸套壁厚 $\delta \geq 2.83 \sim 3.77$ mm，厚度越薄，球墨铸铁牌号越高；

当 $p_{g\max} = 9$ MPa 时，缸套壁厚 $\delta \geq 3.18 \sim 4.24$ mm，厚度越薄，球墨铸铁牌号越高。

常见摩托车发动机（活塞直径 60 mm 级）所用球墨铸铁缸套壁厚多为 1.50~3.25 mm，为保证缸体热阻及热应力小并能承受较高缸内爆发压力，结合上述估算可选球墨铸铁缸套壁厚为 3.5 mm。

此时，缸套内外壁温差热应力 σ_t 为

$$\sigma_t = E\alpha\Delta T/[2(1-\mu)] \tag{2-35}$$

由该式可得 σ_t 为 60.24 MPa，则缸套表面最高复合应力约为 120 MPa，不超过 130 MPa。

（6）缸套支撑凸肩强度校核

由于单缸双活塞 FPEG 为无缸盖结构，无缸套支撑凸肩。而回弹缸缸内最高压力不超过 0.5 MPa，其缸套支撑凸肩亦无须进行强度校核。

（7）机体组有限元计算

当前样机主要关注各部功能可实现性，机体主要尺寸尤其是关键受力件厚度方面多采用基于内燃机常用推荐值的保守设计，整体强度仿真校核并非绝对必要。

2.5.4　进排气系统

（1）扫气口

对置式 FPEG 应采用周向直流扫气。为形成较为合适的扫气空气活塞保证扫气效果，扫气口轴线可沿径向倾斜 15°，轴向无倾斜。

设计优良的扫气口应使得无论何种转速条件，新鲜充量在扫气口打开的过程中总能充满扫气口打开位置对应的整个气缸，以保证接近 100% 的扫气效率。该条件下要求扫气口的扫气过程平均流速满足

$$\bar{v} = \frac{\pi n}{30} \cdot \frac{V_e + As[(\cos\alpha_e - \cos\alpha_s) + \lambda/2(\sin^2\alpha_s - \sin^2\alpha_e)]}{B_s s[(2h_s - 1 + \lambda/4)(\pi - \alpha_s) + \sin\alpha_s + \lambda/8\sin(2\alpha_s)]} \tag{2-36}$$

式中，n 为等效转速；V_e 为有效压缩容积；A 为气缸径向截面积；s 为行程；α_e 为排气相位角；α_s 为扫气相位角；λ 为名义连杆比；B_s 为扫气口宽度；h_s 为扫气冲程率。

可由伯努利方程确定达到上述扫气过程平均流速应供给的扫气压力：

$$\bar{v} = \sqrt{\frac{2(p_s - p_b)}{\rho_s}} \tag{2-37}$$

式中，p_s 为扫气压力；p_b 为缸内压力；ρ_s 为扫气密度。

由于扫气过程中缸内压力定量变化规律难以确定，可保守估计扫气压力，使扫气过程平均流速一定能达到上述基本值。

（2）排气口

确定了扫气结构参数之后可经由预先排气计算（峰值缸压→排气口开启缸

压→超临界排气结束缸压→扫气）在考虑排气圆周率对水冷道影响的条件下来确定排气口参数。

（3）进排气套

进排气套一方面在内部形成密封环状气道，连接进排气管与扫排气口，另一方面与圆环形气口凸台紧密接触，其底座置于机体定位 T 形槽内，起支撑整个动力缸的作用。

进排气套使用铸铁材料，当排气套热冲击较严重时可考虑气套外表面润滑油冷却。

对于环形进排气套有限的轴向尺寸，其与进排气管连接处曲面沿气流方向投影为矩形时可获得较大的流通面积，且较易加工。进排气管与气套直接相连段同样为矩形截面，连接方式可选择焊接。由于气管开口较长，为防止进气直接冲击邻近气套开口处的扫气口影响扫气气流组织，防止里外排气口背压差别过大造成废气牵引不均，必须使某两相邻气口中间鼻梁与气套曲面矩形开口对正。

进排气圆管截面积可按与扫排气口有效流通面积相等，以此定出圆管内径，并借由双等原则（等流量、等损失）确定气套开口曲面矩形沿气流方向的投影尺寸。

（4）进气管

为获得稳定的、流量压力皆可调节的进气，样机由空压机——稳压罐外源供气，但同样不可忽略进气管长带来的进气波动效应对于扫气的干扰，其管长 L_{in} 应满足

$$L_{in} = \frac{15c}{mn} \tag{2-38}$$

式中，m 为调谐次数，可取 $1 \sim 5$；c 为当地声速，可按 340 m/s 计算；n 为等效转速，按 $2\,000$ r/min 计算。进气管径按与扫气套、进气管相交曲面矩形区域的双等原则（相同压差下流量相等，管路局部损失相等）。

（5）排气管

理想的排气管设计应充分利用排气波动效应，能在缸压不高的阶段（活塞运动至外止点附近）形成稳定长时间的负压区，以帮助低压废气排出，提升扫气效果。在排气后期于排气口附近形成正压区，阻止过量新鲜空气排出，增加缸内压力，减轻排气口晚关造成的缸内压力损失。

（6）增压/稳压/调压系统

该系统主要包含外源电动压气机、稳压箱/罐、分流箱/罐、精密调压阀及

连接气管等。

（7）外源电动压气机

以样机每分钟消耗空气量为参考，搭建样机时只要能保证压气机排量高于样机实际耗气量，并且将压气机气路一分为二，一支流向发动机动力缸，另一支流向回弹缸。通过调节精密调压阀开度即可无级调节两支气路空气流量，进而实现稳定的、低于 0.3 MPa 的任意扫气压力（商用电动压气机/空压机一般低于 0.3 MPa 开启，高于 0.8 MPa 关闭，扫气压力低于 0.3 MPa 时空压机可持续不间断地运行）。

（8）稳压箱/罐

虽然空压机配有储气罐（120 L），但经气路分流后进气可能存在周期波动干扰，仍有必要设置进气稳压箱/罐，可选配常见的 300 L、耐压压力 1 MPa 的立式铸铁储气罐。

（9）分流箱/罐

与样机上游气路并联，通过调节大量程单向节流阀的开度来无级调节流向样机上游稳压箱/罐的空气流量，以控制扫气流量与扫气压力。单向节流阀应连接消声器以降低排气噪声。

2.5.5 燃油供给系统

（1）直喷喷油器

样机换气采用直流扫气方式，如采用低压进气管喷射，一方面由于扫气必然伴随充量损失，循环供油量不易确定和控制；另一方面管壁油膜的存在及充量损失在低压喷射雾化效果较差的前提下，都会加剧新鲜充量空燃比分布波动，使火花塞周围混合气浓度不易控制，点火质量不易保证。为不致拖累系统运行稳定性，降低不正常点火概率，应使用高压缸内直喷（gasoline direct injection，GDI）。只要选择在排气口关闭或即将关闭时喷油，燃油就不会流失，每循环的有效供油量容易确定和精确调节。再配以合理的缸内气流组织，有望获得较为稳定的燃烧效果。

（2）高压供油系统

由于 FPEG 不向外输出机械功率，更无凸轮轴等旋转件，配套高压油泵只能由旋转电机来驱动。其余如共轨管、高压油管等也可沿用所选直喷喷油器其总成中已有的。

（3）喷油器安装位置

直喷喷油器需要穿过冷却水道径向安装于动力缸缸套之上，需考虑轴线与垂直方向夹角，避免与同步机构发生干涉。当喷油器安装于水道中央或穿水槽壁而过时，对于水道影响最小，同时也利于充分散热。选择商用多孔直喷喷油器时，其喷孔分布固定不可改动，而喷油角度对于燃油湿壁与蒸发率、点火时刻火花塞周围油气浓度分布等与燃烧强相关的因素有重要影响，因此最佳的喷油器参考安装位置必须经过仔细的 CFD 仿真方可大致确定。

2.5.6　冷却系统

（1）样机水冷系系统的形式与布置

采用一般闭式强制水冷循环，由风扇、散热器、水泵、节温器（可省略）等组成，其中风扇为电动风扇，水泵为电子泵。FPEG 包含内燃机与直线电机两个主要热源，前者最佳运行工况对应出水温度为 90～100 ℃，而后者为保证长时间安全运行要求该温度最高不可超过 90 ℃，即两者无法共用同一套水冷系统，样机必须具备两套独立的水冷系统。

水冷系统主要部件的选择与设计：

水散热器可采用双列横流式商用散热器。

冷却系统散出热量为

$$Q_c = \frac{A g_e N_e h_u}{3\,600} \tag{2-39}$$

式中，A 为冷却系统带走热量占燃烧放热的百分比，汽油机为 0.20～0.27；g_e 为燃油消耗率；N_e 为样机内燃机有效轴功率；h_u 为燃料低热值。

水散热器的散热面积为

$$S = \frac{(1.1 \sim 1.5) Q_c}{K \Delta t} \times 10^{-3} \tag{2-40}$$

式中，K 为散热器传热系数，$W/(m^2 \cdot K)$；Δt 为冷却液、空气的平均温差：

$$\Delta t = \frac{t_{出水} + t_{进水}}{2} - \frac{t_{进气} + t_{出气}}{2} \tag{2-41}$$

因常见商用水冷却器仅标明适配发动机/车辆，上述散热器传热系数 K 等参数值不易获取，实际选型时可按对应发动机额定功率选择。

直线电机作为系统机械能－电能转换的换能部件，其散热功率远低于内燃机，可选用略小一些的摩托车发动机水冷却器与之匹配，在不需要承受较高的散热负荷时可适当调低其风扇转速。

对于水泵的设计流程如下：

冷却液循环量 V_w：

$$V_w = \frac{Q_c}{\Delta t_w \rho_w c_w} \qquad (2-42)$$

式中，Δt_w 为冷却水在内燃机中循环后的温升，为保证所选用的水泵流量足够，可取较低的 5 ℃；ρ_w 为冷却水密度，可取 1 000 kg/m³；c_w 为冷却水比定压热容，可取 4.187 kJ/(kg·K)。

水泵供水量 V_p：

$$V_p = V_\omega / \eta_V \qquad (2-43)$$

式中，η_V 为水泵的容积效率，通常取 0.60 ~ 0.85。水泵消耗功率 N_p：

$$N_p = \frac{V_p p_p}{\eta_h \eta_m} \qquad (2-44)$$

式中，p_p 为水泵压力水泵水压应为 150 ~ 200 kPa。η_h 为水泵的液力效率，一般为 0.6 ~ 0.8；η_m 为水泵的机械效率，一般为 0.90 ~ 0.97。

水泵转速在 1 500 ~ 3 000 r/min。

两套水冷系统中的水泵均可选用汽车发动机所用的电子水泵，其体积小巧，流量足够。当需要调节冷却出水温度时，可通过对水泵调速实现。

风扇可选用常用的轴流风扇。

风扇供气量 V_a：

$$V_a = \frac{Q_c}{\Delta t_a \rho_a c_p} \qquad (2-45)$$

式中，Δt_a 为空气进出水散热器前后的温差，一般为 10 ~ 30 ℃；ρ_a 为空气密度，按 1.01 kg/m³；c_p 为空气定压比热容，为 1.047 kJ/(kg·K)。

风扇供气压力 p：

$$p = \Delta p_R + \Delta p_L \qquad (2-46)$$
$$\Delta p_L = (0.4 \sim 1.1) \Delta p_R \qquad (2-47)$$

式中，Δp_R 为散热器的阻力；Δp_L 为散热器之外所有空气通道的阻力。

风扇消耗功率 N_f：

$$N_f = \frac{p V_a}{\eta_f} \qquad (2-48)$$

式中，p 为风扇供气压力，kPa；η_f 为风扇的总效率，$\eta_f = \eta_h \cdot \eta_V \cdot \eta_m$，$\eta_h$、$\eta_V$、$\eta_m$ 分别为风扇的液力效率、容积效率和机械效率。

风扇转速 n_f：

$$n_f = \frac{v}{\pi D} \tag{2-49}$$

式中，D 为风扇叶轮外径；v 为风扇外径圆周速度，为控制噪声，最大圆周速度应低于 70 m/s。

（2）缸套螺旋水道设计

取进水温度 t_{in}，出水温度 t_{out}，湿式缸套壁温 t_w，导热系数 λ，动力黏度 v，冷却水流量 V_w，普朗特数 Pr，单列水槽截面近似为等腰梯形，下底、高分别为 a、h，上底角为 θ，水槽壁厚为 c，水槽数为 n_1。则：

水槽数为 n_1：

$$n_1 = \frac{\pi D_1}{a + c} \tag{2-50}$$

根据样机燃烧室火花塞布置形式，螺旋水道应保证恰好使火花塞均位于单条水道的中间线，则水道数必为火花塞数量的倍数。

上底角为 θ：

$$\theta = \frac{\pi}{2} - \frac{a + c}{D_1} \tag{2-51}$$

湿周 χ：

$$\chi = 2a + 2h \frac{1 + \cos \theta}{\sin \theta} \tag{2-52}$$

当量直径 D_e：

$$D_e = 2 \frac{ah \sin \theta + h^2 \cos \theta}{a \sin \theta + h(1 + \cos \theta)} \tag{2-53}$$

槽内流速 v_w：

$$v_w = \frac{V_w}{(ah + h^2 \cot \theta) n_1} \tag{2-54}$$

雷诺数 Re：

$$Re = \frac{v_w D_e}{v} \tag{2-55}$$

冷却水吸收热量 Q_{c1}：

$$Q_{c1} = c_p q_m (t_{out} - t_{in}) \tag{2-56}$$

$$q_m = V_w \rho_w \tag{2-57}$$

冷却水从水冷壁吸收热量 Q_{c2}：

$$Q_{c2} = n_l h \pi D_e L \Delta t \tag{2-58}$$

$$Q_{c1} = Q_{c2} \tag{2-59}$$

式中，h 为对流换热系数；L 为单条螺旋水槽长度。

由于 h 未知，可借助怒谢尔特数 Nu 定义式：

$$Nu = \frac{hD_e}{\lambda} \tag{2-60}$$

代入下式中，以 Nu 替换 h，可得

$$Q_c = \frac{Nu\lambda}{D_e} n_l \pi D_e L \Delta t = N_u \lambda n_l \pi L \Delta t \tag{2-61}$$

则 Nu 可用另一种表达：

$$Nu = \frac{Q_c}{\lambda n_l \pi L \Delta t} \tag{2-62}$$

适用于管内过渡流换热的、考虑液体物性变化及弯曲修正的准则关系式为

$$Nu = 0.012(Re^{0.87} - 280)Pr^{0.4}\left[1 + \left(\frac{D_e}{L}\right)^{2/3}\right]\left(\frac{Pr_f}{Pr_w}\right)^{0.11}\left[110.3\left(\frac{D_e}{R}\right)^3\right]$$

$$\tag{2-63}$$

式中，Pr_f 为冷却水平均温度下对应的普朗特数；Pr_w 为冷却水在壁面温度下对应的普朗特数；R 为螺旋水道曲率半径，与导程有关。

由上述方程可计算螺旋冷却水槽基本结构参数。特别地，在同一冷却水流量的前提下，提高冷却传热功率至原来的 1.5 倍，在轴向长度已知的条件下，可确定螺旋水道曲率半径、导程、水道旋转角以及散热能力。

螺旋水道出口不平行于气缸轴线，冷却水接着流入与轴线平行的排气口鼻梁区时不仅阻力较大，且易使水流流场紊乱。因此有必要在螺旋水道的末端平滑过渡形成一小段平行于气缸轴线的导流道，以改善该问题。

2.5.7 润滑系统

（1）润滑系统布置形式

由于 FPEG 不输出机械功率，无与动子连杆直接相连的旋转运动件，需要配给电动机油泵提供润滑油循环动力。润滑系统整体布置可采用全/流滤清式主油道与机油散热器并联或采用独立机油散热器。

润滑油经主机油泵加压后进入主油道油路分配器中，一部分经可调流量的出油口进入各润滑支路，其余部分进入回油管流回机油箱。

机油箱内润滑油被副机油泵吸入机油散热器进油口，降温后经出油口回流机

油箱，形成独立的润滑油散热油路。

（2）重要润滑油路结构

动力缸采用全周进油，在铸铁缸套合适截面上开均布润滑油通孔（上部孔径较大，以加强缸内上部润滑，削弱重力对卧式气缸内壁润滑油分布的不利影响），同时在铝合金缸体内侧同一截面处附近开环状油槽。环状油槽顶部开通孔，与中空油管连接，中空油管另一端为润滑油进油口。排气侧中空油管置于动力缸冷却水出水道内，需要加强密封。

动力活塞油环环槽内开有均布排油通孔连接活塞内穹顶空腔，动力活塞往复运动时部分润滑油在空腔内振荡后经腔底开口流出活塞。

在动力缸内接近端部位置开排油槽，经由底座斜通孔与润滑油出油接头与润滑油回油管连接。

回弹缸进排油结构与动力缸相同。

（3）润滑系统主要部件选择设计

对于机油泵：

循环油量 V_0：

$$V_0 = \frac{Q_0}{\rho c \Delta t} \tag{2-64}$$

式中，Q_0 为内燃机传给润滑油的热量，一般情况下占燃料放热量的 2%，采用油冷活塞时占比可达 6%；ρ 为润滑油密度，可按 880 kg/m³；c 为润滑油比热，可按 1.9 kJ/(kg·K)；Δt 为润滑油温升，可按 10 ℃。

机油泵供油量 V_p：由于存在润滑油在细滤器、限压阀等处的回流，以及摩擦间隙增大等因素影响，机油泵实际供油量应为上述循环油量的 2~4 倍。

主油道供油压力 Δp：选择带溢流阀的泵头，小型电动摆线泵最高供油压力可达 800 kPa，不过对于汽油机而言，主油道供油压力为 300 kPa 已然够用。

机油泵消耗功率 N_p：

$$N_p = V_p \Delta p / \eta_m \tag{2-65}$$

式中，η_m 为油泵机械效率；N_p 为机油泵消耗功率。

（4）机油滤清器

可选一般过滤式细滤器作为全流滤清器使用。

（5）机油散热器

选择普通摩托车发动机所用带风扇的风冷式机油散热器，与主油道相互独立布置。

（6）油底壳/机油箱

主要考虑可放置集滤、粗滤、机油散热器油泵等。

2.5.8 回弹–起动系统

（1）回弹缸与外置气缸

回弹缸可采用类似动力缸的铸铁缸套加铝合金缸体结构，也可采用整体铸铁结构。其缸盖通过法兰与缸体相连，紧固件选用高强度螺栓。为增强法兰刚度，缸盖中心设计为球冠状内陷结构，中心开通孔以连接气压平衡管及外置气缸。气压平衡管连通两侧回弹缸，保证回弹气压时刻基本相等，促进两边动子系统受力趋同。

回弹缸的容积连同气压平衡管及外置气缸容积共同构成回弹容积，气压平衡管中间位置连接外置气缸。按照匹配计算有关回弹缸压缩比和压缩容积的结果，可定气压平衡管内径以及外置气缸缸径。

外置气缸不仅可作调节回弹容积、回弹压缩比之用，也是实现起动与补气功能的重要装置。与之相连的单向节流阀及稳压罐或压气机构成稳定补气气路。

（2）直线电机振荡起动装置

直线电机次级为动子一部分，FPEG 系统起动时直线电机可工作在电动模式下直接拖动动子往复运动。因为电机推力较小，无法直接将动力活塞拖至接近内止点适合点火的位置，需借助回弹缸及动力缸内封空气作为蓄能弹簧持续向系统输入能量，直到动子振幅越来越大，达到点火压缩比等条件后点火成功即完成第一阶段的振荡起动。

为利于起动，停机时动力活塞应处于排气口附近，回弹空气量低于正常值，因此需要在动子往复拖动过程中借助单向气阀不断往回弹缸中吸入空气。当动力活塞到达点火位置时，回弹缸内空气量必然也达到正常工作值，此时关闭单向进气气路即可。

实现上述功能需要在外置气缸端放置与其缸盖连接的常闭电磁阀—低压单向气阀—空气滤清器等。

（3）压缩空气起动装置

利用外置气缸还可实现压缩空气起动。在外置气缸近缸盖处放置双向常开电磁阀连接气压平衡管和外置气缸，经由外置气缸缸盖形成常闭电磁阀—气源分配器气路，及压力表/传感器—电磁阀控制开关（仅起动时起作用）等开关模块。在起动之前，关闭常开电磁阀，接通开关模块使外置气缸缸内压力达到并保持设计值，断开开关模块即完成起动准备。打开常开电磁阀后高压气体可将回弹缸活塞推至内止点附近，动力缸点火后完成第一阶段起动过程。接着可由电动模式下的直线电机辅助拖动以尽快提高动子运行频率，完成整个起动过程。

参 考 文 献

［1］吴兆汉．内燃机设计［M］．北京：北京理工大学出版社，1990．

［2］周龙保．内燃机学［M］．北京：机械工业出版社，2011．

［3］孙柏刚，杜巍．车辆发动机原理［M］．北京：北京理工大学出版社，2015．

［4］STONE R. Introduction to internal combustion engines［M］. London：Macmillan Publishing Company，1985．

［5］BLAIR G. Design and simulation of two－stroke engines［M］. Warrendale：SAE International，1996．

［6］KÖHLER E，FLIERL R. Verbrennungsmotoren：motormechanik，berechnung und auslegung des hubkolbenmotors［M］. Berlin Springer－Verlag，2007．

［7］钟毅芳，陈柏鸿，王周宏．多学科综合优化设计原理与方法［M］．武汉：华中科技大学出版社，2006．

［8］陈潇凯．车辆多学科设计优化方法［M］．北京：北京理工大学出版社，2018．

FPEG 本质上为自由活塞内燃机与直线电机的耦合产物。目前，FPEG 可大致分为单活塞单缸式、双活塞双缸式、对置双活塞单缸式。由于自由活塞发动机摒除了曲柄连杆机构，无法通过飞轮积蓄能量。在燃烧发电过程中，发动机需采用二冲程的工作形式，一侧气缸的燃烧气体爆发压力用以克服另一侧气缸内压缩行程的气体压缩力。两侧气缸轮流做功，推动活塞组件左右振荡，直线电机工作于发电机模式，对外输出电能。两个冲程分别如下。

①压缩冲程，当排气口及扫气口均被关闭后，进入气缸的混合气被压缩，在进气簧片阀打开后，可燃混合气流入扫气箱。

②膨胀做功冲程，当活塞运行至上止点附近时，火花塞点燃气缸内的混合气，高温高压的燃气膨胀后推动活塞向下止点运动，此时进气簧片阀为关闭状态，扫气箱内的可燃混合气将被压缩，当排气口开启后废气将由此排除，随后扫气口开启，扫气箱内被压缩后的混合气进入气缸并驱除留在气缸内的废气，完成扫气过程。

3.1　FPEG 燃烧系统概述

燃烧系统的任务是组织混合气形成和燃烧的过程，将燃料的化学能经燃烧发出热量，最有效地转变为机械功，使发动机获得优良的性能指标。燃烧过程牵扯面很广，影响因素也很多，如燃料性质、燃料的喷射特性和雾化特性、气流运动、混合气形成质量、燃烧室结构、增压参数、起动措施、大气状态、运转条件等。

燃烧系统的设计，主要是配合喷油定时，从空间和时间上对混合气形态进行控制。在设计过程中主要从燃烧室形状和气流运动的配合、喷油器和火花塞的布置等多方面进行考虑。基于 FPEG 的工作特性，采用缸内直喷的方式对 FPEG 燃烧系统进行设计。

3.1.1　FPEG 缸内混合气形成的微观控制

自由活塞式内燃机燃烧系统依靠燃烧室形状、气流运动和喷雾形状的相互配合形成所需要的分层混合气。按混合气形成方式的不同，可分为喷雾引导、壁面引导和气流引导三种方式。

（1）喷雾引导

此种形式的燃烧系统，喷油器和火花塞的位置较近，喷油器一般位于气缸中心，火花塞位于燃油喷束的边缘；这种布置方式的特点是火花塞周围容易形成较浓的混合气，同时主要采用强的涡流来保持分层混合气的稳定性。

（2）壁面引导

此种形式的燃烧系统，喷油器与火花塞布置距离较远，火花塞一般布置在气缸中心，主要是利用特殊的活塞凹坑形状配合气体滚流运动，将燃烧蒸气导向火花塞周围形成合适浓度的混合气。

（3）气流引导

此种形式的燃烧系统，喷油器与火花塞之间距离也较远，火花塞一般布置在气缸中心，综合利用进气道和活塞表面，在缸内形成滚流与涡流相结合的气流运动来形成适当浓度的混合气。

在实际的内燃机燃烧系统中，这三种混合气组织形式不能完全分开，而是两种或三种方式组合在一起，其中每种方式所占权重不同。目前，商品化的 GDI 内燃机主要是利用壁面引导方式来形成分层混合气，并把浓的混合气运送到火花塞周围。

缸内空气运动的组织，在宏观上主要有涡流、滚流和挤流等。它们的生成和大小在很大程度上取决于进排气系统的设计、缸径行程比、燃烧室形状等。它们的运动变化特点对混合气的形成和发展有很大影响。涡流的特点是持续时间长，在缸内的径向发散少,对保持混合气的相对集中和分层有利,涡流往往结合挤流来促进燃油的蒸发,经常用在喷雾引导的燃烧系统中;而滚流为纵向运动的气流,便于油束的纵向引导,而且容易转变为小规模的紊流来促进油气混合,它的近壁流速较高也有利于壁面油膜的蒸发,但设计不当时会导致火花塞间隙处平均流速过高,难以获得稳定的火焰核心而引起较大的循环变动,滚流对分层混合气的形成非常敏感,常用于喷油器和火花塞远距离布置的燃烧系统。挤流只有当活塞运动到上止点附近时才比较显著,它可以加强涡流与滚流的强度,通常要结合其他形式的流动共同对混合气的形成和燃烧发生作用。

采用涡流进气的喷雾引导式燃烧系统和采用滚流进气的壁面引导式燃烧系统的实际发动机研究表明,二者在空燃比为 35~40 的中小负荷区域的性能水平相当,而在空燃比为 20~30 的较高负荷区域,以涡流为主的燃烧系统更易发生燃烧不稳定和生成碳烟。

3.1.2　喷油器与火花塞的相对位置

从已有的 GDI 燃烧系统来看,火花塞和喷油器的相对位置可以分为窄空间(近距离)布置和宽空间(远距离)布置两种。针对近距离布置,喷油器一般布置在燃烧室中心,火花塞位于喷雾锥的边缘。这种布置方式的主要优点是结构简单,且中心布置的喷油器可以形成周向分层混合气,对减少传热损失有好处;而远距离布置,即喷油器布置在离火花塞较远的位置,加长了混合气在时间和空间上的历程,更有利于燃油蒸发。表 3 - 1 详细展示了两种布置方式间的对比关系。

表 3 - 1　两种不同火花塞与喷油器空间布置的燃烧系统比较

类别	近距离布置	远距离布置
分层控制	周向分层,较易控制	轴向分层,较难控制
造成的传热损失	少	多
缸径要求	各种缸径	较大的缸径
布置要求	需细致设计,以防进气面积减少过多	布置灵活,安装和拆卸容易
燃烧室形状	较为简单	复杂,通常需要特殊形状活塞顶

类别	近距离布置	远距离布置
喷雾质量	混合时间较短，气流组织不好时喷雾质量低	混合时间、空间历程长，喷雾质量较高
火花塞间隙浓度	容易形成可燃浓混合气，循环变动小	受转速和负荷影响，循环变动大
对火焰传播和燃烧的影响	火焰传播距离短，自燃、爆燃倾向小	火焰传播距离长，自燃、爆燃倾向大
对火花塞的要求	长的电极和较高的点火能量	普通的火花塞，寿命也较长
喷油碰活塞顶	较少	较多
喷油碰火花塞	容易被燃油沾湿和积炭	燃油沾湿概率小，不容易积炭
气流组织	要求较低	要求较高
喷雾变形的敏感程度	较为敏感	不敏感

　　通过对比，可以看出采用近距离布置火花塞和喷油器的燃烧系统不利于混合气的蒸发，同时容易引起喷雾变形，影响点火，因此商品化的 GDI 发动机大都采用了远距离布置火花塞和喷油器的燃烧系统。

　　除此之外，喷油器的倾角也是燃烧系统设计需要考虑的一个问题。增大喷油器倾角，可以延长喷雾在空间的扩散时间。与此同时，喷油器倾角不能过大，有研究表明，适当减小喷油器倾角对于发动机的燃油消耗率、HC 排放和烟度都有改善。

　　喷油器喷嘴、火花塞电极和气流运动方向之间的关系对混合气点火存在较大的影响。研究表明，顺气流布置的火花塞间隙存在过浓的混合气，火花塞间隙的气体流速较高，此时的混合气浓度不稳定；逆气流布置的火花塞间隙混合气浓度适中，燃烧较为稳定；而与气流无关的火花塞处无混合气形成，无法着火。

3.2　FPEG 燃烧室设计

　　燃烧室的设计对于提升内燃机燃烧性能十分关键。燃烧室的形式很多，根据混合气形成及燃烧室结构特点，可分为如图 3 – 1 所示几种类型。

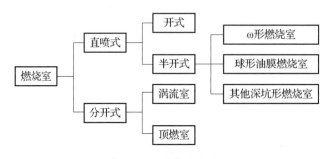

图 3 – 1　燃烧室分类

　　燃烧室的设计是一个典型的、复杂的系统设计问题。燃烧室设计效果直接关系到缸内燃烧过程的好坏，直接影响了内燃机的动力性、经济性和排放特性。影响燃烧室设计效果的因素有燃烧室形状、燃烧室结构设计参数以及油、气、室三个系统参数间的综合优化匹配。燃烧室形状及结构设计参数包括燃烧室缩口形式、底面凸台形状、缩口率、径深比等；进气系统设计参数包括涡流比、进气压力、进气流量、EGR 率、进气温度等；喷油系统设计参数主要包括喷油定时、喷油压力、喷油锥角、喷孔数量与喷孔大小等。

　　在燃烧室系统设计领域，科研人员通过仿真与试验结合的办法对燃烧室形状、关键结构参数对缸内气流运动的影响开展了大量的研究，得到以下结论：

　　①相比于直口、宽口型燃烧室，缩口燃烧室更有利于缸内涡流、挤流、湍流强度的增强和保持。

　　②底部带凸台的燃烧室空气利用率高，导流效果好，有利于形成较强的挤流、逆挤流，锥形凸台和球形凸台比平底凸台更有利于挤流的形成和发展；平底凸台燃烧室具有更好的涡流强度保持性以及更合理的湍流动能分布。

　　③适当增大缩口率有利于缸内涡流强度的增加与保持，但也存在碳烟排放增大的风险。

　　④径深比影响燃烧室中挤流、逆挤流强度，在缩小缩口直径的情况下减小径深比能够有效提高挤流、逆挤流强度，有利于上止点后端流强度和逆挤流强度的保持。

　　基于研究，目前燃烧室系统设计影响因子主要按以下三种方法处理。

　　①参变量扫值法，即固定其他因子的取值，改变一个或两个因子的水平值，研究其影响规律。参变量扫值法的优点简单直观，对于扫值一个因子（一维）和两个因子（二维）的参变量扫值问题，能够方便地运用 Excel、Origin 等工具

作图寻优。但是参变量扫值法的缺点是不能分析多于两个因子。

②试验设计，如田口方法、正交设计、响应曲面等。燃烧室的结构参数以及与之匹配的进气系统参数和喷油系统参数的因子数量众多，而且这些参数之间存在着很强的非线性耦合关系，同时这些因子对燃烧性能影响的权重或敏感性往往存在差异，这就需要一次同时研究多个因子对内燃机性能的影响。基于此，对于多于三个因子的优化问题，通常就不能使用全析因设计，而需要使用部分析因设计来构造试验设计阵列，对多个因子进行处理。试验设计的优点是能够用较少的因子取值组合试验点高效分析多个因子的影响效果，并能构造拟合曲面进行寻优。试验设计的缺点是数据统计的处理和拟合曲面的构造工作量较大。

③抽样设计，基于设计经验确定多个因子的取值予以组合，对比产生几个设计方案。抽样设计的优点是避免了试验设计的烦琐复杂，而且能够处理多个因子，基于经验设计出几个因子取值的组合构造，然后直接比较这几个方案的优劣。这种方法适用于快速粗糙的工业设计。抽样设计的缺点是比较出来的方案不是最优解，因为该方法缺失试验设计的严格统计分析或曲面拟合寻优。

燃烧室的设计普遍按照三类响应分析方法开展研究工作。

第一类响应分析方法：不计算不测量不同燃烧室设计的缸内流动细节，仅计算或测量整机的性能和排放。此方法以循环平均参数为判据，没有缸内曲轴转角参数和空间分布参数。采用第一类响应分析方法对缸内流场进行分析时多以试验获取的油耗和排放数据作为燃烧室设计判据。第一类响应分析法的缺点是不能直观反映缸内流动状态，给燃烧室结构优化带来难度，且试验周期较长，成本较高。

第二类响应分析方法：计算不同燃烧室设计的缸内气体 CFD 流动细节，不计算喷油、燃烧和排放。此方法以气体流动的缸内曲轴转角参数和空间分布参数为判据，不以喷油雾化和排放参数为判据。缸内气流运动形式主要包括涡流、湍流和挤流，并且随着活塞的往复运动，缸内气体流动具有瞬态变化的特点。湍流速度反映气流运动的快慢，湍流动能反映气流的强度，并且湍流动能的大小在很大程度上反映缸内油气混合的程度，是气流活跃程度的重要评价指标。研究人员在采用第二类响应分析方法对缸内流场进行分析时多以流速和湍流动能作为设计判据。

第三类响应分析方法：计算不同燃烧室设计的缸内气体 CFD 流动细节、喷油、燃烧和排放，此方法以气体流动的缸内曲轴转角参数和空间分布为第一类判据，以放热率、喷油雾化和排放参数为第二类判据。此类方法判据类型全面，判据展示充分，可共同为内燃机性能分析提供依据。第三类响应分析方法的不足是没有通过试验方式对缸内喷油和排放实际细节进行直观、真实的展示或验证，无法评估模型的准确性和有效性。

总结燃烧室系统设计方法组成要素如图 3 – 2 所示。

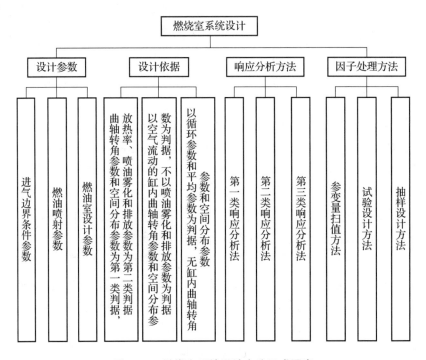

图 3 – 2　燃烧室系统设计方法组成要素

基于以上理论，在进行燃烧室设计理论计算时，通常假设气体充量在气道及气缸内的流动状态是三维可压缩黏性湍流流动。气缸内气体流动模型以经典流体力学理论为基础，即以质量守恒定律、动量守恒定律、能量守恒定律为计算依据。

质量守恒方程：

$$\frac{\partial \rho}{\partial t} + \frac{\partial (\rho u_x)}{\partial x} + \frac{\partial (\rho u_y)}{\partial y} + \frac{\partial (\rho u_z)}{\partial z} = 0 \tag{3 – 1}$$

式中，ρ 为密度；t 为时间；u_x、u_y、u_z 分别为速度矢量 $\boldsymbol{u}$ 在 x、y、z 方向上的分量。

动量守恒方程：

$$
\begin{cases}
\rho \dfrac{\mathrm{d}u}{\mathrm{d}t} = -\dfrac{\partial p_x}{\partial x} + \dfrac{\partial \tau_{yx}}{\partial y} + \dfrac{\partial \tau_{zx}}{\partial z} + \rho f_x \\[3mm]
\rho \dfrac{\mathrm{d}v}{\mathrm{d}t} = -\dfrac{\partial p_y}{\partial y} + \dfrac{\partial \tau_{xy}}{\partial x} + \dfrac{\partial \tau_{zy}}{\partial z} + \rho f_y \\[3mm]
\rho \dfrac{\mathrm{d}w}{\mathrm{d}t} = -\dfrac{\partial p_z}{\partial z} + \dfrac{\partial \tau_{xz}}{\partial x} + \dfrac{\partial \tau_{yz}}{\partial y} + \rho f_z
\end{cases}
\tag{3-2}
$$

式中，p_x、p_y、p_z 分别为作用在流体微元 x、y、z 方向上的正压力；τ_{ij}（$i=x,y,z$；$j=x,y,z$）分别为各方向上的黏性切应力；ρf_x、ρf_y、ρf_z 分别为 x、y、z 方向上的体积力分量；u、v、w 分别为 x、y、z 方向的速度分量。

能量守恒方程：

$$
\frac{\partial(\rho T)}{\partial t} + \frac{\partial(\rho u_x T)}{\partial x} + \frac{\partial(\rho u_y T)}{\partial y} + \frac{\partial(\rho u_z T)}{\partial z} =
$$
$$
\frac{\partial}{\partial z}\left[\frac{h}{c_p}\frac{\partial T}{\partial x}\right] + \frac{\partial}{\partial z}\left[\frac{h}{c_p}\frac{\partial T}{\partial y}\right] + \frac{\partial}{\partial z}\left[\frac{h}{c_p}\frac{\partial T}{\partial z}\right] + S_T
\tag{3-3}
$$

式中，c_p 为定压比热容；T 为温度；h 为流体传热系数；S_T 为黏性耗散项。

湍流模型选用具有良好稳定性和收敛性的涡黏性－耗散模型——$k-\varepsilon$ 模型，此模型能较好地反映带有分离、分层、旋转和冲击等效应的流场。

湍流动能方程：

$$
\frac{1}{\sqrt{g}}\frac{\partial(\sqrt{g}\rho k)}{\partial t} + \frac{\partial}{\partial x_j}\left(\rho\,\bar{u}_j\varepsilon - \frac{\mu_{\mathrm{eff}}}{\sigma_k}\frac{\partial \varepsilon}{\partial x_j}\right) =
$$
$$
c_{\varepsilon 1}\frac{\varepsilon}{k}\left[\mu_{\mathrm{t}}P - \frac{2}{3}\left(\mu_{\mathrm{t}}\frac{\partial u_i}{\partial x_i} + \rho k\right)\frac{\partial u_i}{\partial x_i}\right] +
\tag{3-4}
$$
$$
c_{\varepsilon 3}\frac{\varepsilon}{k}\mu_{\mathrm{t}}P_{\mathrm{B}} - c_{\varepsilon 2}\rho\frac{\varepsilon^2}{k} + c_{\varepsilon 4}\rho\varepsilon\frac{\partial u_i}{\partial x_i} - \frac{c_\mu \eta^3(1-\eta/\eta_0)}{1+\beta\eta^3}\frac{\rho\varepsilon^2}{k}
$$

式中，k 为湍流动能；$\sqrt{g}$ 为距离张量行列式；x_j（$j=1,2,3$）为坐标，u_j 为速度在三个坐标上的分量；μ_{eff} 为亚网格黏力系数；ε 为耗散率；μ_{t} 为湍流黏度系数；$P+P_{\mathrm{B}}$ 为湍流动能项；η 为平均流与湍流时间尺度之比；S 为表面张力系数；S_{ij} 为平均张率；u_i 为坐标轴 x_i 方向上的速度分量（$i=1$，2，3）；g_i 为重力在 i 方向上的分量。

缸内直喷发动机燃烧室凹坑容积的设计原则：一是不能过大，以保证浓混合气的范围不要过大；二是能包容火花塞和喷油器，使喷雾集中在燃烧室凹坑内。具体凹坑的深度是基于燃烧室凹坑直径与压缩比计算得到的。

燃烧室凹坑位置布置的原则是尽可能地减少偏心，以维持喷雾和混合气在活塞中心形成,同时由于火花塞位置在气缸中心附近,减少偏心有利于火花塞在接近气缸中心的位置点燃混合气,使火焰向四周均匀扩散。

3.3 FPEG 系统进排气设计

FPEG 本质上为自由活塞式内燃机与直线电机的耦合产物。目前,FPEG 可大致分为单活塞单缸式、双活塞双缸式、对置双活塞单缸式。由于自由活塞发动机摒除了曲柄连杆机构,无法通过飞轮积蓄能量。在燃烧发电过程中,发动机需采用二冲程的工作形式,一侧气缸的燃烧气体爆发压力用以克服另一侧气缸内压缩行程的气体压缩力。两侧气缸轮流做功,推动活塞组件左右振荡,直线电机工作于发电机模式,对外输出电能。两个冲程分别为:

①压缩冲程。当排气口及扫气口均被关闭后,进入气缸的混合气被压缩,在进气簧片阀打开后,可燃混合气流入扫气箱。

②膨胀做功冲程。当活塞运行至上止点附近时,火花塞点燃气缸内的混合气,高温高压的燃气膨胀后推动活塞向下止点运动,此时进气簧片阀为关闭状态,扫气箱内的可燃混合气将被压缩,当排气口开启后废气将由此排除,随后扫气口开启,扫气箱内被压缩后的混合气进入气缸并驱除留在气缸内的废气,完成扫气过程。

FPEG 进排气子系统设计流程如图 3-3 所示。

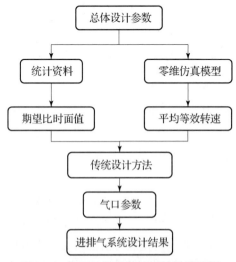

图 3-3 FPEG 进排气子系统设计流程

　　在当前的研究中，自由活塞内燃发电动力系统内燃机模块的工作形式可分为两种，四冲程与二冲程均有应用，二冲程布局方案相对采用较多。在二冲程回流扫气系统的设计工作中，气口参数的计算是重点。在传统机型上已对此有较多研究成果，相关设计理论较为完备。但在自由活塞式内燃机领域，研究工作还有待丰富。出于对自由活塞机型工作机理的考虑，良好的扫气系统设计对工作稳定性有重要意义。以往的设计工作大多以经验或相似设计方法为主，尚未提出一种具体的设计计算方法。鉴于自由活塞机型与传统机型的基本工作原理相同，可以传统机型回流扫气系统设计方法作为基础，通过某种方法进行修正，使之适用于自由活塞机型领域设计工作。根据这一思路，首先分析自由活塞机型与传统机型之间回流扫气系统运行特性的差异，再利用等效转速变换法在自由活塞机型工作特性与传统机型工作特性之间实现等效联系，然后根据分析结果，在传统机型回流扫气系统气口参数设计计算方法的基础上加以修正，最终形成自由活塞机型回流扫气系统气口参数专门设计方法。而二冲程机型的扫气系统布局形式中，回流扫气和直流扫气是两种主流方案。相比较而言，回流扫气方案具有结构简单、较易实现的优点，可以有效降低整体研究中的技术风险。

　　二冲程内燃机的工作循环不同于四冲程的，二冲程内燃机没有单独的进气冲程与排气冲程，整个换气过程是在活塞运行至下止点前后一段时间内进行的，只占 $130°\sim150°$，约为四冲程内燃机配气时间的 $1/3$，因此换气品质是比较差的。而二冲程机型的扫气系统布局形式中，回流扫气和直流扫气是两种主流方案。

　　回流扫气的特点是扫、排气孔均布置在气缸同侧，如图 3 - 4 所示。扫气孔的倾斜角使得扫气气流不仅纵向朝气缸顶流动，横向也沿缸壁转弯而形成回流。回流扫气的效果要比横流扫气好得多，同时又保留了结构简单的优点，所以在小型内燃机上用得较多。

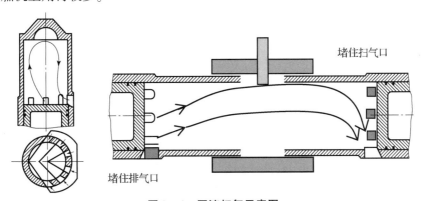

图 3 - 4　回流扫气示意图

针对对置双活塞单缸式 FPEG，由于其是对称结构，若采用回流扫气的方式，则需要将一侧原先的扫气口完全堵住，使得气流经扫气口碰到缸壁后进行折返。同时，回流扫气也存在着一定的缺点。回流扫气没有解决气口与排气口启闭定时的对称性问题，且气口所占的冲程损失百分比较大。

直流扫气的主要特点是扫气气流沿气缸轴线运动，换气品质最好。针对对置双活塞单缸式 FPEG，其采用了对称活塞的布置，结构上最适合采用直流扫气的方式。针对该扫气方式，其进、排气口分别布置在气缸的两端，其开启与关闭均由一对相反运动的活塞控制。进气口沿着气缸圆周作切线开孔，同时与气缸轴线有一定的倾斜度。基于以上设计理论，直流扫气的气流进入气缸后便产生了旋转运动，形成"空气活塞"，将废气推出排气口。直流扫气设计时为了提高扫气效率，进、排气口设计成不对称定时换气，这样更有利于过后排气过程。

对置活塞式直流扫气的主要优点：高度完善地清除气缸内的废气，有组织的扫气涡流更有利于缸内的燃烧；同时直流扫气不需要专门的配气机构，结构相对简单。但是排气口位置的活塞顶部和侧面受到废气的冲击，使得控制排气口的活塞工作条件极为苛刻，温度高，热负荷大，工作可靠性差。

二冲程内燃机的换气主要由活塞在气缸中运动，由此控制开在气缸上的气口来实现，因此缸套的设计就是一个重要问题。

缸套的进、排气口设计既要满足配气气体通过能力的要求，也要能最大限度地利用气缸有效工作容积，所以气口尺寸必须选择适当。如果气口尺寸太小，气体流通断面不够，流动阻力过大，就会使扫气系数下降；若气口高度尺寸过大，又会减小有效工作容积，使内燃机功率减小。为了恰当地选择进、排气口尺寸，常用进、排气口高度与活塞行程比 α_s、α_e 和进、排气口圆周利用系数 β_s、β_e 等参数，其表达式如下：

$$\begin{cases} \alpha_s = \dfrac{h_s}{S} \\[2mm] \alpha_e = \dfrac{h_e}{S} \end{cases} \tag{3-5}$$

$$\begin{cases} \beta_s = \dfrac{b_s}{\pi D} \\[2mm] \beta_e = \dfrac{b_e}{\pi D} \end{cases} \tag{3-6}$$

式中，h_s 为进气口高度；h_e 为排气口高度；b_s、b_e 分别为进气口、排气口宽度总和；S 为活塞行程；D 为气缸直径。

常用的气口形状有矩形、平行四边形、椭圆形或圆形。

矩形和平行四边形在既定气口宽度条件下，可以有最大气口截面，对减小冲程损失有利。但矩形气口机械加工较为复杂，适合于铸造气口使用。平行四边形气口的隔筋倾斜，对改善活塞环磨损有利。矩形气口的宽度与相应的圆周角在小型内燃机中一般不超过 60°~70°；在大型内燃机中，单个气口宽度不宜超过 30°圆周角。气口宽度过大，活塞环通过气口时容易折断。矩形气口四周均应制成圆角，否则活塞环经过气口时因突然张开或突然收缩，容易引起折断。通常认为，当单个气口宽度超过 15°圆周角时，为了防止活塞环开口端进入气口而被折断，活塞环的开口就必须避开气口进行定位。椭圆形气口便于机械加工，过度圆角最大，活塞环不易折断，因此活塞环可不必定位；但在一定宽度条件下的气口面积不如矩形气口面积的大。圆形气口工艺性最好，但在气口宽度一定的条件下，开启面积最小，若气口的数量在圆周上布置不受限制时，可以采用圆形气口。

FPEG 采用了缸内直喷的技术，采用了化油器式直流扫气，针对这种设计，涉及气口的主要参数有气口比时面值、气口高度、配气相位角和气口宽度等。这些参数的核心是气口比时面值，因为它表征了换气气流通过气口的能力，是保证实现良好换气效果的基本条件。其他参数则主要是为了满足比时面值而给定的。

在二冲程内燃机领域，常使用气口时面值与气缸排量之比即"比时面值"，作为评价二冲程内燃机换气系统设计的重要设计指标。通常设计所得的比时面值应处于一个合适的范围内。此值过大会导致二冲程内燃机的短路损失增加，过低则会引发扫气效率不足，缸内残余废气过多。确定气口比时面值时应综合考虑下述几项基本原则。

①够用的提前排气比时面值。在所有气口中，提前排气比时面值最为重要。排气口打开时刻只要能保证扫气口打开时气缸内压力降低到曲轴箱扫气压力或略高一些，使扫气得以正常进行就可以了。排气口打开过早，扫气口打开时气缸压力大大低于扫气压力，即提前排气比时面值过大，不仅白白增加了冲程损失，使有效行程减小，而且对扫气效果并不一定有益。当然，排气口打开太迟，扫气口打开时气缸压力大大高于扫气压力，延误扫气的尽快进行，严重时废气倒流入扫气道和曲轴箱，使发动机无法正常工作。

②合理的扫气比时面值。扫气比时面值过大，不仅会间接地增大冲程损

失，而且使扫气流速过小；扫气比时面值过小，对扫气流动产生节流。这都将影响到曲轴箱中的压缩新鲜气体最大限度地流入气缸，降低了给气比和发动机的性能。

③合理的进气比时面值和配气相位角。进气口的比时面值一般比扫气口略大。该值过小，进气节流；该值过大，进气速度降低。这都不利于在极短的时间内，利用有限的曲轴箱内负压使外界新鲜气体最大限度地充入曲轴箱。同时应注意，在比时面值相同的情况下，气口宽度尽量大些，以使配气相位角小一些。否则，配气相位角过大，气口关闭前已进入曲轴箱内的气体会反喷出去，降低了给气比。

④足够的排气比时面值，尽可能增加气口宽度，降低冲程损失。

⑤尽可能减小气口的流动阻力，增加流量系数。特别是扫气道，气道应尽量成弯曲渐缩状，并提高扫气道的表面精度。

⑥各个气口，特别是提前排气、扫气口和排气口，应当综合考虑。

基于以上理论，针对二冲程内燃机气口设计，主要有以下几种方法。

第一种方法：参考样机法。即在设计过程中参照与所设计内燃机各种参数相类似的现有成熟样机来确定比时面值。

第二种方法：统计数据法。当没有可以直接参照的参考样机时，可按以下经验公式进行选值：

$$Z_{bs} = 10 - 0.01Dn_0 \qquad (3-7)$$

$$Z_{bf} = 0.002Dn_0 - 0.15 \qquad (3-8)$$

$$Z_{be} = (1.7 \sim 2.0)Z_{bs} \qquad (3-9)$$

$$Z_{bi} = (1.3 \sim 1.5)Z_{bs} \qquad (3-10)$$

式中，n_0 为发动机转速；Z_b 为气口比时面值；其中 e，s，i，f 分别表示排气口、扫气口、进气口和提前排气的相应参数。

第三种方法：奥尔林理论计算法。这种方法首先由 A. C. 奥尔林提出，该方法根据流体流量方程式，再根据假定的近似条件前提下推导出来的，主要假定条件有：提前排气为一维稳定超临界流动，绝热指数 $K = 1.3$，多变膨胀指数 $n = 1.3$。

该方法将换气过程分为提前排气、自由排气、强制扫气、排气和过后排气四个阶段。其中，最为重要的是提前排气过程。奥尔林提前排气时面值计算公式如下：

$$Z_f = \frac{0.59(V_b + V_s) \times \dfrac{1}{2}}{\mu_e \sqrt{T_b}} \left[\left(\frac{p_b}{p_s} \right)^{0.115} - 1 - 0.153\ln\frac{V_s}{V_b} \right] \qquad (3-11)$$

式中，V_b 为排气口打开时的气缸容积；V_s 为扫气口打开时的气缸容积；T_b 为排气口打开时的气缸温度；p_b 为排气口打开时的气缸压力；p_s 为扫气口打开时的气缸压力；μ_e 为提前排气时的气体流量系数。

第四种方法：系数计算法。该方法将活塞位移方程式进行积分，在此基础上引入计算系数 K 和修正系数 ξ，大大简化了计算。

比时面值按下列公式计算：

$$Z_b = \xi KBH \frac{\alpha}{3nV_h}（排、扫、进气口）\tag{3-12}$$

$$Z_{bf} = \xi_f K_f B_e (H_e - H_s) \frac{(\alpha_e - \alpha_s)}{6nV_h}（提前排气）\tag{3-13}$$

式中，

$$K = \frac{\left(1 - \cos\alpha_2 \mp \dfrac{\lambda}{2}\sin^2\alpha_2 \pm \dfrac{\lambda}{4} - 1\right)\pi\dfrac{(\alpha_2 - \alpha_1)}{180} + (\sin\alpha_2 - \sin\alpha_1) \mp \dfrac{\lambda}{8}(\sin 2\alpha_2 - \sin 2\alpha_1)}{\left[\left(1 - \cos\alpha_2 \mp \dfrac{\lambda}{2}\sin^2\alpha_2\right) - \left(1 - \cos\alpha_1 \mp \dfrac{\lambda}{2}\sin^2\alpha_1\right)\right]\pi\dfrac{(\alpha_2 - \alpha_1)}{180}}$$

（适用于四圆角矩形气口） $\tag{3-14}$

$$\xi = \left(1 - \frac{2r}{B}\right) + \frac{2r}{B}\xi'(\xi_f')\tag{3-15}$$

$$\xi' = 1 - 0.4\frac{r}{H}（排、扫、进气口）\tag{3-16}$$

$$\xi_f' = \sqrt{\left(1.36 - 0.62\frac{r}{H}\right)^2 - (0.9 - 0.02\Delta\alpha)^2} - 0.30（提前排气）\tag{3-17}$$

$$\alpha = \arccos \mp \frac{\left(\dfrac{1}{\lambda} \mp 1 \mp 2h\right)^2 - \left(\dfrac{1}{\lambda}\right)^2 + 1}{2\left(\dfrac{1}{\lambda} \mp 1 \pm 2h\right)}\tag{3-18}$$

$$K_e, K_s = 0.55 + \sqrt{116^2 - (\alpha - 46)^2} \times 10^{-3}\tag{3-19}$$

$$K_i = 0.50 + \sqrt{175.5^2 - (\alpha_i + 37)^2} \times 10^{-3}\tag{3-20}$$

$$K_f = 0.56 + 0.000\,744\alpha_e - \frac{1}{1\,800}\sqrt{250^2 - (319 + 2.2\Delta\alpha - 2.42\alpha_e)}\tag{3-21}$$

当圆角半径较小时，四圆角气口的 ξ_e、ξ_s、ξ_i 取 0.96，误差在 3.0% 以内，ξ_f 取 0.90，误差在 6.0 之内。

参 考 文 献

［1］吴兆汉．内燃机设计［M］．北京：北京理工大学出版社，1990.

［2］周龙保．内燃机学［M］．北京：机械工业出版社，2011.

［3］孙柏刚，杜巍．车辆发动机原理［M］．北京：北京理工大学出版社，2015.

［4］魏春源，张卫正，葛蕴珊．高等内燃机学［M］．北京：北京理工大学出版社，2007.

［5］蒋德明．内燃机燃烧与排放学［M］．西安：西安交通大学出版社，2001.

［6］闫晓东．点燃式缸内直喷对置自由活塞发电机燃烧系统工作特性研究［D］．北京：北京理工大学，2022.

4.1　FPEG 直线电机稳态/瞬态磁场建模

自由活塞发电机是一套耦合了动力气缸、回弹气缸和直线电机的多模块多物理场耦合系统。为了对直线电机模块的工作特性进行深入研究，则需要掌握直线电机的建模技术。本节将基于 Maxwell 电磁有限元分析软件对 FPEG 直线电机稳态/瞬态磁场建模技术进行总结。

4.1.1　电磁仿真模型

直线电机为圆筒形回转体，其定子和动子有效部分是关于中心轴线的旋转对称结构，只需要建立磁路导通的结构，其他电气相关元件不是当前模型分析的重点，不需要进行建模。根据图 4 − 1 中的直线电机结构尺寸，在 Maxwell 中选择 R_z 坐标系，建立关于 Z 轴旋转对称的二维电磁有限元仿真模型，主要包括气隙、定子铁芯、动子永磁体、线圈、动子运动区域和空气连通域，如图 4 − 2 所示，只需要求解当前区域内的磁场即可得到整机的磁场分布及其电磁特性。

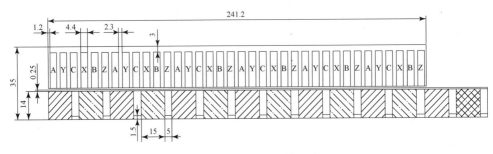

图 4 - 1 直线电机结构尺寸

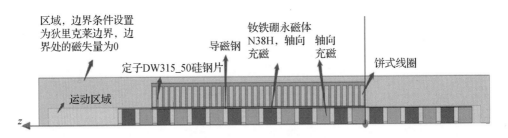

图 4 - 2 二维电磁有限元模型

模型求解的边界条件设为狄里克莱边界，且定义边界上的矢量磁位数值为0，即认为磁力线平行于所给定的边界线。整个动子建成后，需要再用空气包将所有动子部件都包络起来，让动子与气隙接触的区域材料属性一致，磁性能不发生突变，可以更准确地测量推力波动。在动子外建立运动区域，划分出动子的运动范围，运动区域的尺寸应该大于电机的行程，以免动子与运动区域发生干涉。绕组采用的是单层集中饼式绕组，三相对称星形连接，绕组分相如下：A、Y、C、X、B、Z、A、Y、C、X、B、Z。

对有限元方法来讲，网格划分的质量对结果精度影响很大，一般而言，只要模型已经处于收敛的趋势，网格越密，则计算结果越精确。在 Maxwell 中的自动划分网格，均匀加密全局网格，不能突出重点需要加密的位置，因此常常需要手动设置网格。本书中采用基于内部的网格划分方法，它划分的实体内部网格大小是均匀的，只需要在建模时将电机各部件单独划分出来，单独设置增加重点关注的磁场位置的网格密度。在本例中直线电机的气隙由动子的空气包、运动区域、定子空气包和空气流通域4层组成，能够满足电机推力的有限元分析。气隙磁路的网格分布如图4-3所示。

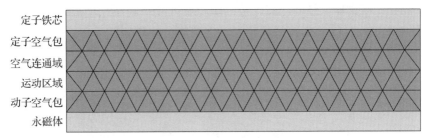

图 4 - 3　气隙磁场网格分布

4.1.2　稳态电磁仿真研究

（1）磁场分布研究

图 4 - 4 所示为直线电机在静磁场求解器中计算得到某一时刻气隙内的磁密变化。气隙磁场密度分布与动子和定子之间的相对位置有关，在动子导磁钢和定子齿部啮合的部位，磁感应线经过永磁体、气隙、导磁钢、定子铁芯形成完整的磁回路，磁路的距离短，磁阻小，磁通量大，该处的气隙磁密也较大，可达 1.6 T。对气隙磁场进行傅里叶变换求解气隙磁密的波形可以得到，气隙磁密的基波分量为 0.88 T。

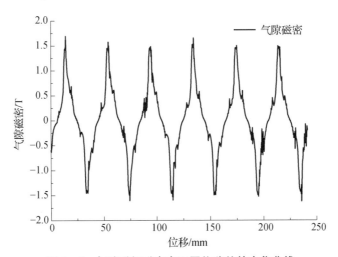

图 4 - 4　气隙磁场磁密在不同位移处的变化曲线

图 4 - 5 所示为直线电机各部分的磁通矢量和磁密分布云图，可以看出相邻永磁体的充磁方向相反；在一个极距内，一个永磁体与三个定子齿的位置相对，其中处于永磁体两侧的定子齿占据了大部分磁通量，只有小部分磁通量会通过较

长的气隙与中间齿形成磁路。定子齿部的磁通密度分布合理，大部分区域的磁密在 1.0~1.8 之间，铁芯饱和裕度较大。永磁体上的磁密在 0.8~1.4 之间，与钕铁硼材料的属性相符。

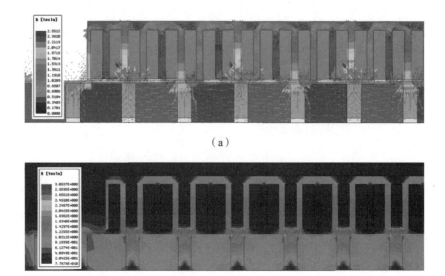

（a）

（b）

图 4-5 直线电机的磁通密度分布（附彩图）

（a）磁通矢量分布；（b）磁密分布云图

（2）直线电机推力特性研究

图 4-6 所示为直线电机在静磁场求解器中计算施加不同电流的电磁推力变化，可以看出电磁推力与电流不是线性关系，与定子铁芯的磁通密度是否饱和有关。当线圈电流很小时，定子铁芯中的磁通量随着电流线性增长；当线圈电流继续增大，超过 20 A 以后，定子铁芯的磁通量逐渐趋于饱和，磁通量增长的趋势减弱，电磁推力开始非线性增长。当电枢电流峰值为 40 A 时，电磁推力可达 2 200 N，满足系统对直线电机峰值推力的要求。同时，发现电机的推力系数不是定值，随着电流增大，推力系数逐渐减小，平均推力系数为 63.77；参考推力系数的计算关系式可以理解，推力系数与磁通变化率正相关，当电流增大导致磁通饱和以后，磁通增长率降低，推力系数减小。

图 4-7 所示为直线电机齿槽力在两个极距内的变化曲线，当电流为零时，即电机处于开路空载状态，经过多次测量得到该型号电机的平均齿槽力为 60 N，推力波为 2.7%。齿槽力与动子和定子相对位置的磁阻有关，当定子齿和导磁

钢相对时,磁阻最小,定位力小;当动子上的导磁钢远离定子齿时,气隙相对增加,磁阻增大,齿槽力增大。

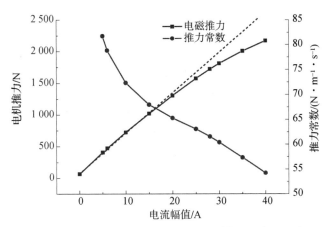

图 4-6 直线电机在不同电流幅值下的推力和推力系数

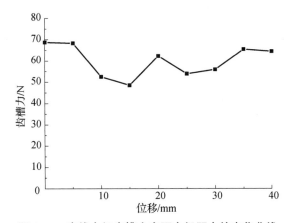

图 4-7 直线电机齿槽力在两个极距内的变化曲线

4.1.3 空载感应电势计算

图 4-8 所示为直线电机在不同速度下计算得到的空载匀速运行的反电势峰值和反电势系数,可以看出反电势峰值随着动子速度增大基本呈线性变化,当动子运行速度达到 4 m/s,即运行频率接近 33 Hz 时,定子线圈的反电势峰值达到 250 V。反电势系数随速度变化不大,计算得到平均反电势系数为 58.2 V/(m/s)。

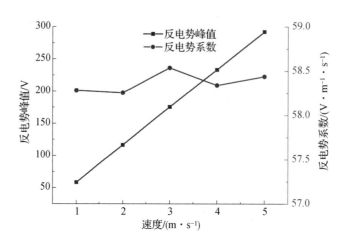

图 4 – 8　直线电机在不同速度下的反电势峰值和反电势系数

4.2　FPEG 直线电机工作过程电磁推力特性分析

直线电机是自由活塞直线发电机系统中的关键部件，它直接关系到系统是否能够顺利起动和稳定运行。当前对于自由活塞直线发电装置的系统动力学分析，多数研究者都将直线电机等效成一个线性阻尼器，即电机推力与动子速度成正比。其推导过程如下：

当自由活塞直线发电机稳定运行时，直线电机将处于直线发电机的工作模式，它将遵循和旋转发电机同样的物理定律。根据法拉第电磁感应定律，线圈中产生的感应电动势为

$$\varepsilon = -\frac{d\lambda}{dt} = -N_{coil}\frac{d\Phi}{dt} \tag{4-1}$$

式中，ε 为感应电动势（V）；λ 为通过线圈的总的磁通量（Wb）；Φ 为通过单匝线圈的磁通量（Wb）；N_{coil} 为线圈的匝数。

永磁体将在永磁体和线圈间的气隙中产生磁动势，如图 4 – 9 所示。为了获得较为简化的磁场解析物理模型，对基本分析模型进行一定的假设。假设永磁体极性呈周期性的交替分布，极间相互断开，并且磁场沿切线方向不变化。于是，理想状态的永磁体磁场强度分布如图 4 – 10 所示，并可以由下式来描述：

$$M(x) = \begin{cases} 0, & 0 < x < \dfrac{\tau_{\text{e}} - \tau_{\text{p}}}{2} \\[2mm] M_{\text{p}}, & \dfrac{\tau_{\text{e}} - \tau_{\text{p}}}{2} < x < \dfrac{\tau_{\text{e}} + \tau_{\text{p}}}{2} \\[2mm] 0, & \dfrac{\tau_{\text{e}} + \tau_{\text{p}}}{2} < x < \dfrac{3\tau_{\text{e}} - \tau_{\text{p}}}{2} \\[2mm] -M_{\text{p}}, & \dfrac{3\tau_{\text{e}} - \tau_{\text{p}}}{2} < x < \dfrac{3\tau_{\text{e}} + \tau_{\text{p}}}{2} \\[2mm] 0, & \dfrac{3\tau_{\text{e}} + \tau_{\text{p}}}{2} < x < 2\tau_{\text{e}} \end{cases} \tag{4-2}$$

式中，τ_{e} 为直线电机的磁极距（m）；τ_{p} 为永磁体的宽度（m）；M_{p} 为永磁体产生的磁动势（A）。

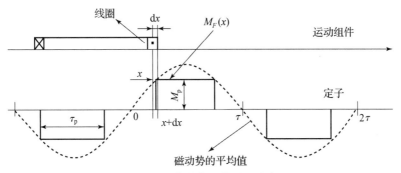

图 4 – 9　直线电机的磁场分布

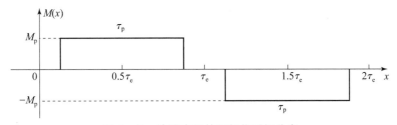

图 4 – 10　直线电机的理想化磁场分布

永磁体产生的磁动势的近似平均值可以根据一阶截断傅里叶级数展开得到：

$$M(x) \approx \frac{a_0}{2} + a_1 \cos\left(\frac{\pi x}{\tau_{\text{e}}}\right) + b_1 \sin\left(\frac{\pi x}{\tau_{\text{e}}}\right) \tag{4-3}$$

式中，

$$a_0 = \frac{1}{\tau_{\text{e}}} \int_0^{2\tau_{\text{e}}} M(x) \cdot \mathrm{d}x \tag{4-4}$$

$$\begin{cases} a_1 = \dfrac{1}{\tau_e} \displaystyle\int_0^{2\tau_e} M(x) \cos\left(\dfrac{\pi x}{\tau_e}\right) \cdot \mathrm{d}x \\[3mm] b_1 = \dfrac{1}{\tau_e} \displaystyle\int_0^{2\tau_e} M(x) \sin\left(\dfrac{\pi x}{\tau_e}\right) \cdot \mathrm{d}x \end{cases} \tag{4-5}$$

因此，通过对永磁体产生的磁动势进行一阶截断傅里叶变换后得到的平均磁动势分布为

$$M(x) = \frac{4}{\pi} M_p \sin\left(\frac{\pi \tau_p}{2\tau_e}\right) \sin\left(\frac{\pi x}{\tau_e}\right) \tag{4-6}$$

则永磁体在气隙中产生的磁通密度分布为

$$B(x) = \frac{\mu_0}{h_a} \cdot M(x) \tag{4-7}$$

式中，μ_0 为真空磁导率（H/m）；h_a 为气隙的宽度（m）。将式（4-6）代入式（4-7）：

$$B(x) = \frac{4\mu_0}{\pi h_a} \cdot M_p \sin\left(\frac{\pi \tau_p}{2\tau_e}\right) \sin\left(\frac{\pi x}{\tau_e}\right) \tag{4-8}$$

从式（4-8）可以看到，在电机本体结构尺寸和永磁体材料确定后，磁通密度分布近似呈现一种以位移为自变量的正弦函数形式。采用正弦函数模拟磁场分布情况可以满足一定的计算精度。

于是，根据式（4-8）表示的磁通密度分布，可以获得通过线圈的磁通量为

$$\Phi(x) = \int_{x-\tau_e}^x N \cdot L_B \cdot B(x) \cdot \mathrm{d}x \tag{4-9}$$

式中，L_B 为线圈有效长度（m）。将式（4-8）代入式（4-9），通过数学推导可以获得通过磁通量的表达式为

$$\Phi(x) = -\frac{8\mu_0 \tau_e N L_B M_p}{\pi^2 h_a} \cdot \sin\left(\frac{\pi \tau_p}{2\tau_e}\right) \cos\left(\frac{\pi x}{\tau_e}\right) \tag{4-10}$$

根据电磁感应定律，感应电动势为

$$\varepsilon = -\frac{\mathrm{d}\Phi}{\mathrm{d}t} \tag{4-11}$$

将式（4-10）代入式（4-11）并整理后获得

$$\varepsilon = \frac{8\mu_0 N L_B M_p}{\pi h_a} \cdot \sin\left(\frac{\pi \tau_p}{2\tau_e}\right) \sin\left(\frac{\pi x}{\tau_e}\right) \cdot \frac{\mathrm{d}x}{\mathrm{d}t} \tag{4-12}$$

通过式（4-12）可以看到，电机感应电动势不仅与动子即活塞组件的位移有关系，还与活塞组件的位移变化即速度成正比。

直线电机通过电磁能量转换将活塞组件的动能转换为感生电能，并将感生电

能通过负载电路输出。一般来说，包含外部负载的电机连接电路在发电模式下的单相等效电路如图 4-11 所示。

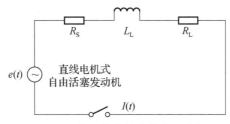

图 4-11　电机负载等效电路（单相）

根据基尔霍夫电压定律，图 4-11 所示的电机感应电动势可以表示为

$$\varepsilon(t) = (R_S + R_L)I(t) + L_L \frac{\mathrm{d}I(t)}{\mathrm{d}t} \tag{4-13}$$

式中，R_S 为负载电阻阻值（Ω）；R_L 为线圈电阻阻值（Ω）；I 为电流（A）；L_L 为线圈电感（H）。通过数学推导可以获得

$$I(t) = \frac{\varepsilon(t)}{R_S + R_L} \left(1 - \mathrm{e}^{-\frac{(R_S + R_L) \cdot t}{L_L}} \right) \tag{4-14}$$

根据电磁推力方程，单相线圈所受到的电磁推力为

$$F_{e1} = 2NL_B B(x) I(t) \tag{4-15}$$

将式（4-14）代入式（4-15），有

$$F_{e1} = 64 \frac{\mu_0^2 N^2 L_B^2 M_p^2}{\pi^2 h_a^2 (R_S + R_L)} \cdot \sin^2\left(\frac{\pi \tau_p}{2\tau_e}\right) \cdot \left(1 - \mathrm{e}^{-\frac{(R_S + R_L) \cdot t}{L_L}} \right) \sin^2\left(\frac{\pi x}{\tau_e}\right) \cdot \frac{\mathrm{d}x}{\mathrm{d}t}$$

$$\tag{4-16}$$

在三相电机中，每两相线圈的感应电势相位差为 $2\pi/3$，且满足如下等式：

$$\sin\left(\varphi_\varepsilon - \frac{2}{3}\pi\right) + \sin\varphi_\varepsilon + \sin\left(\varphi_\varepsilon + \frac{2}{3}\pi\right) = 0 \tag{4-17}$$

式中，φ_ε 为感应电势角位移。于是，其余两相线圈电磁推力 F_{e2} 和 F_{e3} 可以表示为

$$F_{e2} = 64 \frac{\mu_0^2 N^2 L_B^2 M_p^2}{\pi^2 h_a^2 (R_S + R_L)} \cdot \sin^2\left(\frac{\pi \tau_p}{2\tau_e}\right) \cdot \left(1 - \mathrm{e}^{-\frac{(R_S + R_L) \cdot t}{L_L}} \right) \sin^2\left(\frac{\pi x}{\tau_e} - \frac{2}{3}\pi\right) \cdot \frac{\mathrm{d}x}{\mathrm{d}t}$$

$$\tag{4-18}$$

$$F_{e3} = 64 \frac{\mu_0^2 N^2 L_B^2 M_p^2}{\pi^2 h_a^2 (R_S + R_L)} \cdot \sin^2\left(\frac{\pi \tau_p}{2\tau_e}\right) \cdot \left(1 - \mathrm{e}^{-\frac{(R_S + R_L) \cdot t}{L_L}} \right) \sin^2\left(\frac{\pi x}{\tau_e} + \frac{2}{3}\pi\right) \cdot \frac{\mathrm{d}x}{\mathrm{d}t}$$

$$\tag{4-19}$$

总电磁推力是各相电磁推力的合力，即

$$F_e = F_{e1} + F_{e2} + F_{e3}\boldsymbol{\pi} \tag{4-20}$$

将式（4-16）、式（4-18）和式（4-19）代入式（4-20），计算整理后可以获得

$$F_e = 96 \frac{\mu_0^2 N^2 L_B^2 M_p^2}{\pi^2 h_a^2 (R_S + R_L)} \cdot \sin^2\left(\frac{\pi \tau_p}{2\tau_e}\right) \cdot \left(1 - e^{-\frac{(R_S + R_L) \cdot t}{L_L}}\right) \cdot \frac{\mathrm{d}x}{\mathrm{d}t} \tag{4-21}$$

从式（4-21）可以看到，动子线圈受到的总电磁推力不仅与活塞组件速度成正比，还与线圈电感、负载电阻和时间有一定关系。

以上通过对直线电机结构分析，建立了简化的磁场强度方程，利用级数展开方法得到了近似的理论模型，并利用电机负载等效电路方程通过数学推导获得了电磁推力模型。通过计算式（4-21）可以获得电磁推力数值。

4.2.1　直线电机 $F-v$ 特性有限元数值分析

电机推力波形与 Maxwell 有限元仿真得到的电机推力波形进行对比（图4-14），如图4-12、图4-13所示。

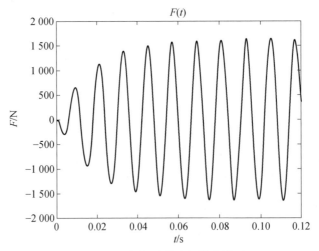

图 4-12　解析法的电机推力波形

将电机稳定运行阶段的电机推力进行对比（图4-14），可以发现解析法和有限元法得到的电机推力波形和幅值的相似度非常高，其中 Maxwell 的电磁分析结果考虑漏磁、齿槽效应、边端效应等影响因素，产生大量的推力谐波。电机推力的线性黏滞力模型与综合考虑实际复杂情况的电磁仿真模型非常接近。

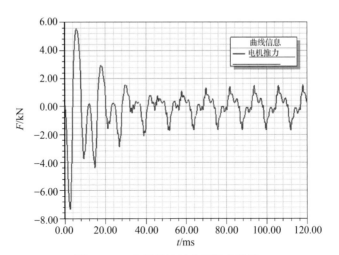

图 4 – 13　有限元法的电机推力波形

　　将 Maxwell 有限元仿真得到的电机推力波形和速度波形放在同一个图形中，横坐标为时间，纵坐标为推力和速度值，如图 4 – 15 所示。可以看出电机推力对动子运行速度波形的跟随性很高。通过数据处理得到电机推力与速度比值在电机稳定运行状态下分别随动子位置和时间周期的变化。

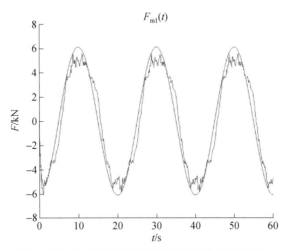

图 4 – 14　电机稳定运行阶段的电机推力波形对比

　　图 4 – 16 所示为 F/v 随位置 x 的仿真图像，两端为动子运动到左右两侧的极限位置，速度逐渐减到零，但由于动子上的电磁推力没有同时减到零，所以在定子两端就会存在较大值。

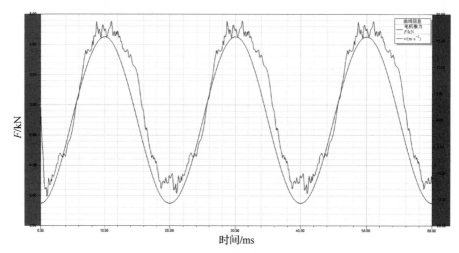

图 4 - 15   有限元的电机推力与速度波形

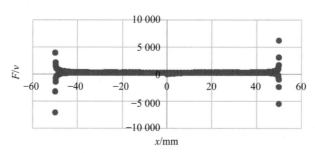

图 4 - 16   三个运动周期 F/v 随动子位置的分布情况

　　图 4 - 17 所示为 F/v 随时间 t 的分布情况。同理，推力与速度的比值随时间的变化也出现同样的趋势，在动子每次变向时，运动速度减到零，反电动势为零，但是由于电路中存在电感，线圈中的电流不能突变，线圈中电流形成的磁场仍然还在，电磁推力也不会发生突变，若将推力和速度的比值都取绝对值，就会形成像帽尖一般的形状，和自由活塞发动机的运动加速度曲线匹配。

　　通过上述对比仿真分析，可确定电磁阻尼线性黏滞模型的准确性。

4.2.2   FPEG 耦合直线电机 $F - v$ 特性仿真研究

　　FPEG 是发动机和直线电机合理匹配集成的内燃发电动力系统，前者决定了系统输出功率，后者则是决定系统性能和能否连续运行的关键部件。在系统设计中首先要根据目标功率设计发动机缸径、行程等关键参数，在进行详细设计与辅

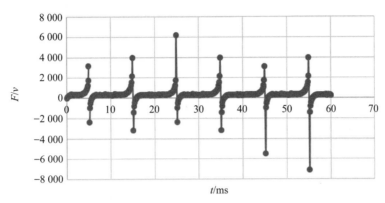

图 4 – 17　F/v 随时间 t 的分布情况

助系统匹配之前要确定直线电机的峰值推力、峰值速度、反感应电动势等主要配置参数。在此期间,如何保证起动过程中电机能够拖动动子达到发动机起燃所需要的缸内压力和温度环境,以及确保运行过程中电机阻力可以通过调整负载电路达到既不过阻停机也不空载撞缸的理想状态,两者成为直线电机匹配的主要问题。在 FPEG 早期研究中,发动机工作过程仿真研究已较为成熟,采用零维仿真模型的方法研究了发动机与直线电机的匹配,包括起动过程和连续运行过程的两个运行模式,通过理论分析建立直线电机 $F-v$ 特性参数和电机结构参数之间的关系,提出耦合 FPEG 运行特性的直线电机设计技术参数要求,再通过电磁学数值仿真计算确定直线电机的总体设计方案,最终将此转化为可耦合于系统工作过程仿真模型中的电机子模型,从而进行系统匹配计算来确定是否能够满足双模式运行要求。

自由活塞发电系统的运行特性主要由动力学方程决定,因此,研究电磁推力在稳定工作过程中随着负载端阻抗和电流参数的变化特性对分析维稳控制和发电性能都有重要的指导意义。在电磁有限元分析中,采用电流幅值参数化分析方法来预测阻抗大小变化对电磁推力和发电性能的影响,不考虑整流逆变电路和阻抗特性的影响,控制单一变量,简化仿真模型。

在工程应用中,采用定子磁链定向控制方法时,直线电机的电磁推力采用比例系数的方式进行表述,表达式为

$$\begin{cases} F_e = \dfrac{3}{2}\dfrac{\pi}{\tau}\psi_d i_q = k_f i_q \\ F_e = C_e v \end{cases} \tag{4-22}$$

图 4 – 18 所示为直线电机电磁推力和推力系数随电流幅值变化的曲线,结果

表明直线电机电磁推力随电流幅值增大而增大，当电流幅值达到 28 A 时，其电磁推力为 1 635 N，与直线电机出厂标定值 1 617 N 非常接近，模型简化带来的影响甚微，认为仿真模型的计算参数可以用于预测分析直线电机的性能。

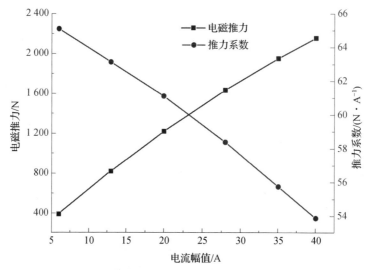

图 4 – 18　电磁推力和推力系数随电流幅值变化曲线

推力系数随着电流幅值增大而减小，在提取直线电机的等效电路模型时可以采用查表插值的方法查找不同电流下的推力系数，计算电磁推力，提高计算精度。直线电机发电功率和效率随电流幅值的变化如图 4 – 19 所示，随着电流增

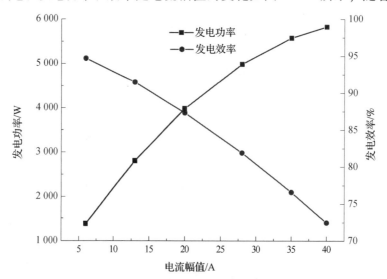

图 4 – 19　发电性能随电流幅值变化曲线

大，电磁推力线性增长，在运行频率保持一致的情况下，发电功率明显增长；但电流增大到一定幅值后，定子线圈铜损的增幅大于电磁功率增幅，直线电机的发电功率增速减缓，发电效率降低。考虑到直线电机的峰值电流参考值为 28 A，在实际应用中将线圈电流幅值控制在 20～28 A 的范围内，保证直线电机发电功率大于 4 kW、发电效率高于 80%。根据仿真结果可知，直线电机的空载感应电动势为 230 V，当线圈电流幅值为 28 A 时，对应的等效阻抗值为 8.5 Ω。

4.3　直线电机磁路设计

4.3.1　FPEG 永磁同步直线电机设计技术要求

根据系统总体需求，针对发动机和直线电机的耦合匹配问题，采用零维模型仿真研究了发动机和直线电机在起动过程和连续运行过程两种工作模式下对直线电机 $F-v$ 特性参数和电机结构参数之间的关系，提出耦合 FPEG 运行特性的直线电机设计技术参数要求，再通过电磁学数值仿真计算确定直线电机的总体设计方案。

（1）直线电机要求

①电机运动部件（动子）与自由活塞内燃机连杆连接，电气端口与储能系统连接。

②电机工作在电动模式下，应提供内燃机正常起动所需的拖动力。

③电机工作在发电模式下，对外输出三相交流电，应满足相关的电能指标要求。

④轴承一般采用滑动轴承，要求易维护、摩擦小，以保证在高加速度条件下起定位导向作用，保证长时间工作不衰减、不发生严重偏磨。

⑤电机运动件（动子等）、固定件（外壳等）具有足够的机械强度与刚度。

（2）控制器与驱动器的技术要求

①电机驱动器应实现电动模式和发电模式的正常切换。

②电机控制系统整合驱动和整流逆变功能，且电机从电动模式的正常工作状态切换到发电模式的正常工作状态的动态响应时间低于 1 ms。

③电机驱动器端口要求与发动机 ECU 之间能够进行数据和指令的交互；通

信协议采用常规协议，具体细节由双方协调统一。

④乙方开放控制系统底层代码，并协助甲方相关人员进行电机控制策略的代码开发。

⑤控制系统需要采集绕组温度传感器、动子位置传感器的信息，并提供数据输出端口和底层代码。动子定位精度为 50 μm。每相绕组均具有 Pt100 温度传感器。

⑥控制系统配置电池管理系统（BMS）接口。

⑦电机在短路、过载等异常运行状况下，控制系统应具有自我保护功能，保护电机及控制系统不损坏。

综上，耦合 FPEG 的永磁同步直线电机的设计技术参数和指标如表 4-1 所示。

表 4-1　直线电机的设计技术参数和指标

序号	技术参数名称	规格要求	备注
1	额定功率/kW	18	—
2	额定电压/V	380	a
3	功率因数	0.9	—
4	效率	≥85%	—
5	绕组	三相、星形连接	—
6	行程/mm	100	b
7	额定频率/Hz	33.33	b
8	运动方式	往复直线运动	—
9	峰值推力/N	≥5 400	—
10	峰值推力持续时间/ms	≥50	—
11	持续推力/N	≥1 800	—
12	体积功率密度/$(W \cdot L^{-1})$	≥1 500	c
13	定子轴向长度限值/mm	≤320	—
14	动子整体质量/kg	≤3	d
15	动子最大加速度/$(m \cdot s^{-2})$	≥1 200 g	e

续表

序号	技术参数名称	规格要求	备注
16	动子峰值速度/(m·s^{-1})	≥18	—
17	安装方式	水平安装	—
18	冷却方式	水冷	—
19	绝缘等级	F	—
20	防护等级	IP54	—
21	连续运行时间/h	≥1	—
22	连续工作温升/℃	≤100	—

备注说明：

①直流端电压根据电池需求给定，单节锂电池的供电电压为 2.7~3.7 V，整块电池的电压在 607~832 V 之间。单体电池工作的标称电压为 3.2 V。

②自由活塞内燃机的等效转速为 2 000 rad/min，最大行程为 100 mm。

③电机外形为圆筒形，限制的体积最大值为 12 L。

④限制动子单位长度质量为 7 kg/m。

⑤电机在工作过程中能够承受的峰值加速度绝对值不低于 1 200 g。

⑥电机在工作过程中能承受的最高运行速度不低于 18 m/s。

4.3.2　FPEG 永磁同步直线电机电磁设计方法研究

电磁设计是电机设计的重要环节。其基本设计思路是：首先根据技术条件进行参数的计算和材料的选取，然后进行永磁体工作的校核和确定，设计电机的结构尺寸和材料，最后进行电磁参数、性能参数计算和编制校核电磁性能参数。永磁同步直线电机电磁设计基本原理如图 4 - 20 所示。根据设计任务要求，FPEG 耦合直线电机在结构形式上选择圆筒形长动子短定子永磁同步直线电机。

（1）主要尺寸与电磁负荷的关系

根据电磁负荷的定义，圆筒形永磁同步直线电机的电负荷为

$$\begin{cases} A = \dfrac{mNI}{2p\tau} \\[2mm] I = \dfrac{2p\tau A}{mN} \end{cases} \tag{4-23}$$

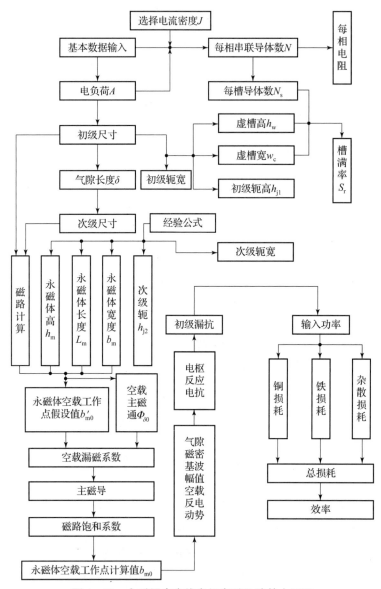

图 4 - 20　永磁同步直线电机电磁设计基本原理

式中，m 为绕组相数；N 为每相绕组串联匝数；I 为绕组电流；p 为极对数；τ 为极距。

对圆筒形直线电机，B_δ 的表达式为

$$B_\delta = \frac{E}{\sqrt{2}fNK_{dp}\tau\pi l_\delta} \tag{4-24}$$

式中，E 为定子相感应电动势；K_{dp} 为绕组系数；l_δ 为气隙平均直径；f 为电源频率。

圆筒形永磁同步直线电机，其电磁功率表达式为

$$\begin{cases} S_f = \dfrac{S_d}{S_e} \\ S_e = S_s - S_i \end{cases} \tag{4-25}$$

直线电机主要尺寸与电磁负荷的关系为

$$2p\tau^2 l_\delta = \frac{(1-\varepsilon_L)P}{\sqrt{2}fK_{dp}AB_\delta\eta\cos\varphi} \tag{4-26}$$

将 $P = FV$ 及 $V_s = 2\tau f$ 代入上式，可得到电机主要尺寸和电机推力的关系：

$$2p\tau l_\delta = \frac{\sqrt{2}(1-\varepsilon_L)F}{fK_{dp}AB_\delta\eta\cos\varphi} \tag{4-27}$$

式中，$1-\varepsilon_L$ 为初级降压系数，计算公式为 $1-\varepsilon_L = E/U$；E 为定子相感应电动势；U 为定子相电压，数值取决于初级电阻及漏抗压降，一般起动时为 $0.35 \sim 0.85$；P 为电机额定功率；f 为电流频率；K_{dp} 为初级绕组系数；η 为电机的效率；$\cos\varphi$ 为功率因数。

一般在设计要求中给出电机额定功率、电源频率、电机效率及功率因数等，其他参数按下面步骤选取主要尺寸。

①初步选取电磁负荷 A、B_δ。

②初选初级降压系数 $1-\varepsilon_L$，一般此值在 $0.5 \sim 0.8$ 之间选取。

③初级绕组系数一般选在 $0.9 \sim 1.1$ 之间选取。

④极数 p 的多少由电机容量来确定，在不装补偿绕组的圆筒形直线电机中 $2p > 6 \sim 8$。

⑤功率因数 $\cos\varphi$ 一般为 $0.35 \sim 0.75$。

⑥电机效率 η 一般在 $0.55 \sim 0.85$ 之间。

由上述步骤初步确定气隙平均直径 l_δ 满足下述关系式：

$$l_\delta \geq 2.55 \frac{B_\delta}{B_\alpha} \tag{4-28}$$

式中，B_α 为次级铁芯磁通密度，一般为 $1.2 \sim 1.5$ T。

（2）电磁负荷的选择

设计电机首先要确定电机的主要尺寸，即沿定子内缘测量得到的气隙平均直径 l_δ 和铁芯的有效长度 $l' = 2p\tau$，该有效长度应充分考虑电机冷却及端部漏磁的影响。在电机初步设计阶段，数值是根据经验确定的。表 4-2 给出了部分设计

较好的标准电机电磁负荷值。

表 4 - 2　标准电机电磁负荷允许值

参数	异步电机	同步电机或 PMSM	隐极同步电机			直流电机
			间接冷却		直接水冷	
			空气	氢气		
A	30 ~ 65	35 ~ 65	30 ~ 80	990 ~ 110	150 ~ 200	25 ~ 65
B_δ	0.70 ~ 0.90	0.85 ~ 1.05	0.80 ~ 1.05	0.80 ~ 1.05	0.80 ~ 1.05	0.66 ~ 1.10

电机的绝缘设计和冷却方式决定了允许负载。表中给出了电机参数的经验值。实际上电机设计是一个复杂的反复迭代过程：首先选择电机尺寸的初始值，然后进行电磁设计，最后计算电机的冷却。若冷却效率不满足要求，则需要调整初始值，增加电机尺寸，选择更好的材料或更经济的绝缘方法，再重新计算。材料的选择直接影响电机的能耗和热阻。

对永磁同步电机，受目前永磁材料剩磁及矫顽力的限制，其磁通密度应选择表 4 - 2 中同步电机数据的低端数据。

电负荷（线负荷）A，通常指在单位长度内，额定负载下，气隙靠近定子一侧沿运动方向的总磁势值，即每米的总安培导体数。该物理量的取值与电机绕组散热状态及其运行状态有关。当电机散热条件较差且处于连续运行的情况下，A 取较小值；一般自冷圆筒形永磁直线电机中，A 的值取为 46 000 ~ 60 000 A/m。

磁负荷 B_δ 是指在额定负载状态下，将气隙中的磁密波形谐波分解，取其基波幅值，即等效基波磁密的幅值。因为直线电机沿运动方向存在端部，导致气隙磁场发生畸变，分布不规律，所以出现了等效基波磁通密度这个说法，用其代替气隙中的实际磁场进行计算，取值和气隙长度与极距比值有关。对于永磁直线电机来说，磁负荷不仅与气隙有关，还受到永磁体材料的影响，对于钕铁硼材料，磁负荷通常取值为 0.6 ~ 0.8 T。

（3）气隙长度的选择

气隙长度是电机设计的一个重要参数。对于相同的永磁材料，气隙长度 δ 和电机推力成反比，气隙越大，推力越小。但是大气隙可以降低电机推力波动，降低电机温升，设计合理的话可以提高电机的效率。气隙长度一般为 0.5 ~ 1.5 mm，保证在最小尺寸下输出更大推力、节省电机永磁体的材料。本例选择气隙长度为 $\delta = 1$ mm。

（4）永磁体参数的确定

1）永磁材料选择

钕铁硼永磁材料是综合性能最高的一种永磁材料，比铁氧体、铝钴镍的性能优越多了，且其优势在于用极其普通的钕铁硼代替稀有的钐和钴。钕铁硼永磁材料的特点：钕铁硼具有剩磁感应强度高、矫顽力大、最大磁能积大的特点，其剩磁磁密最大值为 1.5 T，其磁能积为 450 kJ/m³。钕铁硼对于温度的变化敏感，当温度升高时，钕铁硼的矫顽力明显下降。由于钕铁硼材料含有大量的铁和钕，容易锈蚀，必须对其表面进行涂层处理。

永磁材料的选取原则应要保证电机气隙中有足够的气隙磁通密度，使电机能够达到规定的性能指标；在规定的环境条件、工作温度和使用条件下，应能保证磁性能的稳定性。受工作温度的影响，工作温度对永磁体的剩磁密度和矫顽力分别为

$$B_r = \left[1 + (t - 20) \frac{\alpha_{Br}}{100} \right] \left(1 - \frac{IL}{100} \right) B_{r20} \tag{4-29}$$

$$H_r = \left[1 + (t - 20) \frac{\alpha_{Br}}{100} \right] \left(1 - \frac{IL}{100} \right) H_{c20} \tag{4-30}$$

式中，B_{r20} 为 20 ℃时的剩磁密度；α_{Br} 为可逆温度系数；H_{c20} 为 20 ℃时的矫顽力；IL 为不可逆损失率，t 为预计工作温度。

本例中选用的钕铁硼永磁材料牌号为 N48UH，工作温度为 150 ℃，剩余磁通密度 $B_{r20} = 1.1$ T，矫顽力为 $H_{c20} = 838\ 000$ A/m，可逆温度系数取值为 $-0.11\sim -0.13$ %/K，此处取 -0.12 %/K。

2）永磁体尺寸

永磁体的尺寸包括永磁体轴向长度 h_m 和径向长度 b_m，由于采用 Halbach 充磁的方式，轴向和径向方向都进行充磁。

永磁体磁化方向长度 h_m 是决定电枢电抗和励磁电势的一个重要因素，同时与气隙长度 δ 也有关系。由于永磁体是电机的磁动势源，因此应该从电机的磁动势平衡关系出发，预估一初值，再根据具体的电磁性能计算调整。永磁体磁化方向长度的大小决定了电动机的抗去磁能力，因此还要根据电枢反映去磁情况进行校核计算，最终确定永磁体磁化方向长度选择是否合适。永磁体磁化方向长度的初选值为

$$h_m = \frac{K_s K_\delta B_{m0} \mu_r}{\sigma_0 (1 - B_{m0})} \delta \tag{4-31}$$

式中，K_s 为外磁路饱和系数；K_δ 为气隙系数；B_{m0} 为预估永磁体空载工作点；μ_r

为永磁体相对回复磁导率；σ_0 为空载漏磁系数。

$$\mu_r = \frac{B_{r20}}{\mu_0 H_{c20}} \qquad (4-32)$$

式中，$\mu_0 = 4\pi \times 10^{-7}$ H/m；B_{r20} 为 20 ℃ 的剩磁密度；H_{c20} 为 20 ℃ 时的矫顽力。

永磁体磁化方向长度的选择原则：在保证电动机不产生不可逆退磁的前提下，永磁体磁化方向长度应尽可能小。因为永磁体磁化方向长度过大，将造成永磁材料的浪费，同时，作用不明显还会增加电动机成本。

永磁体径向长度 b_m：在永磁体工作点校核计算中调节永磁体磁通面积，选择合适的永磁体径向长度。

永磁体的尺寸设计与电动机的磁路有关，并且影响磁路参数和永磁体的空载工作点 B'_{m0}。永磁体尺寸设计得不合理、漏磁系数过小、电枢反应过大以及永磁材料的内禀矫顽力过低等因数都可导致永磁体失磁。因此，h_m 和 b_m 必须同时计算，可采用迭代实现。迭代过程：假定永磁体的空载工作点 B'_{m0}；利用公式求出 h_m 和 b_m；计算主磁导 Λ_δ 及标准值 Λ_b；计算外磁路总磁导 Λ_n；计算永磁体的空载工作点 B_{m0}。

如果得到的 B_{m0} 与 B'_{m0} 的误差超过 1%，就重新设定 B'_{m0}，重复上述步骤，直到满足要求为止。

4.3.3 定子绕组设计

(1) 每相串联导体数及每槽导体数

电负荷或线负荷 A 是指在额定负载下初级表面沿纵向单位长度的安培导体数，即每米的总安培数。所谓磁负荷 B_δ，是指气隙中等效基波磁通密度的幅值，由于在直线电动机中气隙密度分布较为复杂，纵向和横向边缘效应造成了磁场的畸变，为便于比较，用等效磁通密度代替实际的磁通密度。电磁负荷 A、B_δ 值不仅决定电动机的利用参数，直接影响电动机的有效材料用量，而且与电动机的运行参数和性能密切相关。提高电磁负荷乘积，可提高有效材料的利用率，但电磁负荷的选择也受到各种条件的限制。

在直线同步电机中，电负荷的选择应视初级绕组的散热条件及运行状态而定。对于散热条件较好或间歇运行的电动机，A 可以取较大的值。对于散热条件较差或连续运行的电动机，A 应取较小的值。

由于直线电动机的电磁气隙比旋转电动机大，为了减小励磁电流，提高功率因数，磁负荷通常选用较低的值，电磁气隙越大，值越低。永磁电动机的磁负荷基本上由永磁材料的性能和磁路结构尺寸决定，主要由所选永磁材料的剩余磁密决定。

永磁直线同步电动机（PMLSMS）根据电负荷 A 和电枢电流 I，可得每相绕组串联匝数 N：

$$N = \frac{Ap\tau}{mI} \tag{4 - 33}$$

式中，p 为极对数；τ 为极距；m 为相数。

每槽导体数：

$$N_s = \frac{2a_1 mN}{3p} \tag{4 - 34}$$

式中，a_1 为绕组并联支路数。

为了避免由于磁路不对称而造成的支路电流分配不均匀，在直线电机中每相绕组通常采用串联连接方式。

（2）绕组线规的选择

绕组线规的选择有两种方式：一种是先选线，后确定槽的大小；另一种是先确定槽，后选线规。先选线后开槽的方式比较简单，由于在开槽之前选择定子线规，故选线比较自由，不受槽满率约束。

根据自行设计电机的特点，选择先选线后确定槽。选线时，应从电流密度出发，电机电流密度对电机的性能及成本影响很大。不同种类、不同用途的电机选择绕组的电流密度有不同的取值范围。永磁直线同步电机选择绕组的绝缘等级为 B 级，定子绕组电流密度的取值一般为 $3.2 \sim 6.5$ A/mm^2。当电流密度 J 选定后，每匝线圈的导体截面积为

$$S = \frac{I}{a_1 J} \tag{4 - 35}$$

则导体的计算截面积为

$$S_1 = \frac{S}{N_t} \tag{4 - 36}$$

式中，N_t 为并绕根数。

导体的计算裸线径为

$$d = \sqrt{\frac{4S_1}{\pi}} \tag{4 - 37}$$

绕组电流较大时，如果不采用多根并绕或增加并联支路，则电磁线的线径太粗，生产时难绕难嵌。为了避免采用截面太大的导线，应采用 N_t（一般要求 <7）根

导线并绕的方式，使每根导线通过的电流减为 I/N_t。也可以选用两种规格相近的导线并绕。当 $S_l \leqslant 20 \times 10^{-6}$ mm² 时，初级导线的线规可选用圆线，若 N_t 根并绕，则可根据 S_l/N_t 选取线规 d/d_i（d 为裸导线直径，d_i 为包括绝缘漆的导线直径）；否则选用扁平导线。为了绕线和嵌线方便，通常要求单根圆导线的线径 $d \leqslant$ 1.5 mm。

另一种是先确定槽尺寸后选线规，即在一定的槽尺寸下，选择定子绕组的合适线径（包括裸线径和带漆线径）以及导线的并绕根数，使槽满率在一定的允许范围内。

（3）槽满率的计算

槽满率是导线有规则排列时所占面积与槽的有效面积之比，即

$$\begin{cases} S_f = \dfrac{S_d}{S_e} \\ S_e = S_s - S_i \end{cases} \tag{4-38}$$

式中，S_d 为导线所占面积；S_e 为槽的有效面积；S_s 为槽的面积；S_i 为槽的绝缘面积。

槽满率的高低对嵌线工艺和槽的利用率有很大影响。槽满率高，嵌线困难；槽满率低，槽的利用率低。所以，槽满率的选择一般规定：对于采用圆导线，机械下限，$S_f \leqslant 0.8$；手工下限，$S_f \leqslant 0.75$。如果槽满率过高或过低，则调整线规，甚至调整槽尺寸。

（4）磁路计算

磁路法是传统的电动机分析法。它将磁场计算转化为"路"计算，具有表现比较直观及计算量小等特点，适合于初始方案设计、方案估算等。本书采用磁路计算的主要任务是合理选取永磁体的工作点。

（5）永磁体等效成磁通源或磁动势源

在均匀磁性材料中，由电磁场理论可知：

$$\begin{cases} B = \mu_0 M + \mu_0 H = \mu_0 M_r + \mu_0 \mu_r H \\ B_i = \mu_0 M = \mu_0 M_r + \mu_0 (\mu_r - 1) H \\ M = M_r + \chi H \\ \mu_r = 1 + \chi \end{cases} \tag{4-39}$$

式中，B 为剩磁密度；B_i 为内禀剩磁密度；H 为磁场强度；μ_r 为相对磁导率；M_r 为剩余磁化密度；χ 为永磁材料的强化系数。

磁场强度取绝对值时：

$$\begin{cases} B = \mu_0 M_r - \mu_0 \mu_r H = B_{ir} - \mu_0 \mu_r H \\ B_i = B_{ir} - \mu_0 (\mu_r - 1) H \end{cases} \qquad (4-40)$$

式中，B_{ir} 为虚拟内禀剩磁密度。

在永磁电机磁路计算中，通常使用磁通 ϕ 和磁动势 F 两个物理量，将式 (4-40) 两边乘以永磁体每极磁通截面积 A_m，得

$$\begin{cases} BA_m = B_{ir} A_m - \mu_0 \mu_r H A_m \\ \phi_0 = \mu_0 \mu_r H A_m = \dfrac{\mu_0 \mu_r A_m}{h_m} H h_m = \Lambda_0 F_m \end{cases} \qquad (4-41)$$

式中，ϕ_0 为永磁体虚拟内漏磁通；h_m 为每对极磁路中永磁体磁化方向长度；Λ_0 为永磁体内磁导，对于给定的永磁体性能和尺寸，它是一个常数；F_m 为每对极磁路中永磁体两端向外磁路提供的磁动势。

经过上述处理后，就可将永磁体等效成一个恒磁通源 ϕ_r 与一个恒定的内磁导 Λ_0 相并联的磁通源，如图 4-21 所示。正如电路中的电流源与电压源可以等效互换一样，磁路中的磁通源也可等效变换成磁动势源 F_c。

$$\begin{cases} \Lambda_0 = \dfrac{\mu_0 \mu_r A_m}{h_m} \\ F_m = F_c - \dfrac{\phi_m}{\Lambda_0} \\ F_c = H_c h_m \end{cases} \qquad (4-42)$$

式中，ϕ_m 为永磁体向外磁路提供的每极磁通；F_c 为永磁体磁动势源的磁动势，对于给定的永磁体性能和尺寸，它是一个常数；H_c 为永磁体的矫顽力。

永磁体也可以等效成一个恒磁动势源与一个恒定的内磁导。相串联的磁动势源，如图 4-22 所示。它可以与图 4-21 的磁通源等效，二者可以互换，应用时根据实际需要进行选择。根据该电机设计的要求，本书选用永磁体等效恒磁通源电路。

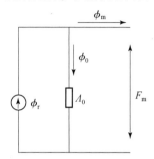

图 4-21　永磁体等效成磁通源

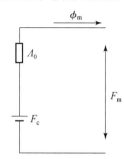

图 4-22　永磁体等效成磁动势源

（6）外磁路的等效磁路

永磁体向外磁路提供的总磁通 ϕ_m 可分为两部分：一部分与电枢绕组匝链，称为主磁通（每极气隙磁通）ϕ_δ；另一部分不与电枢绕组匝链，称为漏磁通 ϕ_σ。将永磁体以外的磁路分为主磁通和漏磁通，相应的磁导分别为主磁导 Λ_δ 和漏磁导 Λ_σ。实际的外磁路比较复杂，分析时可根据其磁通分布情况分成若干段进行串、并联组合。主磁导和漏磁导是各段磁路磁导的合成。空载时外磁路的等效磁路如图 4 – 23 所示。

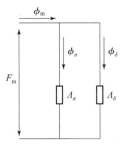

图 4 – 23 空载时外磁路的等效磁路

（7）总磁位差和主磁导计算

总磁位差是每对极主磁路中各段磁路磁位差之和，其中包括气隙，动、定子齿槽，动、定子轭的磁位差。永磁直线同步电动机的主磁路包括等气隙、动子永磁体、定子齿槽、定子轭几部分。

$$\sum F = F_\delta^m + F_t^m + F_m^m + F_\delta^A + F_t^A + F_m^A \Lambda_\delta = \frac{\phi_\delta}{\sum F} \tag{4－43}$$

式中，F_δ^m 为永磁体单独作用时气隙磁动势；F_t^m 为永磁体单独作用时定子齿、定子轭磁动势；F_m^m 为永磁体单独作用时动子磁轭磁动势；F_δ^A 为电枢单独作用时气隙磁动势；F_t^A 为电枢单独作用时定子齿、定子轭磁动；F_m^A 为电枢单独作用时动子磁轭磁动势。

根据前面解析模型中对磁路的计算，求取主磁通 ϕ_δ，然后根据已计算磁路的总磁位差 $\sum F$，得主磁路的主磁导：

$$\Lambda_\delta = \frac{\phi_\delta}{\sum F} \tag{4－44}$$

漏磁导的计算比较复杂，通常通过电磁场计算求取空载漏磁系数，然后计算漏磁导：

$$\begin{cases} \sigma_0 = \dfrac{B'_{m0} B_r A_m}{\phi_{\delta 0}} \\ \Lambda_\delta = (\sigma_0 - 1)\Lambda_\delta \end{cases} \tag{4－45}$$

4.3.4 永磁体工作点校核计算

空载工作点 B_{m0} 的计算流程如图 4 - 24 所示，迭代求解过程如下：

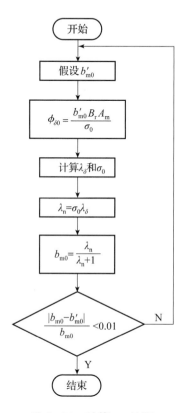

图 4 - 24 计算 B_{m0} 流程

①按永磁体单独作用时的模型求解气隙平均磁密 $\phi_{\delta 0}$：

$$\phi_{\delta 0} = \frac{A_m}{\delta} \int_{a_1}^{a} B_y^m \mathrm{d}y \qquad (4-46)$$

②永磁体空载工作点的假定值 B'_{m0}：

$$B'_{m0} = \frac{B_\delta}{B_r} \qquad (4-47)$$

③空载漏磁系数 σ_0：

$$\sigma_0 = \frac{B'_{m0} B_r A_m}{\phi_{\delta 0}} \qquad (4-48)$$

④主磁导和磁导基值：

$$\begin{cases} \Lambda_\delta = \dfrac{\phi_\delta}{\sum F} \\[2mm] \Lambda_0 = \dfrac{\mu_0 \mu_r A_m}{h_m} \end{cases} \tag{4-49}$$

⑤永磁体空载工作点 B_{m0}：

$$\begin{cases} B_{m0} = \dfrac{\lambda_n}{\lambda_n + 1} \\[2mm] \lambda_\delta = \dfrac{\Lambda_\delta}{\Lambda_b} \\[2mm] \lambda_n = \sigma_0 \lambda_\delta \end{cases} \tag{4-50}$$

⑥如果计算得到的 B_{m0} 和假定值 B'_{m0} 之间的误差超过规定值，则重新假定 B'_{m0}，再重复计算。

⑦负载工作点 B_{mn}：

$$\begin{cases} B_{mn} = \dfrac{\lambda_n(1 - f_{an})}{\lambda_n + 1} \\[2mm] f_{an} = 0.45\,\dfrac{m k_{dp} NI}{p \sigma_0 H_c h_m} \end{cases} \tag{4-51}$$

式中，m 为电机相数；k_{dp} 为绕组分布因数；N 为每相绕组匝数。

4.3.5 电磁参数及性能计算

从"路"的角度，永磁直线同步电动机可以用等效电路表示，等效电路中各元件参数就是主要的电磁参数，通过等效电路可以分析计算电机的稳态性能。永磁直线同步电动机的一相等效电路如图 4-25 所示。

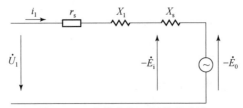

图 4-25　直线电机 a 相等效电路

按照电机惯例规定各量的正方向，等效电路的电压平衡方程式为

$$\begin{cases} \dot{U}_1 = \dot{E}_0 + \dot{I}_1 r_s + j(X_1 + X_s)\dot{I}_1 \\[2mm] \dot{E}_i = \dot{E}_0 + jX_s \dot{I}_1 \end{cases} \tag{4-52}$$

式中，$\dot{U}_1$ 为施加到电枢绕组的电压；$\dot{E}_0$ 为励磁电势；$\dot{E}_i$ 为内电势；$\dot{I}_1$ 为电枢电流；r_s 为线圈内阻；X_1 为电枢漏电抗；X_s 为电枢反应电抗。

电磁参数计算包括电磁推力、励磁电势、电枢反应电抗、漏电抗、端部电抗、线圈内阻、电感等。

电机的电磁参数确定后，再确定电机的电路模型，利用电路模型求解该电机的性能参数，包括电流、电压、功率、电磁推力、效率及功率因数等。

4.3.6　FPEG 永磁同步直线电机电磁仿真和优化

根据设计任务书的需求，经过初步校核计算结果，确定直线电机的主要结构尺寸，包括定子有效长度、定子内径、气隙长度等，选取不同的极槽比方案进行直线电机的电磁仿真和优化工作分析。通过有限元仿真分析获得不同极槽比方案下的直线电机空载和负载下的电磁参数和性能参数，对各种极槽比方案进行比较遴选，最终确定最优的电磁设计方案。

4.4　FPEG 双模式直线电机总体设计方案与具体结构设计

4.4.1　FPEG 永磁同步直线电机总体电磁方案对比

6 种极槽配合选出效率最高的方案进行比较，如表 4 - 3 所示。

表 4 - 3　电磁方案对比

性能	12 槽 13 极	12 槽 14 极	15 槽 13 极	15 槽 14 极	18 槽 16 极	18 槽 17 极
输出功率/kW	18.88	19.14	18.87	18.78	18.86	18.4
定子铁损/W	200	220	301	360	389	399
涡流损耗/W	162	174	208	229	269	237
绕组铜损/W	1 865	1 810	1 672	1 629	1 644	1 588
机械损耗/W	421	426	424	425	424	434
效率/%	87.75	87.92	87.87	87.67	87.36	87.35

性能	12 槽 13 极	12 槽 14 极	15 槽 13 极	15 槽 14 极	18 槽 16 极	18 槽 17 极
电机体积/L	11.67	11.79	11.98	11.98	11.94	11.94
动子质量/kg	4.433	4.437	4.441	4.466	4.506	4.506
功率密度 /(W·L^{-1})	1 617	1 623	1 577	1 567	1 580	1 566
推力波动/%	1.43	1.34	3.47	2.68	3.38	2.71
功率因数	0.72	0.675	0.748	0.737	0.771	0.766

效率最高的方案是 12 槽 14 极，但是由于其功率因数较低，最终选择 15 槽 13 极的方案，以同时获得较高的功率因数和效率。接下来是对这一方案进行的温度场分析和机械强度校核。

4.4.2 FPEG 永磁同步直线电机的结构设计、冷却设计技术研究

(1) 直线电机具体结构机械强度校核

机械强度校核主要在两个方面，其一是支撑结构的强度校核，其二是永磁体的强度校核。支撑材料有两种方案，分别是钛合金和碳纤维。支撑材料的物理属性如表 4-4 所示。永磁同步直线电机支撑结构仿真模型如图 4-26 所示。为了检核支撑结构的强度，选取直线电机在极端情况下的受力情况做静态应力分析，左端螺钉共施加 90 000 N 的拉力，右端螺钉共施加 45 000 N 的拉力。分别对钛合金和碳纤维两种方案做应力分析。

表 4-4　支撑材料的物理属性

材料	钛合金 TC4	碳纤维 T700-SC	铝合金 7075	烧结钕铁硼
抗拉强度/MPa	895	4 900	455	75
弹性模量/GPa	118.6	230	71.7	150
泊松比	0.34	0.307	0.33	0.24
密度/(g·cm^{-3})	4.51	1.8	2.81	7.5
厚度/mm	2	5.4	3	4.3

图 4 - 26　直线电机支撑结构仿真模型

支撑结构采用 2 mm 径向厚度的钛合金圆筒形壳体，应力分析的结果显示 2 mm 钛合金与螺钉相连处应力为 1 070 MPa，不满足机械强度需求，具体仿真结果如图 4 - 27 ~ 图 4 - 29 所示。

 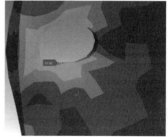

图 4 - 27　钛合金支撑材料的应力结果

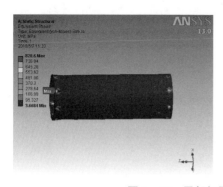 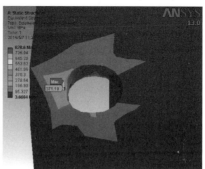

图 4 - 28　局部加厚结构的应力结果

局部加厚螺钉附近的钛合金至 5.4 mm（为了减少应力集中现象，在厚薄交接处设置圆角），此时应力为 371 MPa，显著下降。

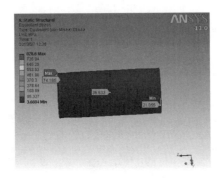

图 4 – 29　局部加厚结构的永磁体应力结果

在钛合金边端加厚的基础上观察永磁体处的应力，永磁体在边端处应力为74 MPa，没有足够的安全裕量。

支撑结构采用 5.4 mm 径向厚度的碳纤维材质圆筒形壳体，应力分析的结果显示螺栓连接处的最大应力为 309 MPa，满足安全需求，如图 4 – 30 和图 4 – 31所示。

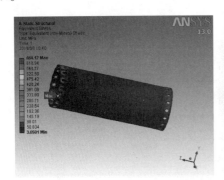
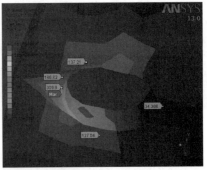

图 4 – 30　碳纤维支撑材料的应力结果

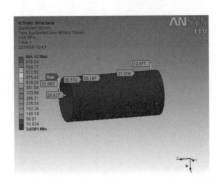

图 4 – 31　碳纤维支撑材料下的永磁体应力结果

此时永磁体的最大应力为 31 MPa，留有两倍以上的裕量。

综上所述，钛合金可以通过边端加厚的方式缓解其本身的机械强度负担，但是由于整体厚度不够导致永磁体上的应力过大，尤其是由于钛合金厚度不均导致应力集中现象，这使得永磁体应力集中于边端，达不到安全标准。碳纤维由于本身密度小，在同等质量的情况下厚度是钛合金的 2.5 倍，这使得这一方案无论是在支撑结构强度校核还是在永磁体强度校核都有着良好的表现。但是碳纤维打孔后还能否保证其超高的抗拉强度有待进一步验证。

为了强化直线电机动子的机械强度，将动子轴做成中空的一体轴，外径为 40 mm，内径为 20 mm。一体轴结构如图 4 - 32 所示，采用铝合金 7075，其密度为 2.81 g/m³，屈服强度为 455 MPa。

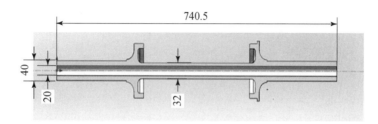

图 4 - 32　一体轴结构（单位：mm）

一体轴应力分析采用一端固定，一端施加 70 000 N 的方式，应力分析结果显示最大应力为 155.4 MPa，满足安全需求，如图 4 - 33 所示。

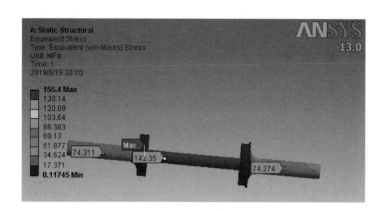

图 4 - 33　一体轴应力结果

以铝合金 7075 代替钛合金作为支撑圆筒壳体的材料，径向厚度为 2 mm，与一体轴焊接在一起。一体轴和支撑圆筒形壳体焊接模型如图 4 - 34 所示。

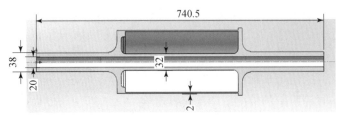

图 4 – 34 一体轴和支撑壳体焊接模型（单位：mm）

焊接模型的应力分布显示为 2 mm，支撑铝合金的最大应力为 58 MPa，连接轴处最大应力为 124.31 MPa。此时轴中段最大应力为 85 MPa，均在允许范围内，如图 4 – 35 所示。

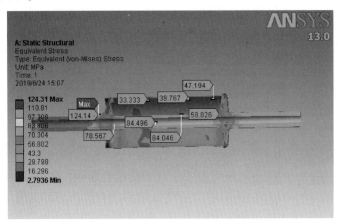

图 4 – 35 焊接模型的应力结果

此时，焊接模型轴的最大应变为 1.7×10^{-3}，支撑铝合金的应变为 7.9×10^{-4}，轴中段应变为 1.19×10^{-3}，如图 4 – 36 所示。

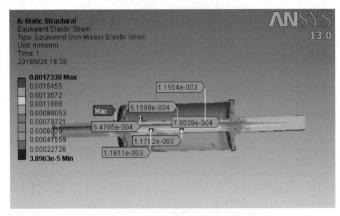

图 4 – 36 焊接模型的应变结果

支撑材料采用 2 mm 铝合金径向力校核，由径向力公式可得

$$F_r = \frac{B^2}{2\mu_0} = \frac{1.46^2}{2 \times 4\pi \times 10^{-7}} = 0.848 \tag{4-53}$$

式中，B 为径向气隙磁密最大值。

以此为径向压强，并同时把 5 400 N 峰值电磁推力施加给 3 mm 支撑铝合金。支撑圆筒形壳体的应力分布结果显示最大值为 26.3 MPa，如图 4 – 37 所示。应变分布显示最大值为 3.66×10^{-4}，如图 4 – 38 所示。

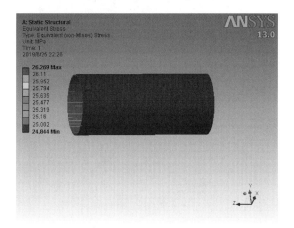

图 4 – 37　支撑材料为 3 mm 铝合金的径向应力

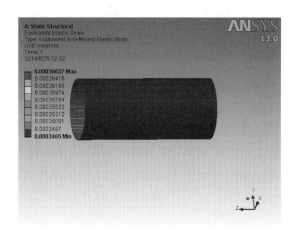

图 4 – 38　支撑材料为 2 mm 铝合金的径向应变

3 mm 支撑铝合金径向力校核：为了保证机械强度，将 2 mm 的支撑铝合金加厚至 3 mm，并验证其对 5 400 N 峰值电磁推力和电机径向力的机械强度。其应力分布结果显示最大应力为 17.65 MPa，如图 4 – 39 所示。

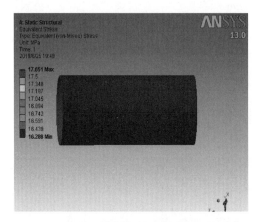

图 4 - 39　支撑材料为 3 mm 铝合金的径向应力

其应变分布如图 4 - 40 所示，最大应变为 2.46×10^{-4}。

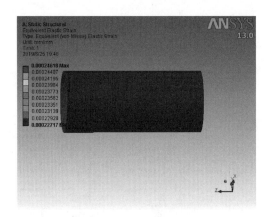

图 4 - 40　支撑材料为 3 mm 铝合金的径向应变

由此验证电磁推力和径向力对支撑铝合金 7075 的强度影响不大。

惯性力校核：验证用永磁体惯性力对 3 mm 支撑铝合金的影响。假设永磁体的惯性力35 000 N均由 3 mm 支撑铝合金给予，而此时支撑铝合金本身也存在着惯性力。仿真时力设定：一端固定，一端给 43 620 N 的力以提供支撑铝合金和永磁体的惯性力，同时在支撑铝合金外壁给一个反向的 35 000 N 来模拟永磁体的惯性力。

应力分布和应变分布结果显示应力最大值为 38.7 MPa，应变最大值为 5.4×10^{-4}，仿真结果如图 4 - 41 及图 4 - 42 所示。

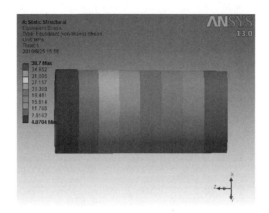

图 4 – 41　支撑材料为 3 mm 铝合金的径向应力结果

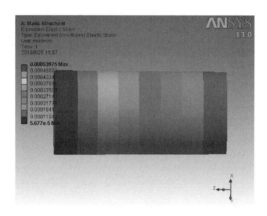

图 4 – 42　支撑材料为 3 mm 铝合金的径向应变结果

由上述仿真可得，机械强度在允许范围内。

总装剖面图如图 4 – 43 所示。

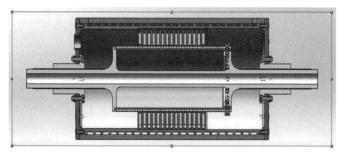

图 4 – 43　直线电机总装剖面图

基本尺寸如表 4-5 所示。

表 4-5 直线电机基本尺寸 单位：mm

机壳长度	475	定子外径	201.8
机壳外径	241.6	定子长度	275.5
机壳厚度	10	绕组套环厚度	1
机壳套筒厚度	10	永磁体外径	130
一体轴长度	740.5	永磁体长度	275.5
连接轴外径/内径	38/20	永磁体套筒	0.3
钨钢套筒厚度	1	动子压圈长度	20
端盖厚度	10	支撑铝合金厚度	3
出线口直径	30	支撑边端厚度	5

动子质量如表 4-6 所示。

表 4-6 直线电机动子各部分质量 单位：kg

名称	质量
一体轴 al7075	2.179
钨钢套筒	0.609
支撑铝合金 7075	0.994
永磁体	3.5
螺钉	0.214
动子	7.496（总质量）

（2）直线电机温度场分析和冷却设计

永磁同步直线电机温度场模型如图 4-44 所示。电机在运行过程中产生损耗并以热的方式耗散，引起电机温升。电机的损耗主要有三部分组成：铁损、铜损和杂散损耗。磁场的变化使铁芯产生涡流和磁滞损耗，电流通入线圈电阻发热，永磁体内部也会产生涡流和磁滞损耗。各部分损耗的发热量如表 4-7 所示。

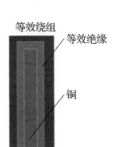

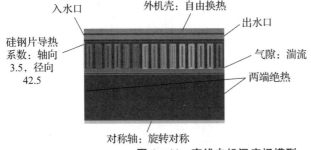

图4-44　直线电机温度场模型

表4-7　直线电机各部分损耗发热量

热源	发热率/($W \cdot m^{-3}$)
定子绕组	2 398 809
定子铁芯	195 178
永磁体	75 876
铝合金支撑	559 479

气隙处的空气等效导热系数由气隙的空气流速和温度共同决定。气隙内的空气流动是动子运动挤压空气导致，以动子平均速度6.666 m/s来计算，此时气隙内的空气流速可达27.5 m/s，达到湍流。但是担心气体处于密闭环境，实际工况无法达到湍流，因此对不同的气隙空气状态进行了如下分析。

1）空气流速为27.5 m/s——湍流

等效导热系数为0.116 8，永磁体温度为99 ℃，绕组温度为93 ℃。具体仿真结果如图4-45所示。

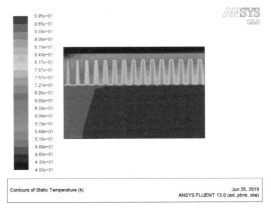

图4-45　气隙空气流速为27.5 m/s的温度场

2）空气流速为0——层流

等效导热系数为0.033 4，永磁体温度为149 ℃，绕组温度为105 ℃。具体仿真结果如图4-46所示。

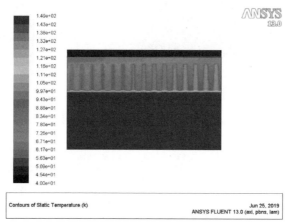

图4-46 气隙空气流速为0的温度场

3）空气流速为13 m/s——过渡状态

等效导热系数为0.075 1，永磁体温度为118 ℃，绕组温度为103 ℃。具体仿真结果如图4-47所示。

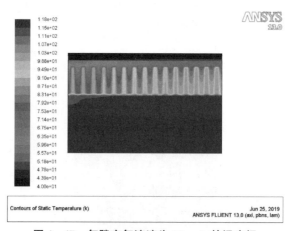

图4-47 气隙空气流速为13 m/s的温度场

4）最恶劣情况

所有涡流损耗集中在与定子耦合的永磁体，空气流速为0。永磁体温度为184 ℃，绕组温度为112 ℃。具体仿真结果如图4-48所示。

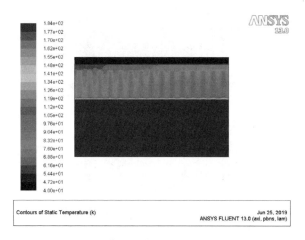

图 4 - 48　气隙空气流速为 0 的温度场

在上述各种情况下，电机最高温度都分布在永磁体上，其中在最恶劣的情况下永磁体温度最高为 182 ℃。而永磁体牌号为 N48UH，其最大工作温度为 180 ℃，永磁体存在退磁风险。其他三种情况电机各部分温度尚在允许范围内。根据中科三环给出的数据，当 N48UH 工作在 160 ℃ 时，其退磁曲线出现拐点，永磁体磁密小于 0.3 T 即发生退磁现象。

4.5　高效 FPEG 双模式直线电机工艺实现与物理样机加工装配

直线电机动子、定子及样机如图 4 - 49 所示。其中电机动子采用 Halbach 永磁排布方式，在动子加工装配中永磁体采用多块拼接方式，动子永磁体支架采用铝合金加工而成，并通过减重和结构强度校核，满足系统对电机动子轻量化和结构强度要求。电机定子绕组采用环形绕组方式，定子铁芯中定子齿部分采用硅钢片轴向方向叠压而成，定子轭部分采用硅钢片卷绕方式制作而成，定子绕组引出线从定子铁芯顶部引线槽中引出。电机绕组中安装有温度传感器用于绕组温升监测。定子机壳采用铝合金加工而成，机壳内加工了环形水道用于电机散热，可有效控制电机温升，保证电机安全运行。此外，根据系统台架安装要求，设计并加工了一体化电机台架。

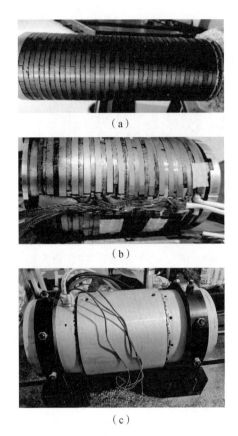

图 4 – 49 直线电机部件及样机
（a）电机动子；（b）电机定子；（c）电机样机

4.6 FPEG 双模式直线电机控制器、驱动器设计

4.6.1 控制系统设计

（1）控制系统结构框图

控制系统结构框图如图 4 – 50 所示，根据系统功能要求，分为直线电机控制模块和 DC – DC（直流 – 直流）变换器控制模块。

对于直线电机控制模块，逆变单元采用三相半桥型拓扑结构，两组挂接在同一直流母线上的逆变单元实现对两个直线电机的独立驱动。

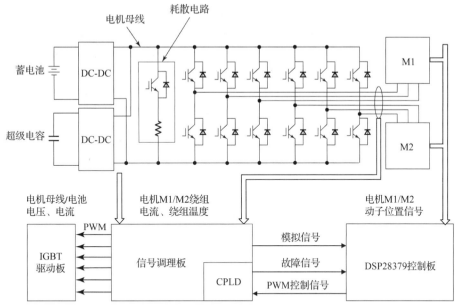

图 4 - 50　控制系统结构框图

DC - DC 变换器采用如图 4 - 51 所示的拓扑结构，该结构可以通过控制桥臂上下开关管的通断来切换升压和降压模式，从而实现电机直流母线侧与蓄电池（或超级电容）侧能量的双向传递。

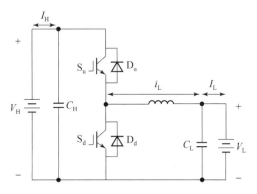

图 4 - 51　半桥型双向 DC - DC 变换器拓扑

（2）DSP + CPLD 方案

为提高控制系统性能，保证其控制精度和可靠性，主控芯片采用 DSP + CPLD 方案，其中，DSP 具有强大的数字信号处理和事件管理能力，通过软件方式实现 AD 采集、PID 运算、中断管理以及外部通信等功能；CPLD 用于对过压、过流等故障信号进行判断，以实时封锁 PWM 控制信号输出，保证系统运行可靠性。

（3）控制策略

直线电机控制策略示意框图如图 4 – 52 所示，基于空间矢量脉宽调制算法
（SVPWM），建立"速度环 + 电流环"结构的双闭环电机矢量控制系统。

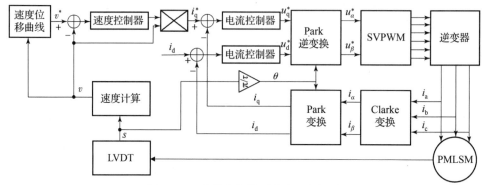

图 4 – 52　直线电机控制策略示意框图

运行系统 Simulink 仿真模型，得到预期电机速度/行程随时间变化曲线，如图
4 – 53 和图 4 – 54 所示，分别为电机工作在电动和发电两种状态下的仿真输出结果。

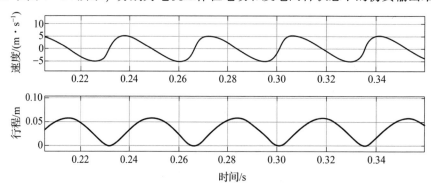

图 4 – 53　电机速度/行程随时间变化曲线（电动状态）

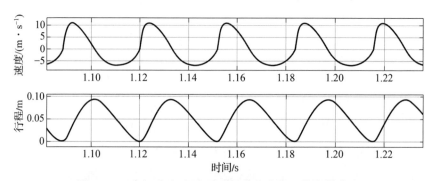

图 4 – 54　电机速度/行程随时间变化曲线（发电状态）

根据仿真结果，建立直线电机速度与行程一一对应关系，将电机在一个冲程中的位移量与速度量离散化为足够多个（如 1 Mbit）离散点，建立表格，其中位移量作为地址，速度量为地址中所存储数据。在电机实际工作过程中，通过差动变压器（LVDT）实时检测电机动子位置，DSP 通过查表、插值后即得到该位置电机速度给定 v^*，同时对电机位移量进行微分运算，得到电机实际速度 v，给定速度 v^* 与实际速度 v 比较后，偏差量 Δv 经过速度控制器处理后，完成速度环计算。

为实现直线电机作为线性负载工作，将速度控制器输出系数 k 与电机实际速度进行乘法运算，乘积作为电机定子电流交轴分量（推力分量）给定值 i_q^*，同时电机实际相电流经过霍尔传感器实时采样，再经过坐标变换后即可得到电机实际交轴电流 i_q。同样将两者进行比较后，偏差量 Δi_q 经过交轴电流控制器处理后输出定子电压交轴分量 u_q^*。同理直轴电流给定量 i_d^* 与实际量 i_d 比较所得偏差 Δi_d 经过直轴电流控制器处理后输出定子电压直轴分量 u_d^*，与 u_q^* 经过 SVPWM 算法计算后得到三相桥臂开关管 PWM 控制信号占空比，实现对电机准确控制。

4.6.2　直线电机控制系统仿真

首先对电机、内燃机气缸等进行建模，如图 4 - 55 所示，其中气缸模型表征了动力缸推力、摩擦力以及回弹缸推力与活塞运动速度和行程的函数关系。直线

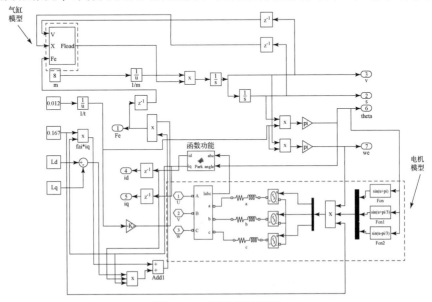

图 4 - 55　运动系统模型

电机建模主要依赖于其电压方程和转矩方程，其中电机参数设置如表 4 - 8 所示。

表 4 - 8　直线电机主要参数

参数	数值	参数	数值
动子质量/kg	4.5	直轴电感/mH	0.597
极距/mm	13.5	交轴电感/mH	0.597
转子磁链/Wb	0.075 5	定子电阻/Ω	0.071

图 4 - 56 所示为直线电机双闭环矢量控制系统仿真模型，电机母线电压为 700 V，IGBT 开关频率设定为 10 kHz。速度环与电流环控制器均采用 PI 控制器，采用 $i_d = 0$ 策略，通过实时检测电机动子位置，查询出该位置电机速度给定量 v^*，进行速度闭环控制，以使系统性能尽量接近预期。

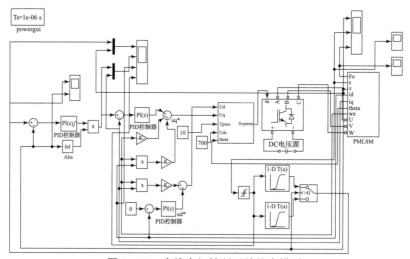

图 4 - 56　直线电机控制系统仿真模型

系统仿真按照电机电动和发电两种工作状态分别进行，如图 4 - 57 所示，为电机处于电动工作状态下，速度曲线仿真结果，其中 v_{ref} 为速度给定值，v_{fact} 为电机实际速度反馈值，跟随效果良好。仿真得到电机正向速度最大值为 5.190 m/s，反向速度最大值为 5.205 m/s，基本符合预期。

图 4 - 58 所示为电机处于电动工作状态下，行程曲线仿真结果，呈周期变化，其中位移最大值为 57.82 mm，基本符合预期。由图 4 - 59 所示的电机处于电动工作状态输出电磁推力仿真结果可知，推力方向随速度方向交替变化，最大输出正向推力 780 N，反向推力 863 N。

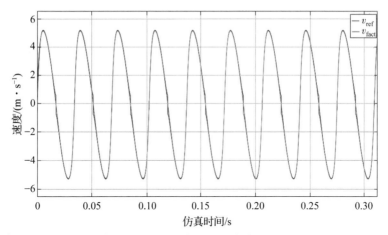

图 4 - 57　电机速度曲线仿真结果（电动状态）（附彩图）

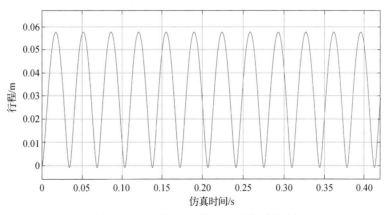

图 4 - 58　电机行程仿真结果（电动状态）

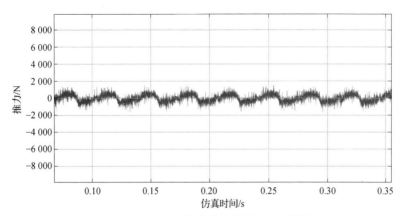

图 4 - 59　电机电磁推力仿真结果（电动状态）

图 4-60 所示为电机处于发电工作状态下，速度曲线仿真结果，其中 v_{ref} 为速度给定值，v_{fact} 为电机实际速度反馈值，跟随效果良好。仿真得到电机正向速度最大值为 11.56 m/s，反向速度最大值为 7.035 m/s，基本符合预期。

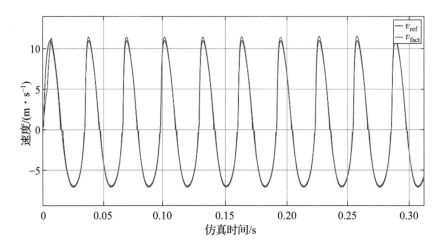

图 4-60　电机速度曲线仿真结果（发电状态）（附彩图）

图 4-61 所示为电机处于发电工作状态下，行程曲线仿真结果，呈周期变化，其中位移最大值为 93.32 mm，基本符合预期。由图 4-62 所示为电机输出电磁推力仿真结果可知，推力方向随速度方向交替变化，最大输出正向推力为 4 227 N，反向推力为 7 081 N。

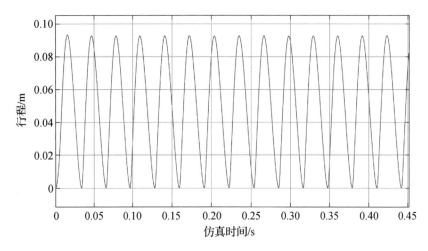

图 4-61　电机行程曲线仿真结果（发电状态）

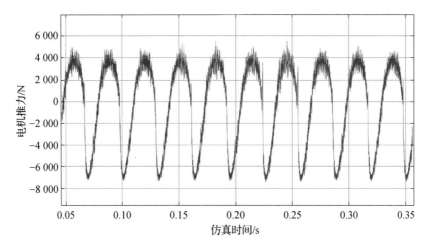

图 4 - 62　电机电磁推力仿真结果（发电状态）

4.6.3　双向半桥 DC – DC 变换器仿真

为实现能量在电机母线与蓄电池（或超级电容）之间双向流动，设计拓扑结构如图 4 - 51 所示的双向半桥 DC – DC 变换器，并在 Simulink 中进行仿真建模分析，仿真分为升压（蓄电池→电机母线）和降压（电机母线→蓄电池）两种情况进行。

技术指标如下：

高压侧电压范围：500 ~ 1 000 V；

低压侧额定电压：300 V；

降压输出精度：±1%；

升压输出精度：±2%；

降压输出纹波：≤5 V；

升压输出纹波：≤5 V。

（1）降压模式

如图 4 - 63 所示，建立 DC – DC 变换器工作在降压模式（电机母线→蓄电池）的 Simulink 仿真模型，高压侧输入电压为 700 V，低压侧输出电压为 300 V，输出功率为 18 kW，采用改进型抗饱和 PI 调节器对输出电压进行闭环控制。

图 4 - 64、图 4 - 65 所示为降压模式下，输出电压波形以及电压纹波的情况，输出稳定后，输出电压基本稳定在 300 V 左右，电压纹波峰峰值不超过 5 V。

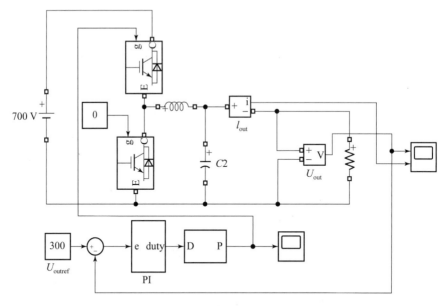

图 4 – 63   DC – DC 变换器降压模式仿真模型

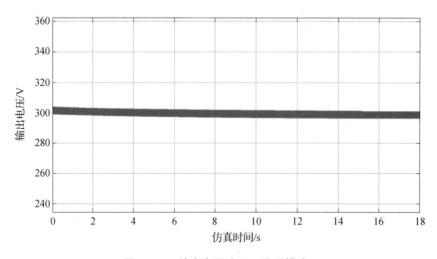

图 4 – 64   输出电压波形（降压模式）

（2）升压模式

如图 4 – 66 所示，建立 DC – DC 变换器工作在升压模式（蓄电池→电机母线）的 Simulink 仿真模型，低压侧输入电压为 300 V，高压侧输出电压为 700 V，输出功率为 18 kW。

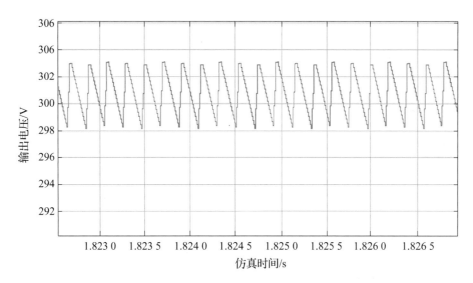

图 4 – 65　输出电压纹波（降压模式）

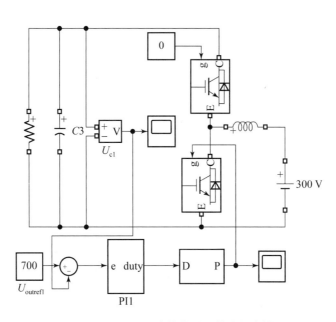

图 4 – 66　DC – DC 变换器升压模式仿真模型

图 4 – 67 及图 4 – 68 为升压模式下，输出电压波形以及电压纹波情况，输出稳定后，输出电压基本稳定在 700 V 左右，电压纹波峰峰值为 2 V。

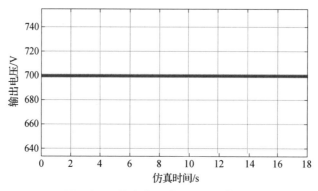

图 4 - 67　输出电压波形（升压模式）

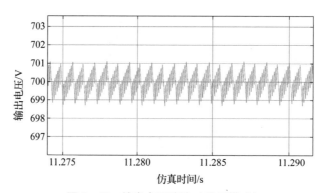

图 4 - 68　输出电压纹波（升压模式）

参 考 文 献

［1］汤蕴．电机学：机电能量转换［M］．北京：机械工业出版社，1981.

［2］查普曼．电机原理及驱动：电机学基础［M］．5 版．满永奎，译．北京：清华大学出版社，2013.

［3］袁雷，胡冰新，魏克银，等．现代永磁同步电机控制原理及 MATLAB 仿真［M］．北京：北京航空航天大学出版社，2016.

［4］叶云岳．直线电机原理与应用［M］．北京：机械工业出版社，2000.

［5］王成元，夏加宽，孙宜标．现代电机控制技术［M］．北京：机械工业出版社，2014.

［6］吴礼民．对置式自由活塞发电机建模理论与关键技术问题研究［D］．北京：北京理工大学，2022.

第 5 章
电能输出与储存系统设计

5.1　FPEG 非标准简谐输出电力信号的整流与 AC/DC 变换技术研究

原型样机初步阶段，为了研究发电机的电源变换技术，前期基于电网的技术研发电气系统的控制策略，为消除两相同步旋转坐标系中数学模型的耦合项与干扰项，实现对有功电流与无功电流的独立控制。本章研究了基于前馈解耦的电流内环电压外环双闭环控制策略，分析了前馈解耦控制原理，给出了电流内环和电压外环的设计方法，对空间矢量脉宽调制（SVPWM）控制技术的原理与实现方法也进行了深入研究。

5.1.1　双闭环控制系统设计

电压外环的作用是保持直流侧电压稳定和输出电流内环 q 轴的指令电流 0（发电源侧的变换器可工作于两种工作状态：逆变和整流，所以它可以使功率灵活地实现双向流动）。发电源侧变换器的控制方法通常为电网电压定向的矢量控制技术。假设坐标系的旋转速度为同步速度，而且 q 轴超前于 d 轴，将发电源侧电压综合矢量固定在 d 轴上，那么发电源侧电压在 q 轴上投影为有效值；电流内环主要是用于控制网侧电流，使电流相位对发电源侧电压相位进行精准的跟踪，保证整流器能够运行于单位功率因数状态。系统的双闭环控制框图如图 5-1 所示，电流内环与电压外环均采用 PI 调节器，其中 P 是比例环节，它能提高系统开环增益、控制指令的响应速度和控制精度；I 是积分环节，它能提高系统响应，减小甚至消除系统的稳态误差，使系统的稳态性能得到提升。

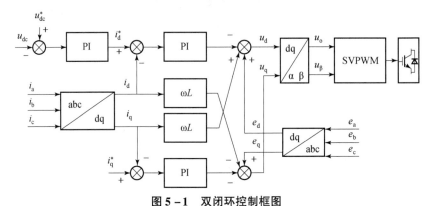

图 5-1 双闭环控制框图

（1）电流内环控制器设计

在三相电压型 PWM 整流器中，交流侧输入电压在 d、q 轴分量的开关函数分别为 $S_d U_{dc}$、$S_q U_{dc}$，即控制系统交流侧的指令电压 u_d^*、u_q^*，而交流侧指令电压与交流侧电流的关系满足

$$\begin{cases} L\dfrac{\mathrm{d}i_d}{\mathrm{d}t} = e_d + \omega L i_q - R i_d - u_d \\ L\dfrac{\mathrm{d}i_q}{\mathrm{d}t} = e_q - \omega L i_d - R i_q - u_q \end{cases} \tag{5-1}$$

为消除耦合项 $\omega L i_q$、$-\omega L i_d$ 以及发电源电动势 e_d 与 e_q 的干扰，将上式拉普拉斯变换至 s 域，可得出表达式：

$$\begin{cases} i_d = (e_d + \omega L i_q - u_d)\dfrac{1}{Ls + R} \\ i_q = (e_q - \omega L i_d - u_q)\dfrac{1}{Ls + R} \end{cases} \tag{5-2}$$

d、q 两轴电流之间是相互对称的，所以只需对 d 轴电流控制器进行设计，就可以使用同样的方法设计 q 轴电流控制器。电流控制器的被控对象为 i_d，输出量为 u_d，则可以根据 i_d 与 u_d 的关系绘制出闭环反馈控制框图，如图 5-2 所示。

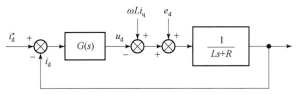

图 5 – 2　电流内环闭环控制框图

从图 5 – 2 知电压 u_d 的控制方程：

$$u_\mathrm{d} = G(s)(i_\mathrm{d}^* - i_\mathrm{d}) \tag{5 – 3}$$

式中，$G(s)$ 为 PI 控制器。

能直观地看出 e_d 和 $\omega L i_\mathrm{q}$ 对 i_d 的控制产生了一定的扰动，绘制出前馈解耦控制原理图（图 5 – 3），并利用此种控制算法来消除扰动，这是没有建立电气原理图，而抽象出的数学模型图。

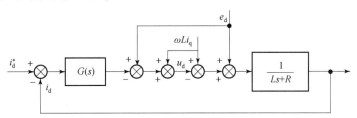

图 5 – 3　前馈解耦控制原理

上面的 u_d 是前馈解耦后的闭环输出：

$$u_\mathrm{d} = - G(s)(i_\mathrm{d}^* - i_\mathrm{d}) + \omega L i_\mathrm{q} + e_\mathrm{d} \tag{5 – 4}$$

化简后的数学模型如图 5 – 4 所示。

由图 5 – 4 可以看出，利用前馈解耦控制算法消除耦合项与干扰项后，得到了一个便于计算的一阶惯性环节，这是由控制器的被控对象化简而成的，而且又将发电源电动势的干扰项作为系统的前馈补偿，所以使得抗干扰能力得到明显提升。

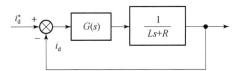

图 5 – 4　前馈解耦后的电流内环控制框图

由于控制系统的电流电压控制器均为 PI 调节器，所以可以写出控制器的传递函数 $G(s)$：

$$G(s) = K_\mathrm{ip} + \frac{K_\mathrm{ii}}{s} = K_\mathrm{ip}\frac{\tau_\mathrm{i}s + 1}{\tau_\mathrm{i}s}, K_\mathrm{ii} = \frac{K_\mathrm{ip}}{\tau_\mathrm{i}} \tag{5 – 5}$$

电流内环信号采样时会受到系统延迟的影响，所以会表现出一阶惯性环节特性，设采样周期大小是 T_s，那么可以把采样环节定义为 $1/(T_s+1)$，而 PWM 控制也会表现出小惯性环节特性，可以将它表示为 $K_{PWM}/(0.5T_s+1)$，K_{PWM} 为桥路 PWM 等效增益，$0.5T_s$ 是开关周期的一半，则得出解耦后的电流内环结构如图 5-5 所示。

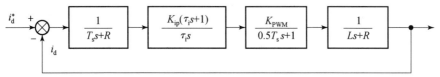

图 5-5 解耦后实际的电流内环结构

将两惯性环节的小时间常数 $0.5T_s$ 与 T_s 进行合并，得出化简后的控制框图如图 5-6 所示。

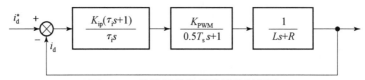

图 5-6 化简后的数学模型控制框图

在设计电流控制器时，电流的跟随性能应放在首要位置，所以需根据跟随性能好的典型 I 型系统来设计控制器。如图 5-6 所示，通过化简将 PI 调节器控制对象传递函数的零、极点相互抵消即可满足设计要求，即 $\tau_i = L/R$。电流内环的开环传递函数为

$$H_{oi}(s) = \frac{K_{ip}K_{PWM}}{R\tau_i s(1.5T_s+1)} \tag{5-6}$$

在阻尼比 ξ 取 0.707 时，典型 I 型系统的参数就是最优整定的：

$$\frac{1.5T_s K_{ip}K_{PWM}}{R\tau_i} = \frac{1}{2} \tag{5-7}$$

通过化简，可求出电流内环 PI 调节器的参数 K_{ip} 和 K_{ii} 的计算式：

$$\begin{cases} K_{ip} = \dfrac{R\tau_i}{3T_s K_{PWM}} \\ K_{ii} = \dfrac{K_{ip}}{\tau_i} = \dfrac{R}{3T_s K_{PWM}} \end{cases} \tag{5-8}$$

前馈解耦的电流内环的闭环传递函数为

$$H_{ci}(s) = \frac{1}{1 + \dfrac{R\tau_i s}{K_{ip}K_{PWM}} + \dfrac{1.5T_s R\tau_i}{K_{ip}K_{PWM}}s^2} \tag{5-9}$$

s^2 项比 s 项的系数要小很多，若开关频率较高，那么 T_s 就很小，因此可忽略 s^2 项来化简闭环传递函数：

$$H_{ci}(s) = \cfrac{1}{1 + \cfrac{R\tau_i s}{K_{ip}K_{PWM}}} \tag{5-10}$$

最后可得电流内环化简后的等效传递函数：

$$H_{ci}(s) = \frac{1}{1 + 3T_s s} \tag{5-11}$$

由于电流控制器是按照典型 I 型系统进行设计的，所以化简后的传递函数会表现出一阶惯性环节特性，由上式可以看出，惯性环节的时间常数是采样周期的 3 倍，所以，开关频率越高，电流控制器的动态响应越快。

合格的电流控制器不但要满足动态响应快的要求，还需要具备抑制高频干扰的能力。闭环系统的频带宽度是抑制高频干扰能力的衡量指标，它是指系统闭环增益减小到 $-3\,dB$ 时或者相移为 $-45°$ 时点的频率，由前文知，电流控制器被等效成了时间常数为 3 倍采样周期的一阶惯性环节，电流控制器的频带宽度表达式为

$$f_{bi} = \frac{1}{2\pi(3T_s)} = \frac{1}{6\pi T_s} \approx \frac{1}{20T_s} = \frac{1}{20}f_s \tag{5-12}$$

式中，f_s 为 PWM 整流器的开关频率。

由此可看出频带宽度 f_{bi} 要远远小于开关频率 f_s，因此所设计的电流控制器能够满足上述要求。

（2）电压外环控制器设计

$$\begin{cases} e_a = e_m \cos(\omega t) \\ e_b = e_m \cos(\omega t - 120°) \\ e_c = e_m \cos(\omega t + 120°) \end{cases} \tag{5-13}$$

上式为三相发电源的基波电动势，当整流器运行于单位功率因数状态时，交流侧电流应当与电网电压相位相同，表达式为

$$\begin{cases} i_a = I_m \cos(\omega t) \\ i_b = I_m \cos(\omega t - 120°) \\ i_c = I_m \cos(\omega t + 120°) \end{cases} \tag{5-14}$$

利用开关函数 S_a、S_b、S_c 能够描述直流侧电流 i_{dc} 与交流侧电流 i_a、i_b、i_c 的关系：

$$i_{dc} = i_a S_a + i_b S_b + i_c S_c \tag{5-15}$$

当整流器的开关频率较高时，只需考虑开关函数的低频分量即可，即

$$\begin{cases} S_a = 0.5m\cos(\omega t - \theta) + 0.5 \\ S_b = 0.5m\cos(\omega t - \theta - 120°) + 0.5 \\ S_c = 0.5m\cos(\omega t - \theta + 120°) + 0.5 \end{cases} \qquad (5-16)$$

式中，θ 为初始时刻的相位角；m 为调制比，且 $m \leqslant 1$。

联立上式可得

$$i_{dc} = 0.75mI_m\cos\theta(i_d + i_b + i_c = 0) \qquad (5-17)$$

与电流内环相同的是，电压外环的采样同样也具有延迟性，因此控制系统中也增加了电压采样延时环节 $1/(T_u s + 1)$，T_u 为电压外环的采样周期，整流器直流侧的运算导纳可以记为 $1/C_s$，且电流内环包含在电压外环的传递函数内，电压外环的控制原理如图 5-7 所示。

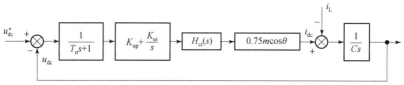

图 5-7   电压外环的控制原理

图 5-7 中 K_{up}、K_{ui} 分别为 PI 调节器的比例系数和积分系数，为简化计算，将 PI 调节器的传递函数写成零极点形式：

$$K_{up} + \frac{K_{ui}}{s} = \frac{K_{up}(\tau_u s + 1)}{\tau_u s} \qquad (5-18)$$

由于 $0.75m\cos\theta$ 一直随着时间变化，使用最大值 0.75 将它进行替换，若对电压环稳定性影响最大的增益值能够满足要求，那么其他小于它的值均可满足要求。将电压环与电流环的两个小惯性时间常数 T_u 与 $3T_s$ 合并，进而得到 $T_{eu} = T_u + 3T_s$，此时暂时忽略负载电流 i_L 的扰动，则能够对控制原理进行简化，如图 5-8 所示。

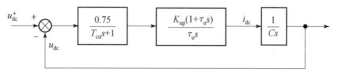

图 5-8   简化后的电压外环控制原理

为使电压控制器实现维持直流侧电压稳定的功能，应将控制器的抗干扰性能放在首位。所以，按照典型 Ⅱ 型系统对电压控制器进行设计。根据图 5-8 可以写出电压外环的开环传递函数 $H_{ou}(s)$：

$$H_{ou}(s) = \frac{0.75 K_{up}(\tau_u s + 1)}{C\tau_u s^2 (T_{eu} s + 1)} \qquad (5-19)$$

电压外环中的频宽 h_u 根据上式写出：

$$h_u = \frac{\tau_u}{T_{eu}} \qquad (5-20)$$

为使典型 II 型系统的参数为最优整定的，可写出关系式：

$$\frac{0.75 K_{up}}{C\tau_u} = \frac{h_u + 1}{2h_u^2 T_{eu}} \qquad (5-21)$$

电压控制器除了要具备良好的抗干扰性外，跟随性也要尽可能好，由工程实践知频宽 h_u 取 5 即可达到要求，因此可计算出电压外环 PI 调节器的各参数：

$$\begin{cases} \tau_u = 5 T_{eu} = 5(T_u + 3T_s) \\ K_{up} = \dfrac{4C}{25(T_u + 3T_s)} \\ K_{ui} = \dfrac{K_{up}}{\tau_u} = \dfrac{4C}{125(T_u + 3T_s)^2} \end{cases} \qquad (5-22)$$

除 PI 调节器参数外，还可计算出电压外环控制系统的截止频率 ω_c：

$$\omega_c = \frac{1}{2}\left(\frac{1}{\tau_u} + \frac{1}{T_{eu}}\right) \qquad (5-23)$$

在同一控制系统中，电流采样周期和电压采样周期应该一致，即 $T_u = T_s$，则

$$\tau_u = h_u T_{eu} = 5(T_u + 3T_s) = 20T_s \qquad (5-24)$$

因此，

$$\omega_c = \frac{1}{2}\left(\frac{1}{20T_s} + \frac{1}{4T_s}\right) = \frac{3}{20T_s} \qquad (5-25)$$

则电压外环控制系统的频率宽度 f_{bu} 为

$$f_{bu} = \frac{\omega_c}{2\pi} = \frac{3}{20T_s \times 2\pi} \approx 0.024 f_s \qquad (5-26)$$

可以看出，频带宽度 f_{bu} 同样远远小于开关频率 f_s，满足设计要求。

5.1.2　三相电压型 PWM 整流器的 SVPWM 控制

SVPWM 通过控制电机磁链的空间矢量轨迹使其逼近圆形而引出，其可让整流器的直流侧电压的利用率提高 15.5%，且具有更快的动态响应，便于实现数字化。

（1）SVPWM 的基本原理

交流侧输入相电压在平面上的空间分布，即空间电压矢量。因此，三相电压型 PWM 整流器交流侧各相的开关函数表达式为

$$\begin{cases} U_{ao} = \dfrac{1}{3}(2S_a - S_b - S_c)U_{dc} \\[2mm] U_{bo} = \dfrac{1}{3}(2S_b - S_a - S_c)U_{dc} \\[2mm] U_{co} = \dfrac{1}{3}(2S_c - S_a - S_b)U_{dc} \end{cases} \qquad (5-27)$$

可以看出，在 8 种组合电压空间矢量中，有 2 个零电压空间矢量，6 个非零电压空间矢量。将 8 种组合的基本空间电压矢量映射至复平面，即可得到如图 5-9 所示的电压空间矢量图。它们将复平面分成了 6 个区，称之为扇区。开关组态与电压的关系如表 5-1 所示。

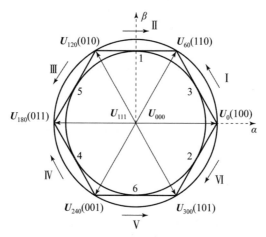

图 5-9　电压空间矢量图

表 5-1　开关组态与电压的关系

a	b	c	V_{an}	V_{bn}	V_{cn}	V_{ab}	V_{bc}	V_{ca}	U_{out}
0	0	0	0	0	0	0	0	0	0
1	0	0	$2U_{dc}/3$	$-U_{dc}/3$	$-U_{dc}/3$	U_{dc}	0	$-U_{dc}$	$2U_{dc}/3$
0	1	0	$-U_{dc}/3$	$2U_{dc}/3$	$-U_{dc}/3$	$-U_{dc}$	U_{dc}	0	$\dfrac{2}{3}U_{dc}e^{j\frac{2\pi}{3}}$
1	1	0	$U_{dc}/3$	$U_{dc}/3$	$-2U_{dc}/3$	0	U_{dc}	$-U_{dc}$	$\dfrac{2}{3}U_{dc}e^{j\frac{\pi}{3}}$

续表

a	b	c	V_{an}	V_{bn}	V_{cn}	V_{ab}	V_{bc}	V_{ca}	U_{out}
0	0	1	$-U_{dc}/3$	$-U_{dc}/3$	$2U_{dc}/3$	0	$-U_{dc}$	U_{dc}	$\dfrac{2}{3}U_{dc}e^{j\frac{4\pi}{3}}$
1	0	1	$U_{dc}/3$	$-2U_{dc}/3$	$U_{dc}/3$	U_{dc}	$-U_{dc}$	0	$\dfrac{2}{3}U_{dc}e^{j\frac{5\pi}{3}}$
0	1	1	$-2U_{dc}/3$	$U_{dc}/3$	$U_{dc}/3$	$-U_{dc}$	0	U_{dc}	$\dfrac{2}{3}U_{dc}e^{j\pi}$
1	1	1	0	0	0	0	0	0	0

（2）SVPWM 算法实现

SVPWM 的理论基础是平均值等效原理，即在一个开关周期 T_{PWM} 内通过对基本电压矢量加以组合，使其平均值与给定电压矢量相等。本书采用电压矢量合成法实现 SVPWM。如图 5-9 所示，在某个时刻，电压空间矢量 U_{out} 旋转到某个区域中，可由组成这个区域的两个相邻的非零矢量和零矢量在时间上的不同组合来得到。以扇区 I 为例，空间矢量合成示意图如图 5-10 所示。

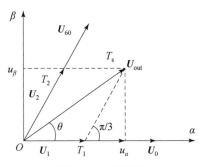

图 5-10 矢量图

根据平衡等效原则可以得到下式：

$$T_{PWM}U_{out} = T_1 U_0 + T_2 U_{60} + T_0 (U_{000}或 U_{111}) \tag{5-28}$$

$$T_1 + T_2 + T_0 = T_{PWM} \tag{5-29}$$

$$\begin{cases} U_1 = \dfrac{T_1}{T_{PWM}}U_0 \\[2mm] U_2 = \dfrac{T_2}{T_{PWM}}U_{60} \end{cases} \tag{5-30}$$

式中，T_1，T_2，T_0 分别为 U_0，U_{60} 和零矢量 U_{000} 和 U_{111} 的作用时间；θ 为合成矢

量与主矢量的夹角。

要合成所需的电压空间矢量，需要计算 T_1，T_2，T_0，由图 5-10 可以得到

$$\frac{|\boldsymbol{U}_{\text{out}}|}{\sin(2\pi/3)} = \frac{|\boldsymbol{U}_1|}{\sin(\pi/3 - \theta)} = \frac{|\boldsymbol{U}_2|}{\sin\theta} \qquad (5-31)$$

$|\boldsymbol{U}_0| = |\boldsymbol{U}_{60}| = 2U_{\text{dc}}/3$ 和 $|\boldsymbol{U}_{\text{out}}| = U_{\text{m}}$ 代入式（5-31）中，可以得到

$$\begin{cases} T_1 = \sqrt{3}\dfrac{U_{\text{m}}}{U_{\text{dc}}}T_{\text{PWM}}\sin\left(\dfrac{\pi}{3} - \theta\right) \\[3mm] T_2 = \sqrt{3}\dfrac{U_{\text{m}}}{U_{\text{dc}}}T_{\text{PWM}}\sin\theta \\[3mm] T_0 = T_{\text{PWM}}\left[1 - \sqrt{3}\dfrac{U_{\text{m}}}{U_{\text{dc}}}\cos\left(\dfrac{\pi}{6} - \theta\right)\right] \end{cases} \qquad (5-32)$$

取 SVPWM 调制深度 $M = \sqrt{3}U_{\text{m}}/U_{\text{dc}}$，在 SVPWM 调制中，要使合成矢量在线性区域内调制，则要满足 $|\boldsymbol{U}_{\text{out}}| = U_{\text{m}} \le 2U_{\text{dc}}/3$，即 $M_{\text{max}} = 1.1547 > 1$。由此可知，在 SVPWM 调制中，调制深度最大值可以达到 1.1547，比 SVPWM 调制最高所能达到的调制深度 1 高出 0.1547，这使其直流母线电压利用率更高，也是 SVPWM 控制算法的一个主要优点。

（3）判断电压空间矢量 $\boldsymbol{U}_{\text{out}}$ 所在的扇区

判断电压空间矢量 $\boldsymbol{U}_{\text{out}}$ 所在扇区的目的是确定本开关周期所使用的基本电压空间矢量。用 U_α 和 U_β 表示参考电压矢量 $\boldsymbol{U}_{\text{out}}$ 在 α、β 轴上的分量，定义 U_{ref1}，U_{ref2}，U_{ref3} 三个变量，令

$$\begin{cases} U_{\text{ref1}} = u_\beta \\ U_{\text{ref2}} = \sqrt{3}u_\alpha - u_\beta \\ U_{\text{ref3}} = -\sqrt{3}u_\alpha - u_\beta \end{cases} \qquad (5-33)$$

再定义三个变量 A、B、C 通过分析可以得出

若 $U_{\text{ref1}} > 0$，则 $A = 1$，否则 $A = 0$；

若 $U_{\text{ref2}} > 0$，则 $B = 1$，否则 $B = 0$；

若 $U_{\text{ref3}} > 0$，则 $C = 1$，否则 $C = 0$。

令 $N = 4 \times C + 2 \times B + A$，则可以得到 N 与扇区的关系，通过表 5-2 得出 $\boldsymbol{U}_{\text{out}}$ 所在的扇区（图 5-9）。

表 5-2　N 与扇区的对应关系

N	3	1	5	4	6	2
扇区	Ⅰ	Ⅱ	Ⅲ	Ⅳ	Ⅴ	Ⅵ

（4）确定各扇区相邻两非零矢量和零矢量作用时间

由图 5 – 10 可以得出

$$
\begin{cases}
u_\alpha = \dfrac{T_1}{T_{PWM}} \mid \boldsymbol{U}_0 \mid + \dfrac{T_2}{T_{PWM}} \mid \boldsymbol{U}_{60} \mid \cos\dfrac{\pi}{3} \\[3mm]
u_\beta = \dfrac{T_2}{T_{PWM}} \mid \boldsymbol{U}_{60} \mid \sin\dfrac{\pi}{3}
\end{cases}
\tag{5–34}
$$

则上式可以得出

$$
\begin{cases}
T_1 = \dfrac{\sqrt{3}\,T_{PWM}}{2U_{dc}}(\sqrt{3}u_\alpha - u_\beta) \\[3mm]
T_2 = \dfrac{\sqrt{3}\,T_{PWM}}{U_{dc}}u_\beta
\end{cases}
\tag{5–35}
$$

同理，以此类推可以得出其他扇区各矢量的作用时间，可以令

$$
\begin{cases}
X = \dfrac{\sqrt{3}\,T_{PWM}u_\beta}{U_{dc}} \\[3mm]
Y = \dfrac{\sqrt{3}\,T_{PWM}}{2U_{dc}}(\sqrt{3}u_\alpha + u_\beta) \\[3mm]
Z = \dfrac{\sqrt{3}\,T_{PWM}}{2U_{dc}}(-\sqrt{3}u_\alpha + u_\beta)
\end{cases}
\tag{5–36}
$$

可以得到各个扇区 T_1、T_2、T_0 作用的时间，如表 5 – 3 所示。

表 5 – 3　各个扇区作用时间

N	1	2	3	4	5	6
T_1	Z	Y	$-Z$	$-X$	X	$-Y$
T_2	Y	$-X$	X	Z	$-Y$	$-Z$
T_0	$T_{PWM} = T_s - T_1 - T_2$					

如果 $T_1 + T_2 > T_{PWM}$，必须进行过调制处理，则令

$$
\begin{cases}
T_1 = \dfrac{T_1}{T_1 + T_2}T_{PWM} \\[3mm]
T_2 = \dfrac{T_2}{T_1 + T_2}T_{PWM}
\end{cases}
\tag{5–37}
$$

（5）确定各扇区矢量切换点

定义

$$\begin{cases} T_a = (T_{PWM} - T_1 - T_2)/4 \\ T_b = T_a + T_1/2 \\ T_c = T_b + T_2/2 \end{cases} \qquad (5-38)$$

三相电压开关时间切换点 T_{cmp1}、T_{cmp2}、T_{cmp3} 与各扇区的关系如表 5-4 所示。

表 5-4 三相电压时间切换点与各扇区关系

N	1	2	3	4	5	6
T_{cmp1}	T_b	T_a	T_a	T_c	T_c	T_b
T_{cmp2}	T_a	T_c	T_b	T_b	T_a	T_c
T_{cmp3}	T_c	T_b	T_c	T_a	T_b	T_a

为了限制开关频率，减少开关损耗，必须合理选择零矢量000和零矢量111，使变流器开关状态每次只变化一次。假设零矢量000和零矢量111在一个开关周期中作用时间相同，生成的是对称 PWM 波形，再把每个基本空间电压矢量作用时间一分为二。逆变器开关状态编码序列为000，100，110，111，110，100，000，将三角波周期 T_{PWM} 作为定时周期，与切换点 T_{cmp1}、T_{cmp2}、T_{cmp3} 比较，从而调制出 SVPWM 波，其输出波形如图 5-11 所示。同理，可以得到其他扇区的波形图。

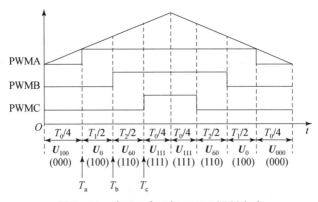

图 5-11 扇区 I 内三相 PWM 调制方式

（6）结果分析

利用软件 MATLAB\Simulink 搭建仿真系统，完成控制电路，得到系统在充放电工作状态下的仿真结果如图 5-12~图 5-16 所示。

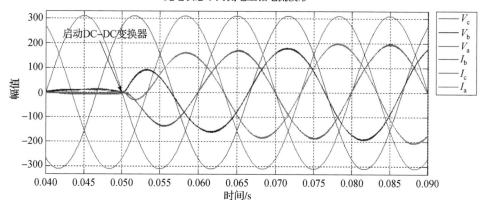

图 5 – 12　系统充电状态下网侧相电压相电流波形（附彩图）

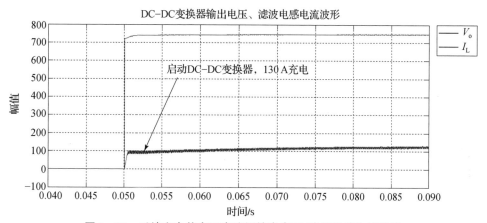

图 5 – 13　系统充电状态下直流侧输出电压/滤波电感电流波形

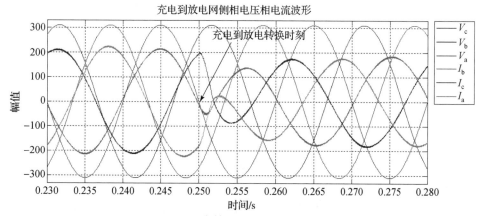

图 5 – 14　系统充电到放电转换网侧相电压相电流波形（附彩图）

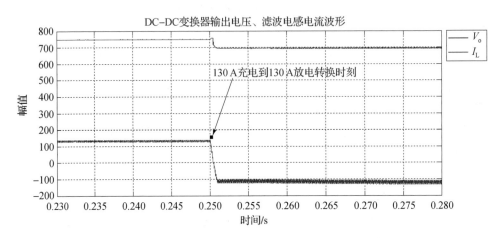

图 5−15　系统充电到放电状态直流侧输出电压/滤波电感电流波形

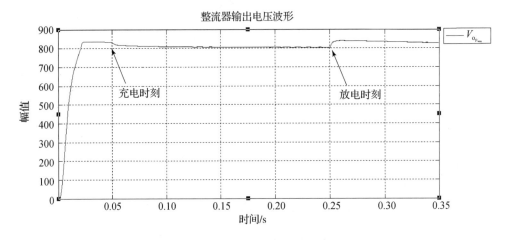

图 5−16　充/放电状态下整流器输出电压波形

综上得知，AC/DC 变换技术实现了单位功率因数的整流操作，使效率最高。

5.1.3　系统状态分析与总结

基于电网的设计原则完成的 AC/DC 变换技术研发与 DC/DC 变换技术匹配的整套系统主要工作状态有两种，一种为能量正向流动状态，即充电状态（图 5−17）；一种为能量反向流动状态，即放电状态。

当储能器件能量不足需要储能时，系统能量从网侧流向储能器件。PWM 整流器工作在整流状态，并且使得网侧电流与电压同相位，即可以实现高功率因数运行；由于采用空间矢量控制，较低的开关频率下就可以获得很小的电流谐波控制。双向 DC – DC 变换器工作在 Buck 状态，采用电压、电流双环控制策略，先恒流充电，当储能器件电压达到设定阈值时转为恒压充电，即涓流充电阶段，恒压充电阶段充电电流降到某个值时，认为储能器件达到饱和停止充电。

充电策略根据电池当前的荷电状态自动选择，充电参数可由用户根据电池厂家提供的技术参数进行修改。

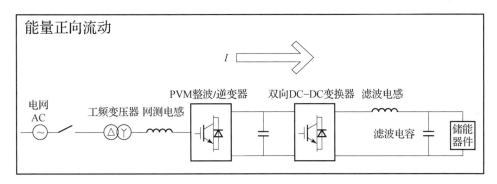

图 5 – 17　充电工作状态

5.2　基于 FPEG 动力学特性的非标准简谐输出电力信号的整流技术研究

对于 FPEG 动力系统来说，其主要作用是把动子承载的动能转化为能够利用的电能，而将发电机发出的幅值和频率变化不稳定的电能转化为可利用的稳定的电能及电能的储存，这也是在设计 FPEG 系统中需要解决的一个非常重要的问题。在所受合力的作用下，永磁直线发电机的动子往复直线运动，定子绕组产生三相幅值和频率变化的电能，不能直接应用于负载。因此需将三相电压整流转换为直流电，再通过 DC/DC 变换电路进行调节将电压值变化的直流电转化为可以利用的恒定的直流电。

5.2.1　FPEG 非标准简谐输出电力信号的不可控整流研究

直线发电机输出的三相电经过整流桥整流后与负载相连接，就构成直线发电机的不可控整流电路，如图 5 – 18 所示。

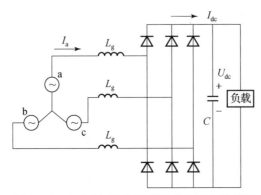

图 5 - 18　三相桥式不可控整流发电机电路模型

　　三相交流电经过不可控整流后变为直流电，但电压不能调节和控制。由于交流回路中总有一定的等值电感，即使不采用直流滤波电感也能获得较好的整流特性，若再匹配合适的电容就可以获得很好的稳压特性。但是直线发电机由于瞬时转速波动太大，比起恒速发电机来说，其不可控整流特性要差很多，如图 5 - 19 所示。

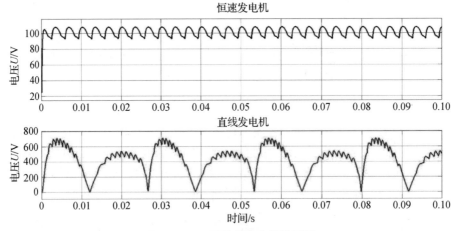

图 5 - 19　不可控整流电压波形图

5.2.2　FPEG 非标准简谐输出电力信号的可控整流研究

（1）基于 SVPWM 的可控整流技术研究

　　永磁同步直线电机定子输出端感应出的单相电压和三相电压如图 5 - 20 所示。从图中可以看出，永磁同步直线电机单相输出电压的幅值和频率都是随时间不断变化的，这是由于在直线电机的动子运动过程中，当动子运动到平衡位置时，动子的运动速度达到最大值，而后当动子由平衡位置向左或向右运动到其行程的内外止点时，动子的运动速度不断减小，直至运动到内外止点，动子的运动速度变为零。因此，当永磁同步直线电机的动子运动到平衡位置附近时，此时定子与动子的相对运动速度大，定子中的线圈切割动子上永磁体的磁力线，从而会在定子线圈中感应出幅值大、频率高的输出电压；当永磁同步直线电机的动子运动到上下两端时，此时定子与动子的相对运动速度小，从而会在定子线圈中感应出幅值小、频率低的输出电压。

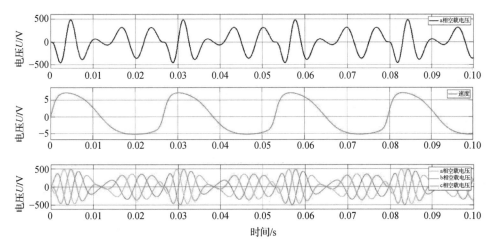

图 5 – 20　不可控整流电压波形图

如图 5 – 20 所示，定子绕组输出端感应出的三相电压在任一时刻仍是对称的。其次，从图中可以看出，当永磁同步直线电机动子正向运动时，此时三相电压的相序为 a 相电压超前 b 相电压，b 相电压超前 c 相电压；当永磁同步直线电机动子负向运动时，此时三相电压的相序为 c 相电压超前 b 相电压，b 相电压超前 a 相电压。这是由直线电机的结构特性所造成的，当直线电机的动子做上下往复运动时，动子与定子的相对运动方向也会发生变化，从而使直线电机的三相输出电压的相序发生了改变。三相输出电压相序的变化，即 abc 三相电压的超前与滞后发生了变化，从而导致 abc 三相电压的电角度也会发生改变。因此，在实际的硬件控制电路的处理过程中，需要准确地判断出直线电机动子的运动方向，从而得到正确的电角度，才可以对 FPEG 系统的电能处理进行有效的控制。

动子运动方向的变化会导致永磁直线电机输出电压的相序发生改变，三相电压的电角度超前和滞后也会发生相应的变化，同时定子端感应电压和相应的电流也都会反向。因此，需要分别考虑永磁同步直线电机动子在不同运动方向下在 *abc* 参考坐标系下的数学模型。假设当永磁同步直线电机动子运动方向向右运动时 $v > 0$，反向向左运动时 $v < 0$。

1）当 $v > 0$ 时

当永磁同步直线电机动子运动方向向右运动时 $v > 0$，永磁同步直线电机在 *abc* 参考坐标系下的定子磁链方程为

$$\boldsymbol{\psi}_s = -\boldsymbol{L}i_{abc} + \boldsymbol{\psi}_{PM\_abc} \qquad (5-39)$$

式中，$\boldsymbol{\psi}_s$ 为三相定子磁链，$\boldsymbol{\psi}_s = [\psi_a, \psi_b, \psi_c]^T$；$i_{abc}$ 为三相定子电流 $i_{abc} = [i_a, i_b, i_c]^T$；$\boldsymbol{L}$ 为电感矩阵；$\boldsymbol{\psi}_{PM\_abc}$ 为永磁体在定子回路中的磁链。$\boldsymbol{L}$ 和 $\boldsymbol{\psi}_{PM\_abc}$ 表示如下：

$$\boldsymbol{L} = \begin{bmatrix} L_{ss} & M_{ab} & M_{ac} \\ M_{ba} & L_{ss} & M_{bc} \\ M_{ca} & M_{cb} & L_{ss} \end{bmatrix}$$

$$\boldsymbol{\psi}_{PM\_abc} = \begin{bmatrix} \psi_{PM}\sin\left(\dfrac{\pi x}{\lambda}\right) \\ \psi_{PM}\sin\left(\dfrac{\pi x}{\lambda} - \dfrac{2\pi}{3}\right) \\ \psi_{PM}\sin\left(\dfrac{\pi x}{\lambda} + \dfrac{2\pi}{3}\right) \end{bmatrix} \qquad (5-40)$$

式中，L_{ss} 为每相绕组的自感；M_{ab}、M_{bc}、M_{ca} 分别为定子绕组中两相绕组间的互感；λ 为直线电机的极距；ψ_{PM} 为永磁体的磁链。因此，永磁同步直线电机在 *abc* 参考坐标系下的定子端电压方程为

$$u_{s\_abc} = -Ri_{abc} + \frac{d\boldsymbol{\psi}_s}{dt} \qquad (5-41)$$

式中，L_{s_abc} 为定子三相端电压；R 为定子三相线圈电阻。

结合式（5-39）和式（5-41），定子端电压方程为

$$u_{s\_abc} = -Ri_{abc} + \frac{d(-\boldsymbol{L}i_{abc} + \boldsymbol{\psi}_{PM\_abc})}{dt} \qquad (5-42)$$

2）当 $v < 0$ 时

当永磁同步直线电机动子运动方向反向向左运动时 $v < 0$，由于动子的运动方向反向，因此定子端感应电压和相应的电流也都会反向，而永磁体磁链的方向保持不变，则此时在 *abc* 参考坐标系下的定子磁链方程为

$$\boldsymbol{\psi}_{\mathrm{s}} = \boldsymbol{L}\boldsymbol{i}_{\mathrm{abc}} + \boldsymbol{\psi}_{\mathrm{PM\_abc}} \tag{5-43}$$

结合式（5-41）和式（5-43），定子端电压方程为

$$u_{\mathrm{s\_abc}} = -R\boldsymbol{i}_{\mathrm{abc}} + \frac{\mathrm{d}(\boldsymbol{L}\boldsymbol{i}_{\mathrm{abc}} + \boldsymbol{\psi}_{\mathrm{PM\_abc}})}{\mathrm{d}t} \tag{5-44}$$

为了便于 FPEG 系统的分析和控制器设计，需要得到 dq 坐标系下的永磁同步直线发电机的数学模型。

1）当 $v > 0$ 时

结合坐标变化矩阵，可得到永磁同步直线发电机在 dq 坐标系下的定子端电压方程为

$$\begin{cases} u_{\mathrm{d}} = -Ri_{\mathrm{d}} + \omega L_{\mathrm{s}}i_{\mathrm{q}} - L_{\mathrm{s}}\dfrac{\mathrm{d}i_{\mathrm{d}}}{\mathrm{d}t} \\[3mm] u_{\mathrm{q}} = -Ri_{\mathrm{q}} - \omega L_{\mathrm{s}}i_{\mathrm{d}} - L_{\mathrm{s}}\dfrac{\mathrm{d}i_{\mathrm{q}}}{\mathrm{d}t} + \omega\psi_{\mathrm{PM}} \end{cases} \tag{5-45}$$

式中，u_{d} 和 u_{q} 分别为永磁直线电机 d 轴和 q 轴电压；i_{d} 和 i_{q} 分别为永磁直线电机定子绕组 d 轴和 q 轴电流；L_{s} 为同步电感；M 为绕组间的互感；$L_{\mathrm{s}} = L_{\mathrm{ss}} - M$；$\omega$ 为定子角速度，$\omega = \pi v/\lambda$。

2）当 $v < 0$ 时

结合坐标变化矩阵，可得到永磁同步直线发电机在 dq 坐标系下的定子端电压方程为

$$\begin{cases} u_{\mathrm{d}} = -Ri_{\mathrm{d}} - \omega L_{\mathrm{s}}i_{\mathrm{q}} + L_{\mathrm{s}}\dfrac{\mathrm{d}i_{\mathrm{d}}}{\mathrm{d}t} \\[3mm] u_{\mathrm{q}} = -Ri_{\mathrm{q}} + \omega L_{\mathrm{s}}i_{\mathrm{d}} + L_{\mathrm{s}}\dfrac{\mathrm{d}i_{\mathrm{q}}}{\mathrm{d}t} + \omega\psi_{\mathrm{PM}} \end{cases} \tag{5-46}$$

将式（5-45）和式（5-46）写成统一格式，可得

$$\begin{cases} L_{\mathrm{s}}\dfrac{\omega}{|\omega|}\dfrac{\mathrm{d}i_{\mathrm{d}}}{\mathrm{d}t} = -Ri_{\mathrm{d}} + |\omega|L_{\mathrm{s}}i_{\mathrm{q}} - u_{\mathrm{d}} \\[3mm] L_{\mathrm{s}}\dfrac{\omega}{|\omega|}\dfrac{\mathrm{d}i_{\mathrm{q}}}{\mathrm{d}t} = -Ri_{\mathrm{q}} - |\omega|L_{\mathrm{s}}i_{\mathrm{d}} - u_{\mathrm{q}} + \omega\psi_{\mathrm{PM}} \end{cases} \tag{5-47}$$

因此，可以得到永磁同步直线电机的等效电路如图 5-21 所示。

当一定功率的外力作用在永磁同步直线电机动子上时，根据能量守恒的原则，再由坐标系变化功率不变，则该过程可以表示为

$$P = \frac{3}{2}(u_{\mathrm{d}}i_{\mathrm{d}} + u_{\mathrm{q}}i_{\mathrm{q}}) \tag{5-48}$$

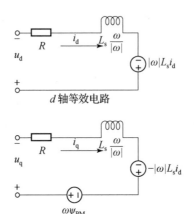

图 5 - 21 永磁同步直线电机等效电路

将式（5-47）代入式（5-48），可得到

$$P = \frac{3}{2}\left[R(i_d^2 + i_q^2) + \left(i_d \frac{d\psi_d}{dt} + i_q \frac{d\psi_q}{dt} \right) + \omega(\psi_d i_q - \psi_q i_d) \right] \quad (5-49)$$

则电磁功率为

$$P_e = \frac{3}{2}\omega(\psi_d i_q - \psi_q i_d) \quad (5-50)$$

电磁功率与电磁推力的关系为

$$F_e = \frac{P_e}{v} \quad (5-51)$$

式中，ω 为直线电机动子做直线运动的速度折算后的旋转角速度；λ 是直线电机的极距；p 为极对数。结合电机的磁链方程可以得到直线电机的电磁推力方程为

$$F_e = \frac{3\pi}{2\lambda}(\psi_d i_q - \psi_q i_d) \quad (5-52)$$

取 $i_d = 0$，此时得到的电磁推力的数学模型为

$$F_e = \frac{3\pi}{2\lambda}\psi_d i_q \quad (5-53)$$

根据式（5-47）可以看出，i_d 与 i_q 之间是相互耦合的，控制器设计麻烦。通过解耦控制，能够实现两者控制器的独立设计。对于控制器采用 PI 控制的电路，解耦控制方程为

$$\begin{cases} u_d^* = -\left(K_{dp} + \dfrac{K_{di}}{s} \right)(i_{d\_ref} - i_d) + |\omega| L_s i_q + e_d - R i_d \\[2mm] u_q^* = -\left(K_{qp} + \dfrac{K_{qi}}{s} \right)(i_{q\_ref} - i_q) - |\omega| L_s i_d + e_q - R i_q \end{cases} \quad (5-54)$$

系统的三相 VSR 电流环解耦控制结构如图 5 – 22 所示。

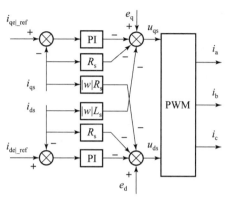

图 5 – 22　三相 VSR 电流环解耦控制结构

将从直线电机输出端采集到的电流检测值 i_a、i_b、i_c 经过 abc/dq 由坐标变换转换为同步旋转 dq 坐标系下的直流量 i_d 和 i_q，再将其与给定的 dq 轴参考电流进行比较，并通过 PI 控制器和解耦控制对 dq 轴电流实现跟踪控制，再将得到的输出信号经由 $dq/\alpha\beta$ 逆变换后，送入空间矢量脉宽调制中，从而得到全控整流桥的开关驱动，从而实现直线电机输出的全控整流。

（2）基于滞环的可控整流技术研究

矢量控制技术是借鉴直流电机电枢电流和励磁电流相互垂直、没有耦合以及可以独立控制的思路，以坐标变换理论为基础，通过对电机定子电流在同步旋转坐标系中大小和方向的控制，达到对直轴和交轴分量的解耦目的，从而实现磁场和转矩的解耦控制，使交流电机具有类似直流电机的控制性能。矢量控制的出现对电机控制有重大的研究意义，使得电机控制技术迈进了一个新的发展时代。后来研究人员把矢量控制引入三相 PMSM 中，并发现由于没有异步电机转差率的问题，三相 PMSM 的矢量控制实现起来更加方便。对于三相 PMSM 矢量控制技术而言，通常包括转速控制环、电流控制环和 PWM 控制算法三个主要部分。其中，转速控制环的作用是控制电机的转速，使其能够达到既能调速又能稳速的目的；而电流控制环的作用在于加快系统的动态调节过程，使得电机定子电流更好地接近给定的电流矢量。对于电压源逆变器供电的控制系统，电流环的控制可以简单地分为静止坐标系下的电流控制以及同步旋转坐标系下的电流控制。对于旋转坐标系下的电流控制，目前常用的是滞环电流控制和 PI 电流控制等。

在发电机整流器中，滞环电流控制提供了一种控制瞬态电流输出的方法。其基本思想是将电流给定信号与检测到的整流器实际输出电流信号相比较，若实际电流值大于给定值，则通过改变整流器的开关状态使之减小，反之增大。这样，实际电流围绕给定电流波形作锯齿状变化，并将偏差限制在一定范围内。因此，采用滞环电流控制的整流器系统包括外控制环和一个采用滞环控制（Bang - Bang 控制）的电流闭环，这将加快动态调节和抑制环内扰动，而且这种电流控制方法简单，且不依赖于电机参数，鲁棒性好。其缺点在于，整流器的开关频率随着电机运行状况的不同而发生变化，其变化范围非常大，运行不规则，输出电流波形脉动较大，并且这些变化都会带来噪声。虽然可以利用引入频率锁定环节或改用同步开关型的数字实现方法来克服上述缺点，但是实现起来比较复杂。实际上，因为三相之间的相互联系，电流的纹波值可以达到两倍的滞环大小。在实际实现中采用如图 5 - 23 所示的控制结构。以其中 a 相为例说明其工作原理：当反馈电流 i_a 的瞬时值与给定电流 i_a^* 之差达到滞环的上限值时，即 $i_{abc} < HB/2$ 时，HB 为滞环宽度，整流器 a 相上桥臂的开关器件关断，下桥臂的开关器件导通，发电机接负载，电流上升；相反，与之控制思路相反，达到 i_a 跟踪 i_a^* 的目的，理论上可以将偏差控制在滞环范围之内。

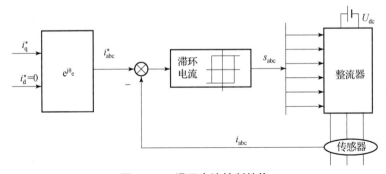

图 5 - 23　滞环电流控制结构

5.3　FPEG 输出电能存储及含储能装置的 FPEG 应用系统能量综合管理技术研究

5.3.1　电池特性建模

电池模型用于描述电池的影响因素与电池的工作特性之间的关系，对于能量管理的研发具有重要意义。电池在工作过程中，其外部特性会表现出阻容特性，根据这一特性，电池的等效电路模型可以采用电阻、电容以及恒压源等电路元件来模拟。下面针对几种典型的电池等效电路模型进行分析。

（1）Rint 模型

Rint 模型是最简单的电池等效电路模型，其原理是将电池等效为理想电压源 E 与电阻 r 的串联，如图 5-24 所示，U 为锂电池的端电压。在电池工作过程中，电压源 E 和电阻 r 都不是常量，它们受电池 SOC、环境温度、充放电倍率等因素影响，而电压源 E 受电池 SOC 影响较大，且两者存在一定的函数对应关系，而电阻 r 可根据以下公式计算：

$$r = \frac{U_{oc} - U}{I} \tag{5-55}$$

式中，I 为当前的工作电流。

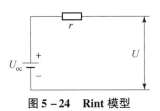

图 5-24　Rint 模型

动态方程为

$$U(t) = -ri(t) + U_{oc}(t) \tag{5-56}$$

Rint 模型的电路简单，参数少且易确定，但不能准确模拟电池的工作特性，所以 Rint 模型不适合在复杂工况下应用。

（2）二阶 RC 电路模型

电容的基本电路原理：

$$C = \frac{Q}{U} \tag{5-57}$$

式中，C 为电容量；Q 为电容间的电荷量；U 为电容间的电压。

电荷量与电流的关系：

$$Q = \int i dt \tag{5-58}$$

图 5-25 中，U_{oc} 表示开路电压，U 为锂电池的端电压，I 为工作电流（充电为负，放电为正）。选取锂电池放电时电流方向为正向。R_3 为直流内阻，R_1、C_1 和 R_2、C_2 分别描述电池内部极化效应和扩散效应。由于锂电池在充放电过程中的电化学反应十分复杂，要准确清楚地描述比较困难，因而大致将电池内部锂离子的运动分为极化运动和扩散运动。

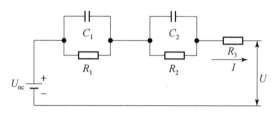

图 5 - 25 二阶 RC 电路等效模型

根据电路原理建立电池模型，如图 5 - 26 所示。

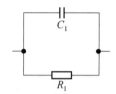

图 5 - 26 二阶 RC 电路分支模型

先以这段分析，该并联电路上的电压为 U_1，干路电流为 I。

$$\int i_{C1} \mathrm{d}t = Q_1 = C_1 U_1, \quad i_{R1} = \frac{U_1}{R_1}, \quad I = i_{C1} + i_{R1} \tag{5-59}$$

所以该段电路的状态方程为

$$\dot{U}_1(t) = -\frac{1}{R_1 C_1} U_1(t) + \frac{1}{C_1} i(t) \tag{5-60}$$

因此，基于二阶 RC 电路的锂电池的系统状态方程如下：

$$\dot{U}_1(t) = -\frac{1}{R_1 C_1} U_1(t) + \frac{1}{C_1} i(t)$$
$$\dot{U}_2(t) = -\frac{1}{R_2 C_2} U_2(t) + \frac{1}{C_2} i(t) \tag{5-61}$$

输出方程为 $\quad U(t) = U_{oc}(t) - U_1(t) - U_2(t) - i(t) R_3 \tag{5-62}$

即

$$\begin{bmatrix} \dot{U}_1(t) \\ \dot{U}_2(t) \end{bmatrix} = \begin{bmatrix} -\dfrac{1}{R_1 C_1} & 0 \\ 0 & -\dfrac{1}{R_2 C_2} \end{bmatrix} \begin{bmatrix} U_1(t) \\ U_2(t) \end{bmatrix} + \begin{bmatrix} \dfrac{1}{C_1} \\ \dfrac{1}{C_2} \end{bmatrix} i(t) \tag{5-63}$$

$$U(t) = \begin{bmatrix} -1 & -1 \end{bmatrix} \begin{bmatrix} U_1(t) \\ U_2(t) \end{bmatrix} + U_{oc}(t) - i(t) R_3$$

安时（Ah）法又称为电流积分法，是一种测量 SOC 的基本方法。设电池剩

余电量初始值 SOC_0，那么经过一段时间 t 充电或放电后 SOC 为

$$SOC = SOC_0 - \frac{1}{Q_0}\int_0^t i(t)\,\mathrm{d}t \qquad (5-64)$$

式中，Q_0 是电池的额定容量；$i(t)$ 是电池充电或放电电流。

（3）Thevenin 模型

Thevenin 模型是根据戴维南定理（Thevenin Theorem）提出的模型，任意一个线性的含独立源的二端网络 N 均可等效为一个电压源 U 与一个电阻 r 相串联的支路。其中，U_{oc} 为开路电压，r 为等效电阻。

图 5-27 所示的 Thevenin 模型体现了阻容特性，是最具代表性和通用性的电池模型。模型用 U_{oc} 描述开路电压，r 为欧姆内阻，电容 C 与电阻 R 并联描述电势 U_{RC}。图中 U 为锂电池的端电压，I 为工作电流（充电为负，放电为正）。

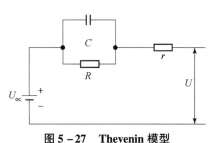

图 5-27　Thevenin 模型

可得以下方程：

$$\begin{cases} U_o(t) = U_{oc}(t) - i(t)r - U_{RC}(t) \\ \dot{U}_{RC}(t) = -\dfrac{1}{RC}U(t) + \dfrac{1}{C}i(t) \end{cases} \qquad (5-65)$$

式中，U_{RC} 为极化电容 C 的端电压；I 为工作电流（充电为负，放电为正）。

（4）PNGV 模型

模型中 U_{oc} 为开路电压，r 为欧姆内阻，R 为极化内阻，C 为极化电容；电容 C_{pb} 描述负载电流随时间累计使 U_{oc} 发生变化；U 为锂电池的端电压，I 为工作电流（充电为负，放电为正）。

动态方程表述为

$$\begin{bmatrix} \dot{U}_{pb}(t) \\ \dot{U}_{RC}(t) \end{bmatrix} = \begin{bmatrix} 0 & 0 \\ 0 & -\dfrac{1}{CR} \end{bmatrix}\begin{bmatrix} U_{pb}(t) \\ U_{RC}(t) \end{bmatrix} + \begin{bmatrix} \dfrac{1}{C_{pb}} \\ \dfrac{1}{C_p} \end{bmatrix}i(t) \qquad (5-66)$$

$$U(t) = \begin{bmatrix} -1 & -1 \end{bmatrix}\begin{bmatrix} U_{pb}(t) \\ U_{RC}(t) \end{bmatrix} - ri(t) + U_{oc}(t)$$

Thevenin 模型结构相对简单，各元件具有明确的物理意义，可较准确地描述电池的工作特性，但存在的不足之处是将电池的开路电压 U_{oc} 视为固定值，而在实际工作过程中，电池的开路电压 U_{oc} 会发生变化。基于这个因素，可在 Thevenin 模型

中串联一个电容 C_{pb}，如图 5 – 28 所示，这就是 2001 年《PNGV 电池实验手册》中的标准电池模型，用来描述电池的开路电压随负载电流的时间累积而产生的变化。

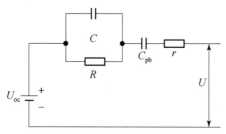

图 5 – 28　PNGV 模型电路结构

（5）GNL 模型

电动汽车动力电池（包括铅酸电池、镍氢电池和锂电池）的极化都可分为欧姆极化、电化学极化和浓差极化，与之对应，电池内阻可分为欧姆内阻、电化学极化内阻和浓差极化内阻。清华大学针对不同类型提出 GNL 模型，如图 5 – 29 所示。该模型对不同内阻建模，同时把自放电因素考虑到模型中。U_{oc} 表示开路电压；C_{pb} 描述由于放电或充电引起的 U_{oc} 变化，r 为欧姆内阻，R_1 为电化学极化内阻，C_1 为电化学极化电容，R_1 和 C_1 构成的电路网络模拟电池的电化学极化；R_2 为浓差极化内阻，C_2 为浓差极化电容，R_2 和 C_2 构成的电路网络模拟电池的电化学极化；R_3 为自放电电阻；U 为锂电池的端电压，I 为工作电流（充电为负，放电为正）。

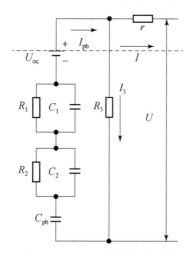

图 5 – 29　GNL 模型电路结构

根据基尔霍夫电压定律和电流定律可以建立上述等效电路模型中各电路元件参数的数学关系。因为

$$I_{pb} = I - I_3, I_3 = \frac{U_{oc} - U_1 - U_2 - U_{pb}}{R_3}, C_{pb}\dot{U}_{pb} = I_{pb}, I_{pb} - \frac{U_1}{R_1} = C_1\dot{U}_1, I_{pb} - \frac{U_2}{R_2} = C_2\dot{U}_2$$

$$(5-67)$$

以 GNL 模型中各电容两端电压 U_1、U_2 和 U_{pb} 为状态，建立 GNL 模型的状态方程如下：

$$
\begin{bmatrix} \dot{U}_{pb}(t) \\ \dot{U}_1(t) \\ \dot{U}_2(t) \end{bmatrix} =
$$

$$
\begin{bmatrix} -\dfrac{1}{C_{pb}R_3} & -\dfrac{1}{C_{pb}R_3} & -\dfrac{1}{C_{pb}R_3} \\[2mm] -\dfrac{1}{C_1R_3} & -\left(\dfrac{1}{C_1R_3}+\dfrac{1}{C_1R_1}\right) & -\dfrac{1}{C_1R_3} \\[2mm] -\dfrac{1}{C_2R_3} & -\dfrac{1}{C_2R_3} & -\left(\dfrac{1}{C_2R_3}+\dfrac{1}{C_2R_2}\right) \end{bmatrix}
\begin{bmatrix} U_{pb}(t) \\ U_1(t) \\ U_2(t) \end{bmatrix} +
\begin{bmatrix} \dfrac{1}{C_{pb}} \\[2mm] \dfrac{1}{C_1} \\[2mm] \dfrac{1}{C_2} \end{bmatrix} i(t) +
\begin{bmatrix} \dfrac{1}{C_{pb}R_3} \\[2mm] \dfrac{1}{C_1R_1} \\[2mm] \dfrac{1}{C_2R_2} \end{bmatrix} U_{oc}(t)
$$

$$(5-68)$$

$$U(t) = \begin{bmatrix} -1 & -1 & -1 \end{bmatrix} \begin{bmatrix} U_{pb}(t) \\ U_1(t) \\ U_2(t) \end{bmatrix} - ri(t) + U_{oc}(t) \qquad (5-69)$$

（6）CR 模型

由于 GNL 模型、PNGV 模型和 Thevenin 模型都以电容电阻网络为电路模型的组成部分，这里从 GNL 模型衍化出图 5 – 30 所示的电池模型。该模型能够从电容特性角度描述电池的极化特性，所以将其命名为容阻模型（capacitive resistance model，CRM）。

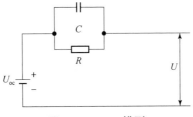

图 5 – 30　CR 模型

$$U_o(t) = U_{oc}(t) - U_{RC}(t);$$

$$\dot{U}_{RC}(t) = -\frac{1}{RC}U(t) + \frac{1}{C}i(t) \qquad (5-70)$$

比较 GNL 模型、PNGV 模型、Thevenin 模型、CR 模型和 Rint 模型的电路结构可以发现，将 GNL 模型中电化学极化电路和浓差极化电路合并，忽略自放电的影响，不考虑过充电过程，即得到 PNGV 模型；剔除 PNGV 模型中的电容 C_{pb}，不考虑负载电流的时间累计产生的开路电压的变化，则得到 Thevenin 模型；剔除 Thevenin 模型中的欧姆内阻，则得到 CR 模型；剔除 Thevenin 模型中的极化电路，只考虑电池的欧姆极化，则得到 Rint 模型。所以 GNL 模型是 PNGV 模型、Thevenin 模型和 Rint 模型的归纳与发展，CR 模型、Rint 模型可以看成是 PNGV 模型、GNL 模型和 Thevenin 模型的基本组成部分。

（7）$n-RC$ 模型基于动力电池管理系统的应用特性，以阻容为核心的集中参数式的等效电路模型在结构和精度方面相比其他类型的电池模型更具优势。图 5-31 所示为典型的由 n 个 RC 网络结构组成的动力电池等效电路模型，简称 $n-RC$ 模型。该模型由三部分组成：

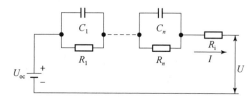

图 5-31　$n-RC$ 动力电池等效电路模型的结构框图

①电压源：使用开路电压表示动力电池的开路电压。

②欧姆内阻：使用 R_i 表示动力电池电极材料、电解液、隔膜电阻及各部分零件的接触电阻。

③RC 网络：通过极化内阻 R_i 和极化电容 C_i 来描述动力电池的动态特性，包括极化特性和扩散效应等，其中 $i=0,1,2,\cdots,n$。

由基尔霍夫定律可得到动力电池的输出电压与输入电流的动态方程：

$$
\begin{bmatrix} \dot{U}_1(t) \\ \dot{U}_2(t) \\ \vdots \\ \dot{U}_n(t) \end{bmatrix} = \begin{bmatrix} -\dfrac{1}{R_1 C_1} & 0 & \cdots & 0 \\ 0 & -\dfrac{1}{R_2 C_2} & \cdots & 0 \\ \vdots & \vdots & \vdots & \vdots \\ 0 & 0 & 0 & -\dfrac{1}{R_n C_n} \end{bmatrix} \begin{bmatrix} U_1(t) \\ U_2(t) \\ \vdots \\ U_n(t) \end{bmatrix} + \begin{bmatrix} \dfrac{1}{C_1} \\ \dfrac{1}{C_2} \\ \vdots \\ \dfrac{1}{C_n} \end{bmatrix} i(t) \tag{5-71}
$$

$$
U(t) = \begin{bmatrix} -1 & -1 & \cdots & -1 \end{bmatrix} \begin{bmatrix} U_1(t) \\ U_2(t) \\ \vdots \\ U_n(t) \end{bmatrix} + U_{oc}(t) - i(t) R_i
$$

拉普拉斯变换可得到动力电池的输出电压与输入电流的数学关系为

$$U(s) = U_{oc}(s) - i(s)\left(R_i + \frac{R_1}{1 + R_1 C_1 s} + \cdots + \frac{R_n}{1 + R_n C_n s}\right)(n = 0, 1, 2 \cdots)$$

$$(5-72)$$

则该模型的传递函数为

$$G(s) = \frac{U(s) - U_{oc}(s)}{i(s)} = -\left(R_i + \frac{R_1}{1 + R_1 C_1 s} + \cdots + \frac{R_n}{1 + R_n C_n s}\right)(n = 0, 1, 2 \cdots)$$

$$(5-73)$$

5.3.2 超级电容特性研究

由图 5 – 32 超级电容一阶模型可见，电阻有等效串联电阻（ESR）和等效并联电阻（EPR）。其中，ESR 一般很小，EPR 一般很大。

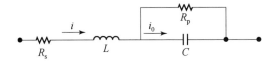

图 5 – 32 超级电容一阶模型

其中 R_s 为等效串联内阻，是超级电容充放电过程中能量损失的主要来源；L 为等效电感，一般由电容的物理结构决定，在低频应用时可以忽略；C 为等效电容，表示电容的容量；R_p 为漏电电阻，表征超级电容的自放电损失。

$$\begin{cases} i = i_0 + \dfrac{1}{R_p C} \displaystyle\int i_0 \mathrm{d}t \\[2mm] u = i R_s + \dfrac{1}{C} \displaystyle\int i_0 \mathrm{d}t \end{cases}$$

$$(5-74)$$

实际上 C 是随着超级电容两端电压变化的，可以拟合为如下公式：

$$C = au + b \qquad (5-75)$$

5.3.3 充放电研究

由于发电机额定功率为 30 kW，此次驱动电机的额定功率定为 30 kW，电池端电压在 330 V 左右，续驶里程为 50 km，平均速度为 40 km/h。所以电池组额定容量为 112 A·h。选用 112 A·h、3.6 V 左右的锂电池。

经过计算，并联需要 12 节电池，串联需要 92 节电池，总共需要 $92 \times 12 =$ 1 104 节电池。

此次仿真先把它看成一个大型电池组，使用 Simulink 的电池模型。

（1）充电电路设计原则

主要分三步完成。

第一步：判断电压 < 300 V，要先进行预充电，0.05 C 电流；

第二步：判断 300 V < 电压 < 420 V，恒流充电，0.2 ~ 1 C 电流；

第三步：判断电压 > 420 V，恒压充电，电压为 420 V，电流随电压的增加而减少，直到充满。

充电开始时，应先检测待充电电池的电压，如果电压低于 3 V，要先进行预充电，充电电流为设定电流的 1/10，一般选 0.05 C 左右。电压升到 300 V 后，进入标准充电过程。标准充电过程：设定电流进行恒流充电，电池电压升到 420 V 时，改为恒压充电，保持充电电压为 420 V。此时，充电电流逐渐下降，当电流下降至设定充电电流的 1/10 时，充电结束。

一般锂电池充电电流设定在 0.2 ~ 1 C 之间，电流越大，充电越快，同时电池发热也越大。而且，过大的电流充电，容量不够满，因为电池内部的电化学反应需要时间。就跟倒啤酒一样，倒太快的话会产生泡沫，反而不满。

术语解释：充放电电流一般用 C 作参照，C 是对应电池容量的数值。电池容量一般用 A·h、mA·h 表示，如 M8 的电池容量为 1 200 mA·h，对应的 C 就是 1 200 mA。0.2 C 就等于 240 mA。

图 5 - 33 所示为锂电池典型充电曲线图。

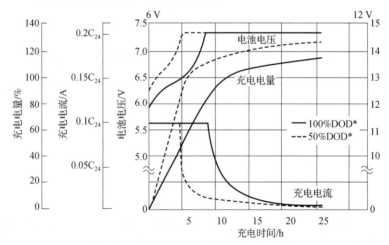

图 5 - 33　锂电池典型充电曲线图

（2）充放电模块设计指标

充放电电路设计标准如表 5 – 5 所示。

表 5 – 5　充放电电路设计标准

充放电模块设计指标	恒流充电、恒压充电工作方式
	恒流放电工作方式
	过流、过压、欠压保护及报警
	充电输入端电压：~500 V/50 Hz
	开关频率：≥10 kHz（频率越快，可确保小电感和小电容，可使输出值稳定，但频率过高，开关管的损耗也会上升）
	充放电电压：100 ~ 400 V 连续线性可调
	恒流充电电流：1 ~ 10 A 连续线性可调 恒流放电电流：1 ~ 10 A 连续线性可调
	充电效率：≥85% 放电效率：≥80%
	电压纹波系数 < 0.005 电流纹波系数 < 0.005
	电压控制精度：±0.1% FS 电流控制精度：±0.1% FS

5.3.4　FPEG 应用系统能量综合管理技术研究

直线发电机侧 AC – DC 变换器用于控制直线电机的电磁阻力/转速（本项目的是使内燃机工作在最高效率点），没有单元能够控制直流母线电压，那么当内燃机发出功率和发电机输出功率不匹配时，直流母线电压就会不稳定。这是引入超级电容和动力电池混合储能系统的原因，主要是为了实现内燃机发出功率与发电机输出功率匹配，利用超级电容功率密度大的特点，来弥补内燃机发出功率与发电机输出功率的差值，实现自由活塞内燃直线发电机稳定运行，而混合储能系统的 DC – DC 变换器的作用是控制直流母线电压。此外由于自由活塞直线内燃发电机处于稳定工作状态时，也会存在微小的功率波动，为了保持稳定，在允许功率范围内，充放电占空比按照一定的顺序进行开闭，来吸收功率波动。当超出功率范围时，充放电占空比按照控制策略改变，如图 5 – 34 所示。

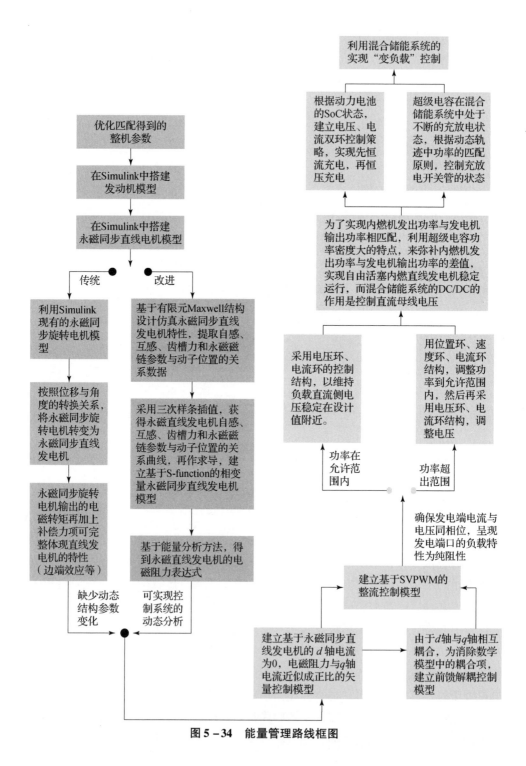

图 5-34　能量管理路线框图

5.4　FPEG 电源集成优化与电力综合控制技术研究

通过前述章节的探讨可知，目前 FPEG 的控制策略应以稳定性为主，暂不考虑效率最大化的控制。其中压缩比的循环变动要大于其他值，且缸压测试代价昂贵，其他测试量如温度和质量无法满足实时性要求，因此选择压缩比作为控制目标的方法最佳。结合前述章节电机推力的表达式，以及变负载控制策略，在数值模型中调节 $F_{电机} = k_{负载} \times v$ 的 $k_{负载}$ 项实现电机推力调控，进而维持 FPEG 系统的稳定性，然后以数值仿真中调控得到的黏滞阻尼形式的电机推力数值作为电机控制器中的输入参考目标量，接着电气系统内基于调控电压的方法实现电流环的控制。图 5 – 35 所示为基于压缩比实现电机推力调控控制策略，主要以系数作为调控因子实现对 $k_{负载}$ 的改变，进而实现对系统的功率流的分配，最后达到稳态压缩比性能参数量。

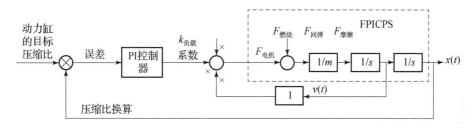

图 5 – 35　基于压缩比的电机推力控制策略

此方法还可实现在一定的压缩比下，稳定的输入能量与输出能量的负载系数匹配设计，也可表述为一定的输入能量下，目标压缩比与输出能量的负载系数匹配关系。图 5 – 36 所示为在给定不同的压缩比目标下，电机推力调控系数相对应的动态变化，可看出系统最终在目标压缩比下稳定工作。从压缩比响应可看出，系统基本上要经历上下两次大振荡后才能稳定，说明系统在稳定的燃烧能量输入下是一个二阶振荡系统，但同时也观察到系统最终的压缩比还是有上下轻微的浮动，这主要是因为回弹缸与动力缸在数值模型中是一个开口系统，仍有漏气的扰动存在，但此变化对系统的稳定性未有太大影响。

该控制策略在稳定的燃烧输入能量下有较好的控制效果，也可说明假如输入能量波动是恒波动，其控制也可起到一定的调控作用。但针对输入能量每个循环的随机正负波动而言，其调控并无明显改善，反而增加了系统的不稳定度，如图 5 – 37 所示。

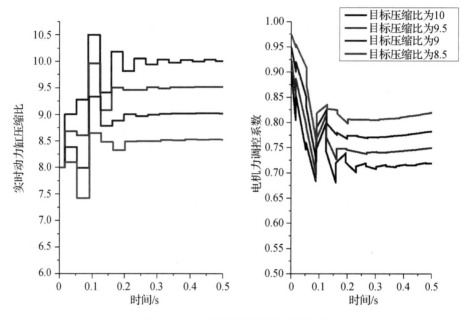

图 5 – 36 压缩比调控效果（附彩图）

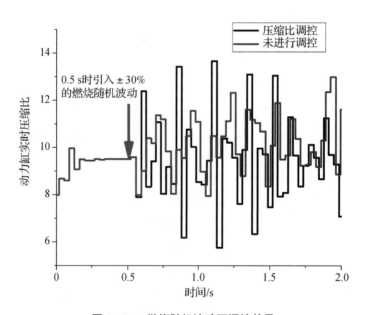

图 5 – 37 燃烧随机波动下调控效果

经过上述讨论，发现在每个循环随机正负扰动下，压缩比的控制并不能提高系统的稳定性，归结于在恒定的扰动下，调控需要一定的周期。假如扰动也随运动的循环周期随机地引入，那么调控过程将耦合在一起，无法单纯地通过压缩比变化反映系统进入稳定阶段的哪一层次，这是因为系统是一个二阶系统，调控过程需要经历两次上下振荡，倘若此时将每循环输入能量的正负波动耦合进去，将无法用压缩比来监控系统的稳定度。总而言之，针对每周期的随机正负输入能量波动，应采用单周期内调控的手段，且调控作用不能再影响到下次循环，单周期内要实现调控应引入更多的监控量，以缩短调控周期。因此，最好的控制方式是结合动力缸与回弹缸的压缩比及压缩膨胀冲程的峰值速度进行调控。由于压缩比影响着峰值速度，因此通过压缩比的共振摆式控制器生成矩形峰值速度目标指令，主要调节峰值区域的速度来实现单周期内的调控，如图 5 – 38 所示的压缩比与峰值速度级联式的控制方法。

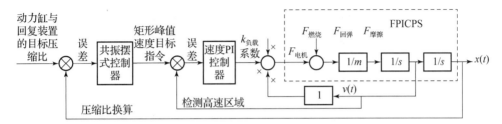

图 5 – 38 压缩比峰值速度的级联控制策略

压缩比的共振摆式控制器原理：矩阵幅值 A 代表膨胀冲程与压缩冲程峰值速度数值的平均值，矩阵偏移 O 代表矩阵中心相对于速度 0 轴偏移量，规定膨胀速度为正值。当回弹缸与动力缸的压缩比超过目标指令，活塞杆系摆动变大，因此需要减小速度幅值指令；反之应增大速度幅值指令。当动力缸的压缩比低于目标指令而回弹缸的目标压缩比不足以抵消燃烧压力，此时应将矩阵偏移指令下移，以此作为矩阵峰值速度的目标指令生成原则，如式：

$$\begin{cases} A = A_0 + K_A \int (E_{CR\_TDC} - E_{CR\_BDC})\, dt \\ O = O_0 + K_O \int (E_{CR\_TDC} - E_{CR\_BDC})\, dt \end{cases} \quad (5-76)$$

速度 PI 控制器的作用阶段为纯压缩与纯膨胀阶段，一方面为了避免对燃烧与气流组织的影响，另一方面纯压缩与纯膨胀阶段属于高速区域。速度 PI 控制器应分两个阶段，主要是为了缩短调控时间，比例环节将会增大，这样会造成超调现象，为了降低此现象发生，一旦出现超调需要更换另一组 PI 控制器，此 PI 控制器的比例环节比例继续增大以抑制超调。级联控制参数如表 5 – 6 所示。

表 5 - 6　级联控制参数

控制器	控制参数	
共振摆式控制器	K_A : 2	K_O : -15
共振摆式控制器初始参数	A_0 : 5.35 m/s	O_0 : 1.15 m/s
速度 PI 控制器	比例系数: 0.1	积分系数: 10
超调速度 PI 控制器	比例系数: 4	积分系数: 10

　　如图 5 - 39 所示，0.5 s 时引入扰动后，未加控制下，回弹缸的压缩比和燃烧输入随机波动的变化方向大部分相同，反映了输入能量增大。直线电机推力不足以使活塞减速致使回弹缸压缩比提升，为了抵消这部分多余能量，电机必须加大转换为电能的比例，从数值模型上来说需要增大电机推力调控系数，反之同理。但是这一调控必须是在单周期内实现的以免耦合叠加，按照级联控制策略虽然调控时间降低，但无法在单周期内实现，如图 5 - 40 所示，压缩比仍有波动，但对比未加控制下，波动范围变小，衡量波动的效果数值如表 5 - 7 所示。

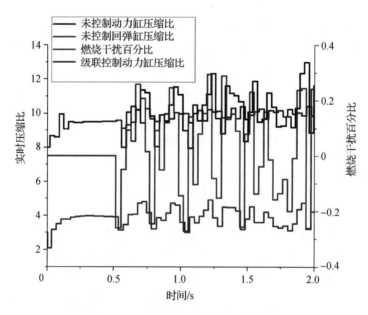

图 5 - 39　级联控制效果图（附彩图）

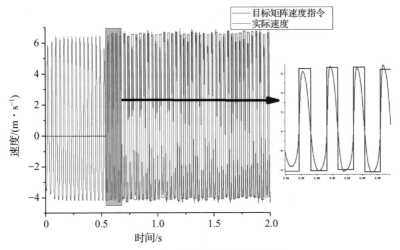

图 5-40　级联控制中速度控制响应

表 5-7　±30% 的燃烧随机干扰下级联控制循环变动评价指标

1/COV	能量波动	能量波动百分比	质量	峰值压力	压缩比	频率
±30% 的燃烧随机干扰	4.21	5.98	112.25	12.55	24.89	40.37

在 ±60% 的燃烧随机干扰下，系统直接失稳，此时的波动若是强行靠电机推力的调控无法抵消，但依靠级联控制可实现系统运行，如图 5-41 所示。

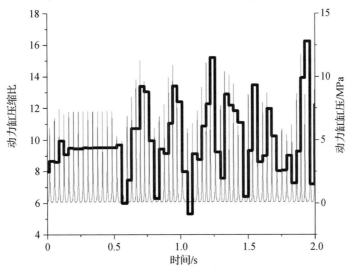

图 5-41　±60% 的燃烧随机干扰下的长期运行效果图

　　综上所述，在数值模型中通过调节电机推力可实现活塞杆系运动规律的改变，同时提升系统的稳定度，证实了上层控制策略的有效性。接下来，应验证上层控制策略输出接口与 PMLSM 系统电流环输入接口的解耦式控制的有效性。

　　以上分析基于电机推力数值模型完成，接下来，融合第 3 章电气系统模型底层控制的封装，以电机推力数值模型的输出作为电气系统的输入参考量，最终计算结果如图 5 - 42 所示，证实因基于电气系统获得的电机推力中谐波成分比例大，导致相较于数值模型来说按电气系统控制得到的等效力学数值特性偏大，因此上层控制策略与底层电流环接口连接时应引入适当的比例因子进行调节，具体应结合试验校核出相应的比例值。

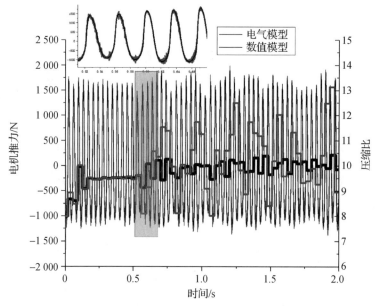

图 5 - 42　电气系统与数值模型计算对比（附彩图）

参 考 文 献

［1］袁雷，胡冰新，魏克银，等 . 现代永磁同步电机控制原理及 MATLAB 仿真［M］. 北京：北京航空航天大学出版社，2016.

［2］克里斯多夫 . D. 瑞恩 . 电池建模与电池管理系统设计［M］. 北京：机械工业出版社，2018.

［3］弗朗索瓦 B，埃尔兹别塔 F. 超级电容器：材料、系统及应用［M］. 张治安，

译. 北京：机械工业出版社, 2014.

［4］叶云岳. 直线电机原理与应用［M］. 北京：机械工业出版社, 2000.

［5］王成元, 夏加宽, 孙宜标. 现代电机控制技术［M］. 北京：机械工业出版社, 2014.

［6］吴礼民. 对置式自由活塞发电机建模理论与关键技术问题研究［D］. 北京：北京理工大学, 2022.

第6章
辅助系统匹配设计

6.1 FPEG 供油子系统设计

供油系统的结构组成，因其用途不同而有所不同，但主要组成部分基本相同，一般由各分支供油系统、油泵及辅助装置、压力调节装置等部分组成。

FPEG 燃料供给主要分为两种形式：汽油供给形式和柴油供给形式。汽油供给形式适用于以汽油为燃料的 FPEG 系统，主要是由喷油系统和点火系统组成。然而汽油供给形式还分为缸内直喷技术和进气道喷射技术，这两种技术代表着燃油提供的方式不同，缸内直喷技术是将汽油通过喷油器直接喷入动力缸内，燃油喷雾的雾化时间短，所以需要小喷孔直径，适应高喷油压力的喷油器，提高喷雾雾化效果；而进气道喷射技术，是将燃油喷雾喷入进气道中，跟随着进气气流进去到动力缸内，此技术下燃油喷雾有足够多的时间雾化混合，喷油压力也无须太高，对喷油器的要求低。对于汽油供给方式，还需要有对应的点火系统相配合。点火系统主要由点火器和高压包组成，高压包提供给点火器足够的高压能量，点火器用电能将附近的可燃混合气点燃，最终进行燃烧过程。

柴油供给形式主要是采用将柴油喷雾直接喷入动力缸，不同于汽油缸内直喷技术，由于物理性质的限制，柴油直喷需要更高的喷油压力，数倍于汽油直喷，这就需要采用高压柴油喷油器，以及稳定的高压供油系统。为了提供稳定的高压柴油，需要采用高压共轨系统来提供恒定压力的燃油，高压共轨系统主要由高压油路、压力传感器以及泄压阀组成。高压共轨系统中的高压燃油是由高压油泵提供的。在运行过程中，油路内的高压燃油不会因为喷油器工作而压力下降，保证油路内的压力维持在恒定的压力中，并且压力波动较小。由于 FPEG 的结构特性，活塞动子进行往复直线运动，不同于传统内燃机曲柄连杆结构的旋转运动。传统的高压油泵系统主要是由曲柄连杆的旋转运动通过齿轮系统传动来提供动力，所以 FPEG 采用的高压油泵需要单独提供动力，独立于活塞动子的运动。最终选择采用三相电动机提供稳定的动力。

　　FPEG 供油子系统设计流程如图 6-1 所示。

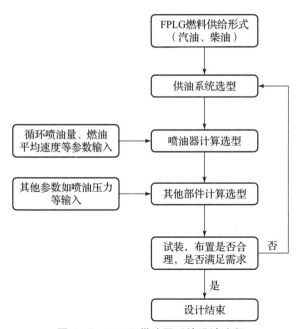

图 6-1　FPEG 供油子系统设计流程

　　为了降低油耗量同时提高经济性，并提高动力缸的升功率，FPEG 燃油供给系统适合采用缸内直喷技术（GDI）。采用直接将燃油喷入动力缸的方法，可以避免湿壁效应并提高燃油利用率。同时使用缸内直喷技术的动力缸所需混合气浓度要比普通动力缸的低，具有二氧化碳排放量低以及可实现灵活的喷油时刻控制的优点，还可减少热量向气缸壁的传递，从而减少热量损失，提升动力缸的热效率。

　　研究分析了缸内直喷的优点之后并基于燃油供给系统需求，可设计开发一套基于缸内直喷技术的燃油供给系统。燃油供给系统包括油箱、蓄能器、滤清器、高压共轨、喷油嘴等，如图 6 - 2 所示。

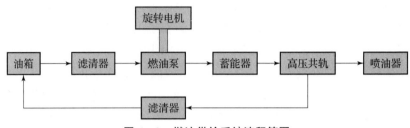

图 6 - 2　燃油供给系统流程简图

燃油供给系统中采用共轨技术，将喷射产生压力以及喷射过程完全分开，将高压共轨、高压油泵、压力传感器等组成的系统，通过高压油泵将燃油输送至高压共轨处，通过蓄能器对油压进行精确控制从而保证喷油器处油压。基于样机工作原理分析，采用共轨技术高压共轨中的燃油可直接用于喷射，同时省去了喷油器的增压机构，同时喷油器上的电磁阀可以根据共轨油压灵活调节喷油量。

缸内直喷多采用多孔喷油器，因其喷雾贯穿距离对喷射背压的敏感度低，当背压增加时，贯穿距离的减小较少，且喷雾锥角几乎不变；其参数设计主要涉及喷孔直径和喷孔数，喷孔的直径和喷孔数由喷油器的喷孔总面积所决定，而喷孔总面积又取决于每循环的喷油量、燃油平均速度等。喷孔的总面积为

$$S_A = \frac{6n \cdot V_s}{\mu \cdot W_n \cdot \varphi_i \cdot 1\,000} \tag{6 - 1}$$

式中，S_A 为喷孔总面积（mm^2）；n 为发动机转速（r/min）；μ 为喷孔的流量系数，一般与制造质量有关；W_n 为喷孔中的燃油平均速度（m/s）；φ_i 为喷油持续角度（°）。

一般喷油器电磁阀的工作原理：电磁线圈通电，产生电磁力，将回油口和控制室导通，使控制室内的压力降低，针阀打开实现喷油动作。喷油器是缸内直喷至关重要的一环，喷油器负责高压燃油的喷射，喷油器电磁阀则对燃油喷射进行精确控制。喷油器电磁阀工作过程主要是分为三个阶段，分别是快速开启阶段、电流维持阶段以及快速关断阶段。在开启阶段，需要较大的电流来迅速开启喷油器，在电磁线圈磁场的作用下，喷油器针阀克服弹簧力升起，使喷油器快速吸合，达到较快的响应速度，同时要尽可能降低驱动功率损耗。在电流维持阶段，喷油器电磁阀实现喷油动作，采用较小恒定电流来维持电磁阀的开启，这样可以减小功率的损耗，同时可以减少电磁阀的发热。在电磁阀关断阶段，要快速实现关断，实现快速的喷油器关闭动作。

高压共轨用于维持油压稳定，起到蓄压器的作用，它的容积可以削减高压油泵的供油压力波动以及喷油器在喷油过程中的压力振荡，同时高压共轨的容积不能过大以保证响应速度。同时高压共轨管上应该装有压力传感器以保证可以实时看到油压信号以应对突发情况。根据仿真研究，拟定喷油压力。为了降低开发成本，可采用参数合适的商用高压共轨。高压共轨同时装有共轨压力传感器，作用是实时测定高压共轨管中的实际压力信号，把轨道内的燃油压力转换成电压信号传递至控制器。

燃油泵选用原则：必须在保证系统喷油量的同时，保证当动力缸燃烧状况发生改变时能够适应油量变化的需求，选用旋转电机转子连接燃油泵对燃油进行增压。

燃油滤清器可将含在燃油中的固体杂质（氧化铁和粉尘等）过滤出来，从而对喷油器、缸套和活塞环起到保护作用，不仅可以大幅度减少磨损，保证发动机稳定运行，而且还能避免出现堵塞的情况。

由于整个系统运行分为三个阶段，即振荡起动、拖动燃烧、稳定发电三个部分。在燃烧阶段需要对喷油量与喷油脉宽进行标定工作。而采用的 L9781 芯片不能限定喷油次数，上位机只能给定喷油次数为一次或多次，故无法对喷油量与喷油脉宽进行标定。在喷油标定工作时，基于对置气缸自由活塞内燃发电机喷油需求，介绍一种采用 DSP28335 与 L9781 芯片的喷油特性标定方法，此方法着重于实现喷油次数的限定和喷油器实现稳定可靠的电流波形，以及采用喷油次数梯度化以及驱动信号占空比来进行稳定性研究。经过实验验证后，应用此方法喷油器电流可以很好地实现电流设定值的要求以及良好的可靠性，最终完成了对喷油量与喷油脉宽的标定工作。

硬件电路采用 OC 门集电极输出电路，将定时器中断函数输出的波形连接到 D2_5DO1 处，在 +5 V 与 DO1 之间加入 10 kΩ 电阻，通过光耦隔离电路通过 DO1 输出至 L9781 芯片 CMD_A 处，便可以实现根据需要实现不同占空比、不同喷油次数的波形以实现具体的喷油次数，方便后续喷油量与喷油脉宽的标定工作，如图 6 - 3 所示。

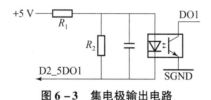

图 6 - 3　集电极输出电路

根据对置自由活塞内燃发动机工作频率，设置 300 μs 的喷射总时间，将 I_a（开启阈值电流）设置为 5 A，开启时间为 160 μs，I_b（维持电流）设置为 2.577 A，电流维持时间为 120 μs，关断时间为 20 μs，并工作在快速续流模式中。为验证此方法的有效性和稳定性，选取驱动信号与喷油器电流信号作为主要参考依据，喷油器电流值通过泰克示波器进行读取，采用法国 E3N 型号 AC/DC 电流探针进行电压的转换，得到喷油器的电流值，这款电流钳的主要参数：输入为 70A AC,100A DC；输出为 100 mV/A~10 mV/A，这里选用 10 mV/A 挡位进行下列实验。

首先通过程序设置喷射 10 次，得到的喷油器电压值和驱动信号的电压值如图 6-4 所示。可以看出，驱动信号刚开始是 5 V 的高电平，这是因为光耦隔离电路输入是 5 V，驱动信号周期为 3 ms，占空比为 10%，驱动信号通过 DSP28335 芯片输出 cmd 信号至 L9781 芯片，喷油器动作良好，喷油器电流波形稳定，并且实现了预定的喷油次数。图 6-5 为图 6-4 中的一段波形，可以看出 A 点为喷油器的开启时间点，B 点为 I_a 阈值电流点，由图所示，B 点电压值达到 49.62 mV，即喷油器电流为 4.962 A，与设定值 5 A 相近，误差率在 0.7%，C 点为喷油器的关断点，可以看出当驱动信号由高电平转为低电平时，喷油器开始关断，实现了很好的实时性。同时喷油器在 1.0 ms 时完全关断，这是因为喷油器内部有电感线圈，电感具有电流保持功能，所以不是立即关断，而是缓慢进行关

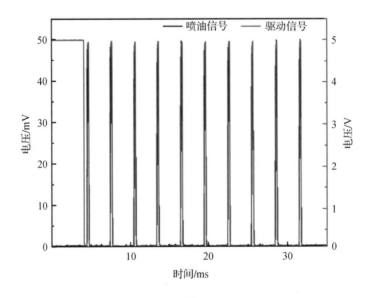

图 6-4 喷油次数为 10 次、占空比为 10%

断，所以在驱动信号为低电平时喷油器没有立即关断。通过图 6-5 还可以得知 A 到 B 点时间为 159.69 μs，与设定值 160 μs 相近。B 到 C 点的时间为 119.78 μs，与设定值 120 μs 相近，两者误差率很小，较好地实现了设定电流波形。

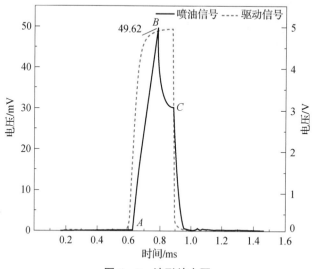

图 6-5　波形放大图

但由于喷油次数为 10 次，并不能验证此方法的稳定性，特通过增加喷油次数与改变驱动信号占空比来验证此方法的稳定性。由此又设置喷油次数梯度值为 20 次和 100 次进行相关实验，得到的数据如图 6-6 所示。图 6-6 所示喷油器实

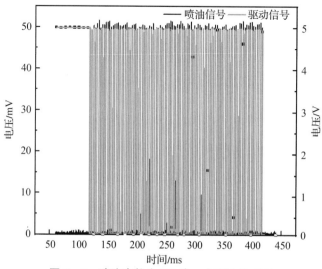

图 6-6　喷油次数为 100 次、占空比为 10%

现了良好的动作，并且喷油器电流波形与设定值相吻合。驱动信号占空比为20%，周期为3 ms，高电平持续时间为600 μs 时的电压值如图6-7所示。可以看出喷油器电流波形与10%占空比驱动信号下的电流波形基本一致，喷油器电流波形不随驱动信号的占空比而改变。驱动信号占空比为50%，周期为3 ms，高电平持续时间为1 500 μs 时的电压值如图6-8所示。可以看出喷油器电流波形保持一致。

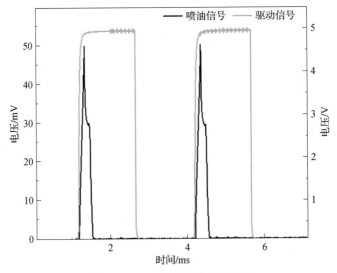

图6-7　20%占空比电压波形图

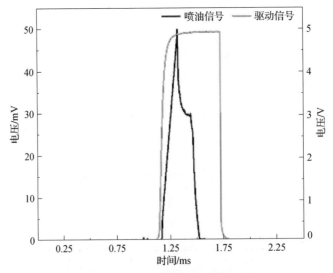

图6-8　50%占空比电压波形图

经过上述实验验证，证明此方法具有很好的可靠性与稳定性，由于标定过程中需要喷油次数的限定，故需要采用一种方法来进行喷油次数的限定。本书正是基于以上考虑，对喷油器喷油特性进行了相关研究，并验证了应用此方法可以更加快速地进行标定，提高喷油量与喷油脉宽的标定效率。结论如下。

①通过 DSP28335 芯片以及 L9781 芯片，实现了限定喷油次数。从喷油器电磁阀电流波形可以看出，电流可以维持稳定的波形，并且喷油器电磁阀能很好地实现相应动作。

②通过喷油次数梯度（10 次、20 次、100 次）与改变驱动信号占空比（10%、20%、50%）来进行喷油稳定性的研究，通过相关对比，进一步验证了该方法具有很好的稳定性。

基于上述标定方法，对喷油量及喷油脉宽进行了标定工作。在标定所用轨压传感器之后，实验中采用泰克示波器测量轨压信号，这样可以清晰地看到油压的数值以及油压的变化。蓄能器可以调整高压共轨油压并且可以显示经过蓄能器输出的油压大小。同时在油箱处设置视窗，这样可以清楚地看到进油与回油是否正常。同时根据整体样机需求，将共轨油压设置为 4 MPa 进行标定实验。基于以上方案设计，进行下一步标定工作。

在实验中通过一系列脉宽梯度测量喷油量，根据系统需求，选取喷油脉宽为 1.6 ~ 6.4 ms，在这个区间上等间隔地选取喷油脉宽，重复以上实验并同时在同样的喷油脉宽下通过不同的喷油次数取平均数得到以下结果，得到的喷油量与喷油脉宽的关系之后，也为下一步验证系统控制策略做好准备工作，为后续的拖动燃烧以及稳定发电阶段提供了基础。喷油量的流量特性如图 6 - 9 所示。

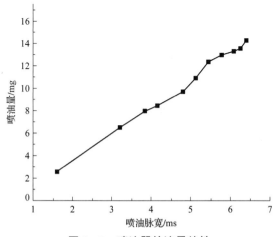

图 6 - 9　喷油器的流量特性

从图6-9可以看出，随着喷油脉宽的增大，喷油量大致呈线性上升趋势。当喷油脉宽为1.6 ms时，喷油量达到2.6 mg；当喷油脉宽为6.4 ms时，喷油量可达14.3 mg。可以发现，喷油量与喷油脉宽的标定实验验证了单次喷油量与喷油脉宽成正比关系。喷油脉宽在上述范围内，喷油量范围已足够为后续的实验提供数据参考。

6.2 FPEG 润滑子系统设计

6.2.1 润滑系统研究现状

润滑系统是FPEG的重要系统之一，主要功能是给发动机运动摩擦副供给适当压力和适宜流量的机油，保证良好的润滑、冷却散热和清洁磨粒的作用，还可增加活塞与活塞环的密封性，在有些情况下，它对受热零件进行冷却，如通过活塞喷嘴向活塞喷油达到冷却活塞的作用。润滑系统性能的好坏，是影响发动机正常运转和寿命的主要因素之一，润滑不良会导致机械损失和零件磨损增大，动力性和经济性下降。

在过去传统的发动机开发中，一般都沿用20世纪五六十年代我国汽车工业刚刚兴起时翻译成中文的资料中介绍的方法，将润滑系统的开发重点放在零件的开发上，如机油泵开发、机油滤开发等，在总成开发成功并发动机整机装机后，再通过简单的油道压力等判断润滑系统的性能。这种研究方法的缺点是由零件、总成到系统是简单的经验组合，比较粗糙，定性的成分多，定量的成分少，系统性能差，优化改进的效率低，而且很难获得量化的参数而使得寻找优化的途径变得困难。

随着系统科学在工程领域的广泛应用，20世纪70年代德国工程师从润滑系统的角度出发，建立了润滑系统模型，并借助计算机进行大量的优化计算，同时结合试验验证，第一次从系统的角度进行发动机润滑系统的模拟设计。然后对系统性能功能指标分解，指导总成及零部件的开发，自上而下，有的放矢，大大提高了润滑系统的开发水平和效率。这一方法随后被迅速推广，尽管在实际的应用过程中由于设计者思考的侧重点不同、应用的软件工具不同导致模拟研究的重点不同，但都遵循"系统"设计这一理念。

20世纪90年代末期，我国汽车工业迎来了发展高峰，市场经济和汽车研发技术的客观现实使我国的主流汽车企业走向了对外开放，联合研发。国内一些研发公司在合作过程中逐渐了解了国外一些著名公司如德国的奔驰公司、FEV 公司、奥地利 AVL 公司、英国 RICARDO 公司、美国西南研究所等关于润滑系统设计的新理念、新方法和新技术。但出于对知识产权和数据库数据的保护，上述公司对其分析方法、软件工具采取了严格的保密措施。

因此从系统开发的角度，探索润滑系统开发的方法和要点，不仅是提高产品开发技术水平的需要，更是现代工程价值的需要，符合国际流行发展趋势，具有比较重要的研究意义。

6.2.2　新型设计理念和方法

随着工程技术的快速发展，价值工程凸显出了其决定性的意义，成为评价工程项目的重要依据。对成本、质量、效率的最优控制以实现最大的工程价值成为工程项目的唯一目标，为了实现这一目标，新的理念和方法在工程实践和探索中应运而生，本书主要介绍对标设计的理念，系统设计方法和润滑系统 CAE 技术应用。

现代工程技术研究，真正具有原创性的产品开发所占的比例是很小的，特别是对于传统的机械产品更是如此，因此汲取和借鉴成熟品牌产品的成果和经验，进行新的技术集成升级是新产品开发的需要，具有很高的工程价值，是提高产品开发效率和质量的重要手段之一。

对标设计理念的要点如下。

①类比。搜集与开发目标具有可比性的元素，并保证可比元素本身的优越性。

②选优。从类比的元素群中根据工程目标选出最佳元素。

③原因。分析最佳元素与目前开发目标的差距，并分析出现这样差距的原因。

④实现。针对产生差距的原因，提出消除差距的措施，达到或超越对标组中的最佳元素。

系统工程理论起源于自动控制理论，其目的是对于一个有着诸多限制条件的被控系统，研究如何获得一个"最优"的控制策略，使该系统在诸多限制条件下运行在"最优"的状态上，其主要特点如下。

①系统大于零部件的总和。

②优化单一的部件不一定能优化系统。

③部件之间的相互作用决定系统的整个性能。

④系统分析不能把单个部件从系统中分离出来单独分析。

系统工程基本过程模型分为三种，分别是瀑布形、螺旋形和 V 形，但在实际应用中往往综合使用。在润滑系统的整个系统设计过程中，系统宏观流程遵守螺旋形过程，但有些二次开发总成则综合瀑布形和 V 形模型方式开展工作。遵循上述目的、特点和方法，优化润滑系统最基本的两个界面，即结构界面（结构大小、连接方式等）和功能界面（压力、温度、相应时间等）。

6.2.3　润滑及润滑剂

（1）干摩擦机理

不加任何润滑剂的金属之间的摩擦称为干摩擦，干摩擦主要由两项内容组成：粗糙度项和剪切项。摩擦力的粗糙度项只占整个干摩擦力的百分之几，摩擦力的剪切项占了摩擦力的绝大部分，剪切项是由于黏结和剪切断裂不断发生而产生的。剪切所需的力可用下式表示：$F = TS$，其中 T 是单位面积的断裂需要的力，S 是接触面积。

干摩擦的结果必然产生机体损伤，称为磨损。在发动机中，根据磨损的机理不同分为以下几种磨损。

①磨料磨损：磨料磨损是一种杂质磨损。在运动副之间如果出现比较坚硬的颗粒，那么颗粒就会对运动副产生刮擦从而对运动副的摩擦表面产生损伤。在发动机中磨料磨损较多出现在气缸壁上，俗称拉缸。这是因为发动机燃烧室燃烧生成的碳粒或机油烧结生成的碳粒夹在活塞环和气缸套中间产生刮擦磨损。在轴和轴承之间也常常因为加工剩料的存在造成磨料磨损。

②黏着磨损：黏着磨损是一种熔融磨损。摩擦副之间的相互挤压摩擦产生了大量的热，如果不能及时地将这些热散发出去就会产生热聚集并最终熔化金属而发生熔融。熔融逐步扩大就成为黏着磨损。在发动机的磨损中，黏着磨损是比较普遍的。在轴承和气缸套中都会发生这种磨损。发生在缸套中俗称咬缸，发生在轴承上俗称抱轴。黏着磨损多发生在忽然加负荷而润滑不良的情况下，另外就是材料问题，两种材料硬度相同或者硬材料比配对材料的粗糙度大很多时，油膜一旦失效很容易产生黏着磨损。对于气缸壁来说，当发动机高负荷运转又出现严重窜气时很容易发生黏着磨损。

除了上述的两种主要磨损以外，发动机中的磨损还包括化学腐蚀磨损、疲劳磨损和微动磨损。化学腐蚀磨损除了出现在润滑油路中还会出现在水路冷却系统和燃油供应系统中，包括对金属和非金属件都会有腐蚀。化学腐蚀常常会造成系统泄漏的发生。疲劳磨损在所有的交变运动件中都普遍存在。

（2）润滑油的功用及润滑方式

在干摩擦中，发动机的运动件在几秒之内就会产生严重磨损，大面积的黏着磨损最终会使得发动机运动件粘连为一体，从而造成整台发动机的报废。润滑油的存在避免了这一事件发生。润滑油的功效就是阻止磨损发生，润滑油通过下述几方面的作用最终实现了自己的功效。

①变干摩擦为润滑油之间的摩擦。润滑油充斥在两个摩擦副之间，它的出现隔断了摩擦副之间的直接摩擦，将摩擦副之间的摩擦变为润滑油膜不同层之间的相互摩擦，避免了金属黏着的出现。

②起到了冷却作用。润滑油作为一种流体在油路中循环流动必定会从高温区域吸热。润滑油的温度越高黏度就越低，流动就越快，带走热量也就越多。润滑油的这一特性保证了在越是高温的区域润滑油带出来的热量越多，这避免了润滑油温度的上升，确保润滑油的黏度值足以撑起轴承。发动机中的高温区域主要发生在高速运动的轴和轴承间以及燃烧室附近，这两部分的冷却都少不了润滑油参与。润滑油吸热是轴和轴承之间的主要散热手段；对于冷却液难以到达而工作环境极其恶劣的活塞来说，润滑油也是它散热的主要手段。

③起到了清洗作用。流动的润滑油可以将摩擦副中的杂质带走并通过油路中的过滤装置过滤掉，减少了摩擦副中间的磨料磨损。

④起到了密封作用。缸套和活塞之间的窜气危害甚大，在缸套和活塞之间的油对燃烧室内的气体起到了密封的作用。机油黏度越大密封性越好，因此从密封角度来说，润滑油的高温黏度很重要。

⑤最后，机油还起到防锈防腐的作用。

发动机中不同区域的润滑机理是不一样的。根据润滑油润滑机理的不同将润滑方式分为三类：全液体润滑、边界润滑和弹流润滑。

全液体润滑包括液体静压润滑和液体动力润滑，它利用几何形状和黏性流体动力学获得油膜。油膜应该比粗糙度总和大几倍，一般为 $1.5 \sim 2~\mu m$ 以上。在发动机中，轴和轴承之间的油膜是通过流体动力润滑获得的。

边界润滑是油膜附在金属表面形成一层薄膜，性质不同于液体也不同于固体，称为边界层。表面越光滑边界层越牢固。边界润滑性质类似干摩擦，边界层在高温时易于失去结合力，容易产生金属直接接触。在实际情况中，液体润滑、干摩擦和边界摩擦是同时起作用的。发动机中的缸套摩擦就常常呈现边界润滑的特征。

弹流润滑是两种效应同时起作用的润滑。

6.2.4　润滑系统设计

在润滑系统设计与开发的论述中，为了便于论述，作者以切身参与的 FPEG 开发项目为例。

（1）润滑系统定义

润滑系统的主要功能是在发动机运行的各种环境下把具有一定压力和适当温度的清洁机油不断输送到发动机各摩擦表面，对摩擦副进行润滑，带走摩擦产生的热量，清洁摩擦副表面的磨屑和杂质，保证零件的正常工作。各润滑部件对机油流量和压力的需求随发动机转速、汽车加速、减速等使用环境的变化而变化，其主要特点如下。

①流动管理：主要包括机油的收集、回流、流速、压力、流量等方面的管理以及与机油流动紧密相关的机油含气量、曲轴箱通风管理。

②机油热管理：主要包括发动机冷起动时机油预热、暖车过程中机油加热、正常工作中机油冷却。

③机油清洁管理：机油在循环使用中，部件磨损颗粒以及其他杂质需要及时过滤清洁以保证润滑的可靠，主要包括机油滤清技术、滤清器的保养、机油衰败与换油。

润滑系统一般由油底壳、机油收集器、机油泵、机油滤清器（精、粗）、机油冷却器、主油道限压阀、活塞喷嘴等组成。

（2）系统目标

1）功能目标

冷起动指标：-35 ℃，5 W/30 机油。

油压建立时间：2 s 常温起动，20~25 ℃，10 W/30 或 15 W/30 机油。

油压：正常工作时为 200~600 kPa，热怠速时大于 100 kPa。

2）成本目标

根据发动机开发对润滑系统产品范围的界定，其中关键总成目标成本：对油底壳、机油泵以及机油滤限定价格，同时减少润滑系统成本。

（3）关键参数对标

在发动机润滑系统的对标中，需要对标的要素是非常多的。不仅要对主要影响润滑系统本身性能和功能的要素进行对标，而且要对影响润滑系统的关键总成的性能进行对标。由于决定关键总成性能的要素是多方面的，所以深入地做好对标是一项繁重的工作。因此在实际设计开发中，主要对主油道压力、流量、流速、温度以及机油泵性能、机油循环率、机油冷却器功率、机油滤性能等润滑系统的主要要素展开有效的对标，是保证润滑系统技术指标高标准、高质量的最有效的手段之一。

主油道压力是润滑系统关键的参数之一，它的合理与优化是保证润滑可靠的先决条件。保证润滑系统可靠的供油压力不仅跟润滑部件本身对供油压力的要求有关，而且跟油道的流通特性、机油的黏度和温度也紧密相关，因此对可靠供油压力的准确定义是比较困难的。同时，目前发动机使用的机油泵都是齿轮泵或转子泵，它们的供油特性基本上是线性的，而润滑系统对机油量的需求是非线性的，在起动转速到 1/3 额定转速范围对机油量需求增长的梯度最大，超过 1/3 额定转速对机油量需求增长的梯度逐渐减小，但机油泵供油量是近似线性增长的，造成主油道压力继续增高。鉴于保护润滑系统的部件和密封的可靠性，在主油道上安装了限压阀，使多余的流量泄回油底壳，控制主油道压力在一定的安全范围。随着发动机使用寿命的增加，各摩擦副的间隙磨损增大，对润滑机油需求量增大，从而使得限压阀泄漏量的逐渐减少直至不泄漏。随着摩擦副的间隙继续增大，主油道压力就开始逐渐下降直到达到发动机寿命目标。关于磨损造成机油需求量增加的控制，由于控制的理念不同而对限压阀开启压力的设定也是不同的。美国等国的品牌发动机对主油道限压阀开启压力设置较低（300 kPa），因此在新的发动机工作初期，有更多的机油从限压阀泄掉。优点是节省机油泵驱动功率，缺点是冷机起动时，由于机油黏度大，油道阻力高，造成主油道限压阀过早打开而润滑系统末端润滑部件未得到充分润滑。欧洲品牌发动机则一般对主油道限压阀开启压力设置较高（450 kPa），优缺点正好与限压阀开启压力设置较低相反。

主油道流量是润滑系统又一关键参数，从理论上讲，润滑油的需求量因发动机摩擦副间隙以及发动机附件系统不同而不同，但实践中由于产品技术水平和生产工艺日渐趋同，发动机润滑系统往往具有很相似的流量特性，因此对标也显得很有必要。但是在实际对标中，具体流量的对标是没有意义的，通过大量的试验统计，润滑油量与发动机排量关系密切而且其比值比较稳定，使用该值进行对标具有比较强的工程实践意义。

（4）润滑系统总成设计

随着信息技术的高度发展，在产品开发过程中越来越注重开放合作、资源共享，以降低研发试制成本和缩短生产准备周期。在润滑系统关键总成的开发中，引入了二次开发的概念，即把一些零部件总成交给在本专业领域的专业供应商从零件策划开始进行开发，系统开发工程师通过设计任务书，明确技术条件、工作流程、试制、试验，以及验证方案和质量控制目标等。润滑系统以二次开发方式管理的总成有机油滤清器（粗、精）、机油泵（根据实际情况确定）、油气分离器（根据实际情况确定）。

润滑系统关键总成设计主要有机油收集器总成、油底壳总成、机油标尺、主油道限压阀等。在本书中，仅以 FPEG 润滑系统总成的开发为例进行描述。该总成的产品开发过程也有一个流程进行控制。

润滑系统从设计分工的角度划分，主要总成有油底壳、机油收集器、机油泵、机油滤清器（粗、精）、机油冷却器、主油道限压阀、油气分离器等。

6.3 FPEG 冷却子系统设计

FPEG 冷却系统主要涉及两大子系统，分别为发动机冷却系统与直线电机冷却系统。其设计流程如图 6 – 10 所示。

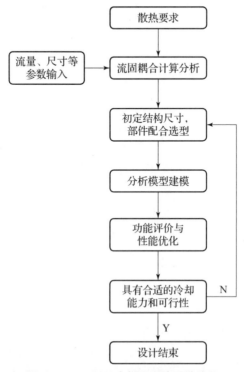

图 6 – 10 FPEG 冷却子系统设计流程

6.3.1　发动机冷却系统建模仿真

冷却系统的主要工作是将热量散发到空气中以防发动机过热，但冷却系统还有其他重要作用。发动机在适当的高温状态下运行状况最好。如果发动机变冷，就会加快组件的磨损，从而使发动机效率降低并且排放出更多污染物。因此，冷却系统的另一重要作用是使发动机尽快升温，并使其保持恒温。

为了节省材料、缩小体积，现代电机设计普遍采用较高的电磁负荷，这种做法在提高功率密度的同时也带来了电机发热量过大的问题，电机散热越来越受关注。电机的冷却技术按冷却介质不同，可分为风冷、水冷和油冷等。

发动机冷却水腔的冷却效果直接影响到发动机缸套的热负荷问题，所以对冷却水腔的研究至关重要。对于发动机水腔的研究主要是冷却水的流动情况以及传热特性的研究，主要采用试验方法与数值模拟计算两种方式。由于发动机水腔密闭在复杂的发动机结构内，运用试验方法时，对于发动机流动特性的研究需要将其进行特殊加工，从而实现冷却水腔的可视化。

水腔加工成半透明，并在其中加入显示剂以及氢气泡，采用摄像机记录下显示剂在水腔中的流动情况，对于传热特性的研究主要是对冷却水腔及缸套布置测点，进行温度测量。由于冷却水腔的密闭性，以及对于研发周期与成本的考虑，试验方法受到很大限制。

随着计算机技术的快速发展，数值模拟计算被广泛应用于发动机研究中。目前，数值模拟方法是水腔问题研究的主要方式。

（1）模型建立与网格划分

数值模拟计算需要将三维模型进行网格离散化，这是影响计算精度与计算时间的关键因素。一般在一定范围内增加网格数量，会提高计算精度，但是这同样会增大计算时间与其所占用的计算资源。在划分网格过程中，复杂以及关键部位的网格要保证模型的外形结构，并且在比较狭窄的流动区域以及近壁面边界层处需要进行网格细化与加密。

（2）边界条件的设定

对于冷却水腔的流动传热计算，需要考虑流动传热带来的影响，故将水腔模型根据温度变化划分为多个区域，施加相应的边界条件。

（3）流动传热计算求解方程

1）偏微分方程

①连续性方程：

$$\frac{\partial \rho}{\partial t} + \frac{\partial}{\partial x_j}(\rho \cdot u_j) \tag{6-2}$$

式中，t 为时间；ρ 为密度；x_j 为坐标，$j = 1$，2，3；u_j 为速度。

②动量守恒方程：

$$\frac{\partial}{\partial t}(\rho \cdot u_i) + \frac{\partial}{\partial x_j}(\rho \cdot u_i \cdot u_j + \rho \cdot u_i' \cdot u_j' - \tau_{ij}) + \frac{\partial p}{\partial x_i} - \rho \cdot g \frac{x_i}{|x|} \tag{6-3}$$

式中，x_i 为坐标，$i = 1$，2，3；p 为压力；g 为重力加速度。

③能量方程：

$$\frac{\partial}{\partial t}(\rho \cdot h) + \frac{\partial}{\partial x_j}(\rho \cdot u_j \cdot h + \rho \cdot u_f' \cdot h') - \frac{\partial}{\partial x_j}\left[\frac{\lambda}{c_p}\frac{\partial h}{\partial x_j}\right] - \frac{\partial}{\partial x_i}(\tau_{ij} \cdot u_j) - \frac{\partial p}{\partial t} - S_h = 0 \tag{6-4}$$

$$h = c_p \cdot T + \frac{1}{2}u_i^2 \tag{6-5}$$

式中，h 为比焓；c_p 为定压比热容；T 为热力学温度；S_h 为能量方程的源项。

2）壁面函数

一般流体接近壁面的区域分为黏性底层、过渡层以及对数律层。从而引入两个无量纲参数 u^+ 和 y^+，分别表示速度和距离，来表达壁面流体的流动状态。

$$u^+ = \frac{1}{K}\ln(Ey^+) \tag{6-6}$$

$$y^+ = \frac{\Delta y_p(C_\mu^{1/4}k_p^{1/2})}{\mu} \tag{6-7}$$

式中，K 为 Karman 常数；$E = 9.8$，与表面粗糙度相关；Δy_p 为节点与壁面之间的距离；μ 为流体动力黏度。

3）湍流模型

Navier-Stokes 方程在对流体进行数值模拟计算过程中，需采用非常小的时间与空间步长，方能辨别出湍流的具体空间结构，以及变化剧烈的时间特征。这就对计算机产生了非常高的要求。故需对 Navier-Stokes 方程进行一定的简化。常用的湍流模型为 SSG（亚网格尺度）模型、DSM（雷诺应力）模型以及 k-ε 双方程模型。其中 k-ε 湍流模型属于涡黏性耗散模型，隐含湍流为各向同性。该湍流模型比 SSG 模型以及 DSM 模型对计算资源的要求低，并且具有比较高的计算稳定性。

k-ε 湍流模型方程如下。

湍动能 k 方程：

$$\frac{\partial(\rho k)}{\partial t} + \frac{\partial(\rho k u_i)}{\partial x_i} = \frac{\partial}{\partial x_i}\left[\left(\mu + \frac{\mu_i}{\sigma_k}\right)\frac{\partial k}{\partial x_j}\right] + G_k + G_b - \rho\varepsilon - Y_M + S_k \qquad (6-8)$$

湍动能耗散率 ε 方程：

$$\frac{\partial(\rho\varepsilon)}{\partial t} + \frac{\partial(\rho\varepsilon u_i)}{\partial x_i} = \frac{\partial}{\partial x_j}\left[\left(\mu + \frac{\mu_i}{\sigma_\varepsilon}\right)\frac{\partial k}{\partial x_j}\right] + C_{1\varepsilon}\frac{\varepsilon}{k}(G_k + G_b C_{3\varepsilon}) - C_{2\varepsilon}\rho\frac{\varepsilon^2}{k} + S_\varepsilon$$

$$(6-9)$$

式中，湍流黏度 μ_i 可以表达为

$$\mu_i = \rho c_\mu \frac{k^2}{\varepsilon} \qquad (6-10)$$

式中，G_k 为平均速度梯度引起的湍动能的产生项；G_b 为浮力引起的湍动能的产生项；Y_M 为可压缩湍流中的脉动扩张贡献项；$C_{1\varepsilon}$、$C_{2\varepsilon}$、$C_{3\varepsilon}$ 为经验常数；σ_k、σ_ε 为湍动能对应的 Prandtl 数和湍流耗散率对应的 Prandtl 数；S_k、S_ε 为用户自定义源项。

$k-\varepsilon$ 湍流模型包括标准 $k-\varepsilon$ 模型、RNG $k-\varepsilon$ 模型以及可实现 $k-\varepsilon$ 模型。其中可实现 $k-\varepsilon$ 模型对于平板和圆柱射流的发散比率有更精确的预测，而且它对于旋转流动、流动分离和二次流以及强逆压梯度的边界层流动比较适用。如果水腔模型中存在螺旋结构，流体在内部进行旋转流动，建议选择可实现 $k-\varepsilon$ 模型。

6.3.2　直线电机冷却系统建模仿真

网格质量评估图如图 6-11 所示。

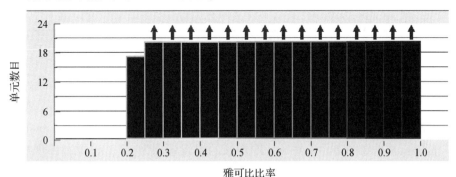

图 6-11　网格质量评估图

冷却部件是带有冷却水道的法兰，通过专业软件画流体网格，可将冷却水道的模型提取出来，这里用 ICEM 画流体网格作为例子。

网格数量为 135 075 个，软件内部对网格的质量进行评价，最差网格质量为

0.209 729，最好网格质量为 1，平均网格质量为 0.798，满足流体传热计算需求。

线圈的最高温度限值为 90 ℃，据此设定冷却水道各部件的表面边界条件，如表 6-1 所示。

表 6-1　各部件的表面边界条件

接触面	边界条件	数值
冷却法兰外侧	温度	60 ℃
冷却法兰内侧	温度	80 ℃
水道壁面	温度	75 ℃
定子线圈温度	温度	85 ℃
定子外侧温度	温度	80 ℃
进水管	温度	25 ℃
出水管	温度	45 ℃
U 形管	温度	35 ℃
进水口条件	进水温度	25 ℃
	进水压力	101 325 Pa
	进水流速	5 m·s^{-1}
出水口条件	出水温度	45 ℃
	出水压力	101 325 Pa

压力：入口段压力较大，为 1.6 bar，出口段压力为 1.01 bar。

流速：在水道直角弯角处的流速变化明显，这与此处的结构有关，水道在此处并不是在同一个平面过渡，而是为了避让电机定子向下移动了 4 mm，所以弯角处的水流受阻比较严重。平均流速为 2.96 m/s，此时流量需求为 9 L/min。

温度：在预设的边界条件下，冷却液的温度最高为 35 ℃，没有出现过热的现象。

6.3.3　冷却子系统结构

发动机的冷却系统为强制循环水冷系统，即利用水泵提高冷却液的压力，强制冷却液在发动机中循环流动。冷却系统主要由水泵、散热器、冷却风扇、补偿水箱、节温器、发动机机体和水套以及附属装置等组成。

根据冷却水套流固耦合计算分析结果可知，设计的发动机冷却水套流量以及水道尺寸满足 FPEG 运行过程中的散热要求。其中冷却水套采用螺旋水道结构。水泵、散热器、冷却风扇、补偿水箱、节温器均为采购的商用件。发动机冷却水路如图 6 – 12 所示。

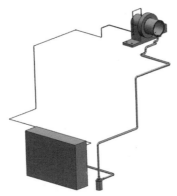

图 6 – 12　发动机冷却水路

直线电机在运行过程中存在动子机械能—磁场能—电能的频繁切换，难免发热，尤其以电机定子线圈的内阻发热量最大，如不采取冷却措施，很容易发生电机故障，从而影响系统稳定运行，严重的话还可能造成漏电而对试验操作人员带来危险，所以直线电机的冷却措施必不可少。直线电机仍采用水冷的方式，利用水泵使纯净水在直线电机冷却水法兰中流动，将电机发热量带出。直线电机冷却水路如图 6 – 13 所示。

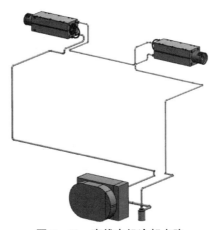

图 6 – 13　直线电机冷却水路

发动机冷却系统与电机冷却系统的结构设计类似，一般有空冷系统和水冷系统两类。对于大功率、小体积或高速电机一般采用循环液冷却。就空冷系统与液冷系统而言，各有优缺点。液体热容量和导热能力远大于气体，冷却效果好，使电机维持在一个较低的温升水平，延长了绝缘寿命；液冷系统允许电机承受的电磁负荷高，提高了材料利用率；此外液冷电机损耗小，噪声低。但总的来看液冷技术比较复杂，液冷在结构上需要相应的冷却液流通路和液冷结构部件，需要防止冷却液渗漏，还要解决金属腐蚀问题，提高了对电机运行和维护的要求。

水冷电机水路通常设计在机壳上，机壳水路按分布方式分为轴向"Z"字型和周向螺旋型。

轴向"Z"字型水路的优点：可以很方便地把进、出水口设计在电机的同一端；散热比较均匀，不会在电机两端产生温度梯度；结构简单，制造工艺简便，容易加工。缺点是：水路有很多转弯倒角，水流阻力损失较大；进出水口温度的差异会使电机进出水口两侧出现温度梯度，容易造成三相绕组温度的不一致，从而对电机运行造成影响。

周向螺旋型水路的优点：水路平滑，水流阻力损失小；不会出现因电机进出水口两侧出现温差梯度而造成三相绕组温度不一致的现象。缺点：由于进出口水温度的差异会使电机两端产生温度梯度。

在设计电机水冷管路时，常以能量守恒定律计算放热量，以冷却能力确定流量，以伯努利方程等流体力学公式计算沿程阻力，选配水冷泵，根据努萨尔准则和相关传热学经验关联式计算温升，核算冷却系统效率。

6.4 FPEG 增压子系统设计

FPEG 一般设有增压子系统，即外源供气系统，提供稳定进气。FPEG 动力缸内进行热力循环过程需要供气系统提供新鲜空气，与燃油喷雾混合，形成可燃混合气。供气系统主要采用稳压气罐，来给样机提供稳定的增压新鲜空气。由于 FPEG 采用中置动力缸的形式，其进气形式也采用了直流扫气的方式，通过外部稳定供气，从而来保证样机在热力循环过程中稳定进气。FPEG 增压子系统设计流程如图 6-14 所示。

增压的空压机型式众多，有容积式压缩机、活塞式压缩机、回转式压缩机、

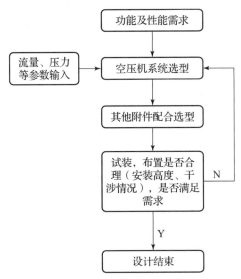

图 6 – 14 FPEG 增压子系统设计流程

滑片式压缩机、螺杆式压缩机、离心式压缩机、永磁变频式压缩机等。其中，永磁变频式压缩机由于变频化的螺杆空压机利用了变频器的无级调速特点，通过控制器或变频器内部的 PID 调节器，能平缓起动；对用气量波动比较大的场合，又能快速调节响应。

FPEG 一般采用外置高压气源作为供气系统。根据 OPFPEG 样机的参数可得所需的气量，为节省开发成本可进行调研后采用合适参数的商用件。例如，若流量满足其要求，如果想实现进气压力（0.2 ~ 0.8 MPa）可调，可在进入设备的管路端增加一个精密的压力调节器，可实现进气压力的调整。

供气系统主要由空压机、储气罐、冷干机、过滤除尘组件、精密调压阀等部件组成。空压机中的核心部件建议采用永磁变频螺杆泵，功率强劲，可以提供充足的高压空气；储气罐对螺杆泵输出的高压空气进行稳压处理，然后经过过滤器组件进入冷干机，后续再接入两个过滤除尘组件，保证压缩空气的干燥和纯净。最后气路分成两路，连接两个精密调压阀，分别供给发动机燃烧室和回弹缸。供气系统的整体布置如图 6 – 15 所示。供气系统布置在样机一侧，尽可能减少管路流动损失。外置高压气源通过减压阀将一定压力的气体供应给 OPFPEG 的动力缸和回弹缸，两者相互独立，互不影响。外置气源提供动力缸较高的扫气压力，从而保证动力缸内直流扫气过程以较好的效率进行。提供回弹缸气体的方式是气路通过单向阀与外置气缸连通，高压气源通过减压阀提供给回弹缸一恒定的压力

（大于大气压），从而在单向阀上形成了两侧不平衡压力，一侧是减压阀提供的恒定压力，另一侧是外置气缸内压力（即回弹缸内压力）。单向阀的减压阀侧提供的压力在运行中是恒定的，为回弹缸提供基础压力。在运行中回弹缸内活塞进行直线往复运动，随着膨胀与压缩冲程的进行缸内气体压力也在不断变化，所以单向阀外置气缸侧的压力也不断变化。当外置气缸侧的压力小于减压阀侧提供的恒定压力时，单向阀阀门打开，两端建立起压力平衡，外置气缸侧压力会与恒定基础压力保持一致。当外置气缸侧的压力较大时，单向阀始终处于关闭状态给回弹缸提供密闭的空间并建立压力，从而防止回弹缸气体泄漏带来的压缩能下降，并帮助完成起动过程。减压阀提供的基础压力影响着回弹缸的工作状态，从而影响 OPFPEG 的运行。一般对减压阀有如下需求。

①若选用手动减压阀，需要有锁止功能，并且具有一定的抗振性能。

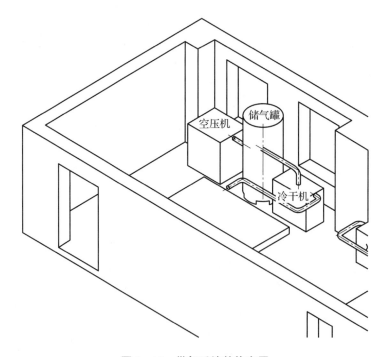

图 6 - 15　供气系统整体布置

②减压阀分度值需小于 5 kPa，精度在 ±1 kPa 以内。

③如果没有手动的机械减压阀，也可选用具有上述功能和要求的电子减压阀。

④连续工作条件下，温升不能太高以致影响正常性能。

参 考 文 献

［1］ 吴兆汉 . 内燃机设计 ［M］. 北京：北京理工大学出版社，1990.

［2］ 周龙保 . 内燃机学 ［M］. 北京：机械工业出版社，2011.

［3］ 孙柏刚，杜巍 . 车辆发动机原理 ［M］. 北京：北京理工大学出版社，2015.

［4］ STONE R. Introduction to internal combustion engines ［M］. London：Macmillan Publishing Company，1985.

［5］ BLAIR G. Design and simulation of two – stroke engines ［M］. Warrendale SAE International，1996.

［6］ 袁晨恒 . 自由活塞柴油直线发电机系统设计与运行特性研究 ［D］. 北京：北京理工大学，2015.

［7］ KÖHLER E，FLIERL R. Verbrennungsmotoren：motormechanik，berechnung und auslegung des hubkolbenmotors ［M］. Berlin：Springer – Verlag，2007.

［8］ 帅石金，王志 . 汽车动力系统原理 ［M］. 北京：清华大学出版社，2021.

第 7 章

内燃机－电机集成控制系统设计

FPEG 作为增程器应用，应满足自成体系的特性，是指需具备起动、切换、发电、克服干扰、制动等功能，FPEG 作为多物理场耦合的动力系统，需要建立一套完整的应用体系，来实现 FPEG 作为增程器的自成体系特点。基于多物理场能量流的分析研究，专门针对其应用设计了一个拓扑结构（如图 7－1 所示），进行能量关系的梳理，可为多物理场耦合的动力系统作解耦分析。FPEG 中耦合

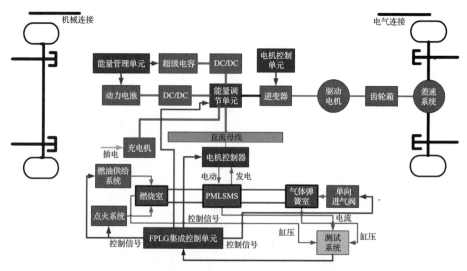

图 7－1 集成控制拓扑结构

了一套直线电机系统，因此可通过直线电机在电动模式与发电模式的切换实现发动机冷起动、持续稳定的燃烧以及制动。再加上电机电气响应速度快，可即时改变电机推力，作为动子所受合力中最容易控制的力。因此需要设计一个能量调节单元，作为电机推力出力控制的核心，也是作为增程器应用所设计的能量管理的核心点，基于此思路按照子目标一步步完成性能验证，然后组成一套整体系统。

　　实现 FPEG 的运行过程稳定控制是系统深入研究和产品化应用的关键。通过前述对活塞运动特性和能量传递过程的分析，结合性能参数化研究可以发现，直线电机式自由活塞发动机系统具有非线性强耦合的特点，建立集成控制策略如图7-2所示。

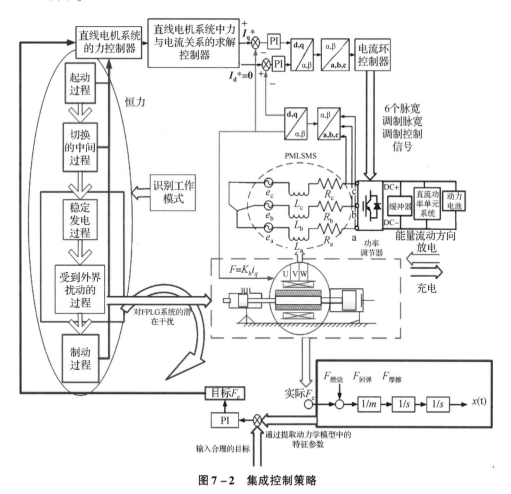

图7-2　集成控制策略

7.1 FPEG 系统起动与切换过程的控制问题研究

FPEG 发动机冷起动过程的控制需由相关的硬件和软件共同支撑。硬件系统是软件控制算法实现的载体，如只采用硬件控制系统可以实现一些简单的控制功能，然而复杂精确的逻辑控制就需要结合由软件系统平台上开发的控制算法。本小节中将分别介绍所设计的 FPEG 实验样机在发动机冷起动过程中所采用的硬件及软件控制系统。

FPEG 发动机冷起动过程的控制系统硬件组成部分主要为直线电动机、电机驱动器及电机控制器。本样机所选型的直线电动机为 XTA3808s，电机驱动系统采用 Copley Controls 公司生产的 XenusXTL 驱动器，电机控制器采用 Deltu 公司生产的可编程多轴运动控制器（programmable multi – axis controller，PMAC）运动控制卡。电机驱动器主要由整流滤波电路、智能功率模块、电流采样电路、编码器外围电路组成，在自由活塞发动机冷起动过程控制系统中主要作用是接收 PMAC 卡的控制指令，在内部完成控制信号伺服放大工作，驱动电子开关为直线电机的三相绕组供电。PMAC 作为一个高性能伺服运动控制器，通过数字信号处理器，以及灵活的高级语言最多可控制八轴同时运动。在起动过程控制系统中的主要作用是对控制量的目标值和反馈值进行比较，通过 PID 补偿运算自动调节电机的控制参数，将控制指令输出到驱动器。

PMAC 运动控制卡内部包含 PLC（programmable logic controller），即可编程逻辑控制器，PMAC 既可以执行运动程序，也可以执行 PLC 程序。PLC 的一个扫描周期必经输入采样、程序执行和输出刷新三个阶段。在 PLC 运行时，CPU 根据用户按控制要求编制好并存于存储器中的程序，按指令步序号（或地址号）作周期性循环扫描，如无跳转指令，则从第一条指令开始逐条顺序执行用户程序，直至程序结束，然后重新返回第一条指令，开始下一轮新的扫描。在 FPEG 发动机冷起动过程中，将提前基于起动过程的逻辑控制流程和 PLC 程序语言编程标准在 PMAC 控制软件中输入并保存好起动过程控制程序，编译器将 PLC 语言编译成二进制代码下载到 PMAC 上执行。

FPEG 发动机冷起动过程软硬件控制系统结构框图如图 7 – 3 所示。直线电机内置的位移传感器将实时监测电机动子的位移，通过信号处理得到速度、加速度信号，并将这些信号反馈至 PMAC 运动控制卡。PMAC 运动控制卡将根据指令位移和反馈位移形成控制偏差信号，PMAC 运动控制卡将偏差比例、积分、微分的线性组合构成控制变量，即可进行 PID 控制的调节。此外，PMAC 运动控制卡采集电流反馈值闭合电流环。PMAC 运动控制卡根据电机定子线圈中的实际电流信号调节并发出控制指令到驱动器的三相逆变模块，在驱动器内部完成控制信号的伺服放大工程，为直线电动机定子线圈中的三相绕组供电。通过缸压传感器采集在发动机冷起动过程中发动机左右两侧的缸压信号，将采集信号输入数据采集卡，通过 LabVIEW 软件实时显示并保存数据。

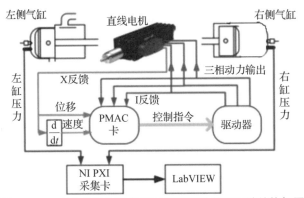

图 7 – 3　FPEG 发动机冷起动过程软硬件控制系统结构框图

基于以上控制系统，可以直接实现直线电动机电流、动子位移与速度的闭环反馈控制，从而实现闭环振荡起动控制策略。通过结合相应的控制程序，可使得直线电动机输出的实际电流大小保持恒定，电流方向始终和电机动子的速度方向保持一致。通过驱动器检测到的直线电机定子线圈中的电流波形如图 7 – 4 所示，

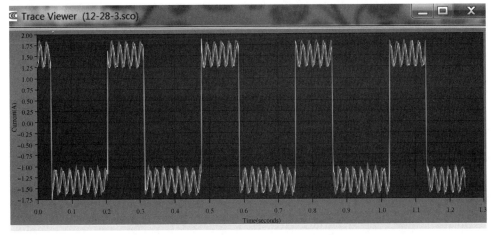

图 7 – 4　通过驱动器检测到的直线电机定子线圈中的电流波形

线圈的实际电流曲线与指令电流基本吻合。电动机输出的推力和定子线圈中的电流成正比，方向相同，因此通过所设计的发动机冷起动过程控制系统硬件和软件，最终可以实现电动机的输出推力保持恒定，方向和动子速度同相，满足振荡起动控制策略对电动机输出电机推力的要求。

电机内嵌有电压、电流、位移等测试装置，反馈到电机控制器里运算后，执行控制算法，通过驱动器进而控制电机运行状态；当系统达到稳定着火运行状态后，先将电阻负载并入回路，再将电机驱动器切除。具体原理见图 7 - 5，而且这些开关都是 IGBT 可控开关。

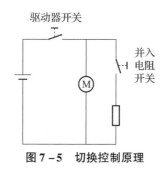

图 7 - 5　切换控制原理

7.2　FPEG 系统起动后的控制问题研究

针对起动后的系统，分析引起自由活塞发动机稳定控制问题的原因及系统混成动态特性，提出自由活塞发动机控制目标并进行任务分解，设计满足系统分层稳定条件的控制系统，建立混成系统稳定控制策略，并通过全周期性能仿真分析对控制系统性能进行研究。

7.2.1　直线电机式自由活塞发动机混成动态系统特性

混成动态系统可以较好地描述直线电机式自由活塞发动机系统。通常，研究者将由连续变量系统和离散事件系统相互作用而构成的一类动态系统称为混成动态系统，简称混成系统。它具有分层结构，并且其状态、行为和输出特性由离散事件和连续变量相互作用而决定。混成系统具有一些典型的特点，主要包括：系统由多个子系统构成，表现出不同的层次关系；系统由离散事件和连续变化过程混合构成，且离散事件与连续变化过程存在相互作用关系；系统在时间尺度上可以划分为多个不同过程，各过程具有相同或相异的变化行为。混成系统可以定义并分解为三个部分，即连续变量系统、离散事件系统和交互作用系统。其中，连续变量系统可以通过微分方程或差分方程进行描述，离散事件系统表现为逻辑变量的演化规律，连续变量和离散事件之间的交互作用关系则通过引入交互作用事件驱动与变量交换控制方程来体现在系统中。具体来说，在混成系统模型中，离散事件对连续变量的作用体现在通过在微分方程中引入离散输入状态变化，使系统包含一个或多个反映逻辑状态且受离散事件驱动的变量。连续变量对离散事件的作用则是通过变量判别条件，根据连续变量在某时刻的值或该变量的状态事件函数的值，确定离散事件状态及状态值。

直线电机式自由活塞发动机具有典型的混成动态系统特征。从结构构成角度来说，它由自由活塞发动机、直线电机和控制系统构成，并且其运行过程和能量转化过程具有明显的分层结构。从运行原理可以看到，系统运行包含了活塞往复运动、发动机进排气、扫气、火花塞点火、缸内燃烧和电机电磁转换等多个过程，最终实现了将燃料化学能向电机电能输出的换能。其中，发动机进排气、扫气、火花塞点火和燃烧等过程，如果不考虑短时间动态变化的影响，它们可以被看作是离散的状态事件过程，而活塞往复运动和电机电能输出则可以看作是变量连续的动态变化过程。系统运行过程交互作用关系如图 7 – 6 所示。

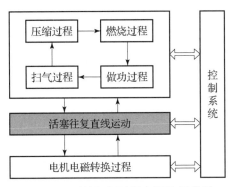

图 7 – 6　系统运行过程交互作用关系

从图 7 – 6 可以发现，各子系统及运行过程相互联系，连续变量与离散事件之间也存在密切的相互作用。具体表现是，发动机进排气口和扫气口的打开与关闭状态由活塞位移控制，即可以通过对比活塞位移与缸体结构尺寸的关系判别发动机缸内热力循环状态。同时，缸内燃烧由控制系统火花塞点火指令控制，每个周期的燃烧过程可以认为是离散的系统能量输入，点火时间、活塞运动过程和扫气过程等变量又对燃烧性能有直接影响。综上所述，直线电机式自由活塞发动机系统可以看作是一种混成动态系统。

为了更清晰地了解混成动态特性，提供有效的控制系统解决方案，基于以上介绍和分析，利用一般数学模型描述混成动态系统。完整的混成动态系统一般包括三种类型的变量，可以定义为输入、输出和状态变量。每种类型的变量又可能是由分别具有离散性或连续性特征的参量构成的。它们之间或多或少存在一定的相互关联，这种关联可以通过相应的函数进行描述。假设一个一般的混成动态系统的输入、输出和状态变量分别为

$$\begin{cases} U_H = u_H(U_{HD}, U_{HC}) \\ Y_H = y_H(U_{HD}, U_{HC}) \\ X_H = x_H(U_{HD}, U_{HC}) \end{cases} \tag{7-1}$$

式中，下标 D 和 C 分别表示该变量为离散状态参数和连续过程参数。

假设研究目标的时间域为 T_H，则在完全的时间范围内，有

$$T_H = [t_i, t_f] \subset R \tag{7-2}$$

式中，t_i 和 t_f 是端点时刻。将 T_H 拓展到系统运行全过程时间范围，则系统运行总时间可以表示为

$$T_H = \{[\tau_0', \tau_1][\tau_1', \tau_2], \cdots, [\tau_{n-1}', \tau_n]\} \tag{7-3}$$

式中，对于所有 $i = n$，有 $t_n \hat{I} T$。对于 $i = 1, 2, \cdots, n-1$，有 $t_n' = t_i$，$t_n = t_f$，且有 $t_n = t_n' t_{n+1}$。此时，下标 i 可以看作是离散变量状态变化的次数。

于是，一般的混成系统动态过程可以表示为

$$\begin{cases} I_H \subset X_H \\ f_H : X_H \times U_H \\ E_H \subset X_H \times U_H \times X_H \\ h_H : X_H \times U_H \end{cases} \tag{7-4}$$

式中，I_H 为初始状态集合。为了不失一般性，利用 q_H 表示离散变量与连续变量之间相互关联状态函数。于是

$$[q_H(\tau_0'), x_H(\tau_0')] \in I_H \tag{7-5}$$

f_H 为在连续时间域内存在由微分方程构成的连续函数，且对于任意时间 $t \in [t_{n-1}', t_n']$，都满足

$$\frac{dx_H}{dt} = f_H[q_H(t), x_H(t), u_H(t)] \tag{7-6}$$

E_H 为状态变量集合，且对于任意时间 $t \in [t_{n-1}', t_n']$，都满足

$$[q_H(\tau_1), x_H(\tau_1), u_H(\tau_1), x_H(\tau_i'), q_H(\tau_i')] \in E_H \tag{7-7}$$

h_H 为一个确定的输出函数。对于时间域内的任意时刻，即 $t \in T_H$，满足

$$y_H(t) = h_H[q_H(t), x_H(t), u_H(t)] \tag{7-8}$$

联立综合上述方程就可以构成一个完整描述混成动态系统的一般数学模型。从建立的一般模型可以看到，离散事件对连续变量的作用体现在将离散输入引入部分微分方程中，使系统模型中包含反映逻辑状态的变量。逻辑状态的演化又受离散事件驱动。连续变量对系统离散事件的作用是通过状态条件变换实现的。根据连续变量的某时刻值或以这些变量为自变量的"事件函数"的值与预先定义好的条件作比较，从而判别是否形成"事件"状态变化，继而获得离散事件状态变量值。

利用一般混成动态系统模型可以对直线电机式自由活塞发动机系统进行描述。通过分析两者之间的映射关系，可以说明所建立的一般模型对于分析系统动态性能具有一定的有效性。这种有效性及映射关系主要表现在以下几个方面。

其一，在时间域内，即在直线电机式自由活塞发动机运行过程中，时间区间下标 i 不仅是系统离散变量状态变化的次数，也可以看作是活塞往复运动的周期数。每一个时间区间长度即 $[t'_{n-1}, t'_n]$，可以看作是活塞往复运动周期。

其二，初始状态由系统起动过程完成后的性能参量决定，包括缸内压力、活塞初始速度、电磁阻力和感生电流、电压等。这些参量之间的相互作用关系遵守第 3 章建立的系统能量传递与转换规律，且各参量之间的变化过程可以由第 2 章建立的系统性能仿真模型描述，即混成动态系统模型中的 x_H 及其微分方程 f_H。

其三，E_H 描述了混成系统的状态变量集合。在发动机和电机子系统中分别存在有限的状态变量集合，例如发动机的压缩、扫气、进排气和燃烧放热及膨胀状态，电机的象限模式转换状态。同时，由于 E_H 与离散事件触发前后状态均有一定关系，因此，式（7-8）中必然包括两个相邻周期的参量。另外，这些状态变量的选择与判断条件可以通过实际工况决定，如由活塞位移判断发动机循环过程等，由此可以构成 q_H。

其四，直线电机式自由活塞发动机系统的输出体现在能量转化过程中。它不仅与发动机运行情况有关，也与直线电机电磁转换过程有关。发动机能量输入的变化可能会改变系统输出，由控制系统实施的运行策略变化也会导致输出总功率或效率发生变化。这也体现了混成动态系统的输出项 y_H 与系统初始状态、输入变量和关联状态有关。

总之，通过建立一般的混成动态系统数学模型，能够较为完整地描述直线电

机式自由活塞发动机系统，有助于分析其动态特性，并从中发现多变量强耦合作用下的稳定控制规律。了解混成系统结构特点和动态特性，特别是归纳其特殊的分层结构和连续过程与离散变量相互作用关系，对继续研究直线电机式自由活塞发动机控制问题具有重要的指导意义。通过对直线电机式自由活塞发动机稳定控制问题的研究，也可以促进混成动态系统建模与控制理论的研究应用。

7.2.2　系统控制问题分析

自由活塞发动机的控制问题一直是研究人员关注的重点。对于单自由活塞发动机来说，通过负载装置的精确控制可以获得较为可靠的连续运行。在液压式单自由活塞发动机中，液压缸不仅作为负载功率输出装置，还作为回复装置。通过精确的液压控制，利用下止点活塞速度为零和压缩行程的起始由液压缸能量释放决定的运行特点，可以实现有效的频率控制。在理想条件下，可以利用这种被称为"脉冲－暂停－调制（pulse－pause－modulation）"的控制方法获得部分负载工况下的高效率运行。这种控制方法也被应用在以压缩气缸作为回复装置的直线电机式单自由活塞发动机的研究中，并获得了良好的系统稳定性。尽管从活塞往复运动过程的"质量－弹簧－阻尼"系统分析可以发现，无论是单自由活塞发动机还是双自由活塞发动机，它们都具有相似的能量流动特性。但是，相比单自由活塞发动机而言，双自由活塞发动机的控制问题变得更加复杂。这主要是因为，两个气缸的直接耦合作用关系使得系统对周期变化的敏感性更强，也对燃烧放热过程的稳定性提出了更高的要求。

研究人员在液压式双自由活塞发动机的控制问题研究方面取得了一定成果。在液压式双对置自由活塞发动机的研究中，Tikkanen 等人利用简化的系统能量守恒模型对控制系统进行研究。通过精确的液压控制系统，对周期燃烧放热波动及其引起的能量平衡状态失稳进行干预，以抵消能量偏差余值。他们在一台液压式双自由活塞柴油发动机上进行了试验，基本获得了连续的稳定运行。在周期波动过程中，控制系统通过对喷油量和压缩比进行控制，促使系统主动适应变化波动引起的能量失衡，经过短暂振荡过程后恢复稳定状态。相应的性能及控制系统性能基本满足设计要求。这种方法也被国内研究者采用。借鉴他们的研究思路和方法，可以有助于开展对直线电机式自由活塞发动机的控制策略研究。

直线电机式自由活塞发动机的稳定控制策略必须考虑负载即直线电机的动态

性能。由于直线电机式自由活塞发动机和液压式自由活塞发动机的负载装置不同，特别是直线电机与液压缸具有明显不同的性能特性，因此，这种差异可能会对控制系统设计提出不同的要求。一般来说，直线电机的瞬态响应比液压缸要迅速，主要是因为液压缸液体流动存在一定的阻尼，相比电机电磁推力及电磁作用在一定程度上要缓慢一些。另外，直线电机负载电路存在明显的"开 – 关（on – off）"变化特点，表现在负载相关的性能参数的变化上就是出现明显的阶跃性波动。这种波动几乎没有延时，瞬间产生的电磁阻力变化将直接影响活塞组件的加速度，继而引起活塞运动规律发生变化，造成缸内燃烧放热及峰值压力出现变化，或者说阶跃性的负载变化直接影响系统能量转换，引起能量失衡，产生失稳倾向。

利用对电机的状态进行有效控制可以获得活塞运动稳定控制。徐照平等人在其开展的单缸四行程直线电机式自由活塞发动机研究中应用了这种方法。他们将自由活塞的往复运动控制近似看作是一类点到点的动力学控制问题，忽略动态运行过程对具体运动规律的要求。以电机状态切换的 Bang – Bang 控制器为基础，结合状态切换位置的迭代学习调整策略，建立了活塞运动控制器。在样机设计中，该控制策略应用在可控的电机四象限运行直流 PWM 变换器及其电能存储装置中，获得了较好的系统稳定性。由此可见，针对电机运行状态的电机控制系统及策略对系统性能稳定运行十分重要。

综上所述，直线电机式自由活塞发动机的控制问题是由其结构特点和运行方式引起的。具体来说，在实际运行过程中，燃烧或负载时常发生波动，引起活塞运动不稳定，系统产生失稳倾向。如果没有有效的稳定控制方法，燃烧波动或负载变化直接影响活塞运动，继而影响扫气和燃烧过程，那么造成的结果是，活塞或是无法达到预定止点，使得缸内出现熄火导致停机，或是行程过长导致撞缸。虽然曲轴连杆的摒除带来了众多性能优势，但也带来了多变量控制的复杂性，提高了运行维持的难度。控制系统及策略是稳定运行的关键，也是当前研究急需解决的问题之一。另外，对直线电机式自由活塞发动机的控制策略研究可以借鉴液压式自由活塞发动机相关方面的研究成果。

7.2.3 控制系统设计目标与解决方案

直线电机式自由活塞发动机控制系统设计的目标是实现系统连续稳定运转。通过前面的系统运行稳定性机理分析发现，系统稳定运行的基本条件是分层次的。对于每一个基本条件，需要有针对性地建立控制系统。为了综合满足这些条件，采用分层的混合控制系统是一种较为适用的方法。分层的混合控制策略也是解决复杂的混成动态系统稳定问题的一种方式。由此，控制系统设计目标可以采用分层结构。分层混合控制系统控制目标如图 7-7 所示。

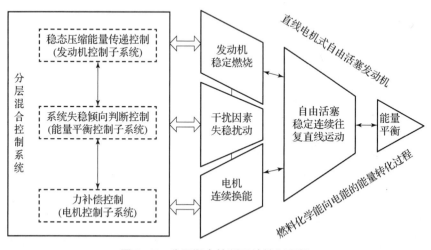

图 7-7　分层混合控制系统控制目标

从图 7-7 可以看到，分层的系统稳定运行条件以发动机稳定燃烧和电机连续换能为基础，通过活塞稳定连续的往复直线运动实现最终的能量平衡。其中，干扰因素与失稳扰动存在于直线电机式自由活塞发动机运行过程中，对系统稳定性产生影响。针对不同层次的稳定性控制目标，设计面向不同控制变量的控制子系统。例如，以发动机保持稳定燃烧为目标，设计发动机控制子系统实现稳态压缩能量传递控制；以电机维持连续换能为目标，设计电机控制子系统实现等效电惯性力补偿控制；以系统总体能量平衡综合控制为目标，设计实现系统失稳倾向判断控制，通过活塞运动规律和能量平衡状态进行有效判断，协调控制子系统形成有效的控制策略。根据上述控制系统目标和基本结构，结合实际系统或样机结构设计，就可以选择适当的控制参数，建立具体的控制策略，最终就可以获得全面完善且有效的控制系统解决方案。

控制系统解决方案应以自由活塞发动机控制子系统为主。自由活塞发动机是直线电机式自由活塞发动机的原动机。系统稳定控制的重要目标是获得稳定的燃烧与压缩过程。作为唯一的系统输入能量，燃烧产生的气体爆发压力是影响活塞运动的关键。一旦缸内燃烧波动超过一定范围，就可能会引起缸内失火或活塞撞缸，直接影响系统稳定运行并导致故障。另外，直线电机式自由活塞发动机的众多性能优势也更多地体现在发动机性能方面。发动机高效、稳定运行是总体性能的关键。因此，发动机子系统控制及其策略是直线电机式自由活塞发动机控制系统的核心部分。

电机控制子系统是控制系统解决方案的重要组成部分。系统中的直线电机是能量输出装置，其性能直接影响系统总效率。其中，电机电磁阻力是连续作用在自由活塞组件上的，阻力系数与负载系数相互关联，对输出功率等性能指标有一定影响。虽然电机经常以一种被动输出端口的角色存在系统中，但是它作为能量平衡的重要部分，体现在利用电磁阻力阻尼活塞运动，通过电磁换能的方式"消耗"活塞动能，实现感生电能的输出。相对发动机子系统而言，电机子系统与电能负载的联系更加紧密。负载的波动即负载系数变化会对电磁阻力产生瞬间的影响。因此，通过一定方式对电磁阻力进行补偿以等效削弱负载波动，可以建立电机控制子系统。

控制系统解决方案还包括一个关键子系统，即能量平衡控制子系统。该子系统的设计目标是总体上对系统的能量流动过程进行平衡控制，功能是监测系统动态性能，获得能量失稳倾向，判断其趋势及对稳定性的影响，并对发动机和电机控制子系统进行控制指令调配及参数选择。具体职能是，当系统受到波动干扰时，无论是燃烧波动或是负载变化，能量平衡控制子系统通过对活塞速度等性能指标的实时监测情况来判断系统失稳倾向，确定波动所造成的能量失衡状态，并根据不同目标选择适当的控制策略，最后实施并应用决策。如果考虑到能量平衡控制子系统的判断、决策与选择功能，那么从分层控制系统构成上可以将它称为上层控制系统，将发动机与电机控制子系统称为下层控制系统。

根据控制目标和要求提出上述控制系统解决方案。设计的分层混合控制系统既和直线电机式自由活塞发动机结构匹配，也满足了分层的稳定性控制目标条件，还与混成动态系统的强关联参数解耦及稳定性运行要求相适应。因此，在上述分层混合控制系统结构框架下，通过合理的控制策略设计和参数选择，可以较好地获得直线电机式自由活塞发动机控制问题解决方案。

7.2.4　分层混合控制系统设计与性能分析

直线电机式自由活塞发动机系统是典型的混成动态系统，具有结构分层、连续的动态过程与离散控制事件相互作用的特点。通过前面分析可以发现，在系统稳定运行过程中，自由活塞连续的往复直线运动过程是系统稳定性的外部表现，其内在本质是系统能量的稳定传递与转换过程。整体的闭环反馈控制系统原理如图 7 - 8 所示。

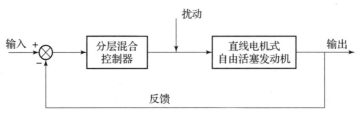

图 7 - 8　整体的闭环反馈控制系统原理

在图 7 - 8 所示的闭环反馈系统中，输入是指理想状态下的稳定运行过程运行参数。扰动是指影响系统稳定运行的因素，其中，既有来自系统外部的，如负载变化，也有来自系统内部的，如燃烧波动。建立分层混合控制系统及设计相应的控制策略是本节要着重进行的研究工作。

控制策略研究的系统运行情况和性能参数已经基本获得。通过第 2 章的自由活塞运动特性研究，得到了自由活塞往复运动的特点及其对性能的影响规律。通过第 3 章的能量传递与转换过程研究，获得了系统运行的能量流动特性。本章前述分析也对系统混成特性及其带来的控制问题进行了全面剖析，根据稳定性控制目标提出了简要的分层混合控制系统结构。在此基础上，本节将对控制系统及策略进行全面的深入研究，以期建立初步的直线电机式自由活塞发动机稳定性控制理论。

7.2.5　控制系统模型结构设计

合理选择控制系统的控制对象是控制策略有效性的前提。对于直线电机式自由活塞发动机的分层混合控制系统的设计，必须考虑实际样机结构形式。在实际样机设计中，摩擦力是固有的机械损耗，它虽然与活塞速度有关，但是其数值一般是不能够被主动控制的。另外，由于样机采用自然吸气的气口式扫气方式，气口位置和开度已经固定，因此，扫气过程只与活塞运动规律有关。燃油供给方式采用进气道连续喷射，假设燃料混合情况良好，在不考虑喷油规律和燃油雾化对燃烧影响的前提下，实际可控制执行的参量只有节气门开度和火花塞点火时间。对于实际的电机部分进行类似分析可以发现，由于采用了永磁型直线电机和相应的电机驱动器，在现有电机驱动和控制方式下暂时无法实现通过改变电磁系数或电机状态对电机阻力及动态性能进行控制，因此，根据相似性假设和理论推导，决定采用一种等效电惯性力的方法实现电机控制子系统。在实际样机中，这种控制策略可以通过采用双动子电机形式来实现。在后续章节的试验研究中将会进行详细介绍。

控制系统的控制对象与控制目标相互对应。前面分析获得的研究目标为选择控制对象提供了有效的依据。保持系统能量动态平衡就是要求每周期能量余值变化保持不变，连续周期的能量传递保持稳定是要求保持传递的压缩能量稳定，稳定的燃烧过程明确要求了缸内燃烧放热规律基本保持不变，活塞组件稳定的往复运动也提出对上下止点位置和运动规律的稳定性要求。连续稳定运行的抗干扰性能要求系统对波动影响能够及时响应，并且能够快速恢复稳定。于是，结合上述获得的控制问题解决方案和实际样机控制、执行和测试系统的结构，建立了详细控制系统结构模型，如图 7 – 9 所示。

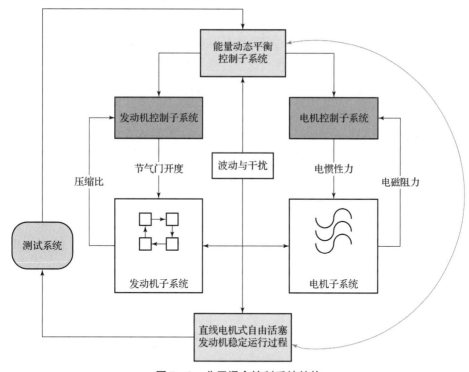

图 7 – 9　分层混合控制系统结构

从图 7 – 9 可以看到，上层的能量动态平衡控制子系统与发动机和电机控制子系统相连接。发动机控制子系统获得发动机子系统反馈的压缩比，通过调节节气门开度对其进行控制。电机子系统将电磁阻力反馈给控制系统，并受到控制系统通过调节电惯性力给予的作用。系统稳定运行过程中出现的波动与干扰直接作用在发动机和电机子系统上，并受到能量动态平衡控制子系统的监测。样机运行过程中的各性能参数通过测试系统采集分析后传递给控制系统。

7.3　FPEG 系统控制策略研究

7.3.1　基于系统稳定失稳判断的上层控制策略

系统稳定运行过程是能量动态平衡的过程。当出现波动或干扰时，稳定控制系统必须能够有效地消除偏差和抑制干扰。直线电机式自由活塞发动机系统具有典型的混成系统特性，各个参数之间存在较强的耦合作用，并且发动机和电机两个子系统又有明显的不同运行特性。这给控制系统设计带来了难题。为了解决控制系统复杂性的问题，根据混成系统分层结构特点，设计了分层混合控制系统，以期将系统控制目标分解，简化每一个子系统及其相互间的强耦合作用。能量动态平衡控制子系统以保持动态的能量平衡为目标，基于系统稳定失稳判断来协调发动机和电机控制子系统进行具体控制执行。

从控制系统分层结构可以看到，能量动态平衡控制子系统是上层控制系统。它并不直接对具体的发动机和电机运行参数和性能进行控制，而是通过对系统运行状态的监测，利用自身控制策略对系统失稳倾向进行研判，进而对下层的子控制系统进行协调，下达控制目标指令。这样的设计是由系统的发动机和电机强耦合特性决定的。通过上层控制策略对发动机和电机系统进行解耦，不仅能够减少控制系统的输入和输出参数数量，降低控制策略复杂性，还可以较好地满足系统稳定运行分层目标要求。简单地说，就是通过能量动态平衡动态控制系统将直线电机式自由活塞发动机"一分为二"，即在上层控制系统统一"调度"和"指挥"下，发动机和电机的控制子系统各自"独立"运行。

能量动态平衡控制子系统采用开环形式，其结构如图 7 – 10 所示。控制系统通过测试系统监测运行过程，获得运行状态的关键参数，包括对应活塞运动特性的活塞位移，对应发动机循环过程的峰值压力和对应电机电磁换能的感生电势。通过与设定值进行对比判断，分析系统运行过程的失稳倾向，研判能量不平衡程度，根据指令库获得目标控制指令，并传送给发动机控制子系统和电机控制子系统。上层控制系统采用 If – Then 的控制策略，其输入变量、输出变量和基本控制策略如表 7 – 1 所示。

表 7 – 1　能量动态平衡控制子系统控制策略

输入	判断标准/If（与设定值的绝对偏差比例）	输出/Then	
		发动机控制使能	电机控制使能
活塞加速度	≤30%	TRUE	FALSE
	>30%	TRUE	TRUE
峰值压力	≤30%	TRUE	FALSE
	>30%	TRUE	TRUE
感生电动势	≤35%	TRUE	FALSE
	>35%	TRUE	TRUE
感生电流	≤35%	TRUE	FALSE
	>35%	TRUE	TRUE

图 7 – 10　能量动态平衡控制子系统结构

　　控制系统根据输入变量与设定值之间的偏差判断系统失稳趋势，有选择地对发动机和电机控制子系统进行使能驱动。之所以选择这样的控制策略，主要是因为现有电机选型及相应的控制与驱动系统限制了控制策略的灵活性。在试验样机设计过程中，复杂的电机象限切换与励磁控制尚无法全面实现，因此，首先选择以发动机为主的控制策略。通过后面的分析还可以发现，由于发动机燃烧波动对活塞运动规律十分敏感，例如压缩比和止点位置变化会显著地影响发动机燃烧，因此，当扰动引起的能量不平衡或失稳倾向超过一定范围时，必须使用适当的电机控制来弥补单纯依靠发动机控制保持系统稳定的不足。

7.3.2　基于稳态压缩能量传递的控制策略

建立发动机控制子系统是为了较为可靠地控制自由活塞发动机运行过程，获得良好的稳定运行性能。通过能量流动过程分析可以看到，压缩能量和压缩能量变化不仅可以表征系统运行稳定性状态，还对系统保持连续稳定运行趋势至关重要。因此，稳态压缩能量传递是能量流动稳定性的基本要求。缸内压力由燃烧放热决定，压缩过程产生的压强和温度直接影响燃烧。在压缩过程中，缸内气体压强和温度逐渐升高，活塞动能转化为内能。为了获得稳定的燃烧放热和连续的能量传递平衡状态，必须控制压缩过程，即对压缩能和压缩比进行有效控制。

具体来说，被传递的压缩能量不仅影响活塞运动，还影响着下一个周期的燃烧情况。通常，如果传递的压缩能过小，则燃烧条件变差，容易出现失火；如果压缩能过大，则可能出现活塞撞缸。在压缩能传递过程中，必然存在气体泄漏和散热损失。如果能够通过控制其他能量来弥补损失的压缩能量，就可以保持每周期各燃烧室压缩能稳定，形成波动较小的燃烧，从而获得连续的能量转换与传递过程，即保持稳定运行状态。选择压缩比和节气门开度为控制变量，建立发动机控制子系统框图，如图 7 − 11 所示。其中，纵向标识自由活塞发动机的输入与输出是指与电机子系统的交互。

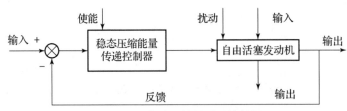

图 7 − 11　发动机控制子系统框图

为了更清晰地表明压缩能量与压缩比的关系，将压缩能量模型并将理想气体状态方程代入其中，可以获得

$$E_{\mathrm{c}} = -\int_{x_{\mathrm{EX}}}^{x_{\mathrm{TDC}}} p_0 \left(\frac{V_0}{V}\right)^{\gamma_{\mathrm{c}}} \mathrm{d}V \tag{7-9}$$

式中，p_0 为压缩过程初始时刻缸内压力；V_0 为压缩过程初始时刻缸内气体体积；γ_{c} 为压缩过程多变指数。考虑到压缩比 R 可以表示为

$$R = \frac{V_0}{V} \tag{7-10}$$

得到压缩能量为

$$E_c = \frac{p_0 V_0}{\gamma_c - 1}(R^{\gamma_c - 1} - 1) \tag{7-11}$$

由式（7-11）可以看到，压缩比可以用于表征压缩能量。通过对压缩比的有效控制可以实现对压缩能量的控制，建立稳态压缩能量传递控制策略。

在系统运行过程中，压缩能量变化是由系统能量输入与输出的不平衡产生的。由于选用了电机推力作为控制目标，且动力缸的压缩能量变化与回弹缸的压力变化其实可以视为一致的，而摩擦力与电机推力在假设时都是黏滞阻尼力，因此可以视为一体，所以

$$E_i(n) = E_e(n) + E_c(n+1) - E_c(n) \tag{7-12}$$

假设系统稳态情况下压缩能量控制目标值为 E_{c0}。采用比例 – 积分 – 微分（PID）控制器进行控制，于是，由式（7-12）可以得到第 n 周期的能量传递期望状态为

$$E_i(n) = E_e(n) + E_{c0}(n+1) - E_c(n) + u(n) \tag{7-13}$$

式中，$u(n)$ 为 PID 控制器的输出量，且

$$u(n) = P(n) + I(n) + D(n) \tag{7-14}$$

式中，

$$\begin{cases} P(n) = K_P \cdot e(n) \\ I(n) = K_I \cdot e(n) + I(n-1) \\ D(n) = K_D[e(n) - e(n-1)] \end{cases} \tag{7-15}$$

式中，$P(n)$、$I(n)$ 和 $D(n)$ 分别为控制器的比例项、积分项和微分项；K_P、K_I 和 K_D 分别为比例系数、积分系数和微分系数；$e(n)$ 是指压缩能量与设定压缩能量的偏差项，即

$$e(n) = K_c[E_{c0}(n+1) - E_c(n)] \tag{7-16}$$

式中，K_c 为偏差项增益系数。

假设每周期燃料燃烧放热量与节气门开度近似成正比例关系，则有

$$E_i(n) = K_i \cdot \theta \tag{7-17}$$

式中，K_i 为节气门开度比例系数，θ 为节气门开度。

在设定参数小范围变化情况下，式（7-11）描述的压缩比与压缩能量可近似为正比例关系。假设 K_R 为近似的比例系数，则有

$$E_c(n) = K_R \cdot R \tag{7-18}$$

以节气门开度和压缩比为控制输出变量，联合式（7-12）~式（7-18）各式并通过数学推导获得控制系统的状态空间表达式为

$$\begin{cases} x(n+1) = Ax(n) + Bu(n) \\ y(n) = Cx(n) + Du(n) \end{cases} \quad (7-19)$$

式中，A、B、C 和 D 为状态空间系数矩阵。各矩阵分别为

$$A = \begin{pmatrix} -K_c(K_P + K_i + K_D) & -K_D & 1 \\ -K_c & 0 & 0 \\ -K_i K_c & 0 & 1 \end{pmatrix}$$

$$B = \begin{pmatrix} 1 + K_c(K_P + K_i + K_D) & 0 & 0 \\ K_c & 0 & 0 \\ K_i K_c & 0 & 0 \end{pmatrix} \quad (7-20)$$

$$C = \begin{pmatrix} K_R & 0 & 0 \\ -1 - K_c(K_P + K_i + K_D) & -K_D & 1 \end{pmatrix}$$

$$D = \begin{pmatrix} 0 & 0 & 0 \\ 1 + K_c(K_P + K_i + K_D) & 1 & 0 \end{pmatrix}$$

根据式（7-19）建立的状态空间表达式，将实际结构参数和控制系统参数代入系数矩阵 A，其特征值及根符合稳定性判据。因此，基于稳态压缩能量传递的发动机控制子系统在实际参数约定范围内是稳定的。

7.3.3　基于直线电机的变负载控制策略的开发

（1）以稳定压缩比为目标的变负载控制

在运行过程中会遇到燃烧波动以及其他不可预期的扰动影响，从而使活塞运动状态发生变化。由于没有类似曲柄连杆机构的约束，活塞运动状态的变化必然影响下一个循环的压缩过程，并使其压缩比发生变化。压缩比变化直接导致燃烧条件发生恶化，严重时容易诱发失火或撞缸停车。稳定的压缩比是维持内燃机稳定工作的基本条件，常规内燃机通过曲柄连杆机构可以轻易实现，但对于自由活塞内燃发电动力系统来说，需要依靠变负载控制的方式改变电机推力进而约束活塞运动的能力，稳定压缩比的控制方法，将从以下两个方面进行实施探讨。

①变负载控制对实现预定压缩比的控制。

②变负载控制对抑制燃烧波动引起的压缩比变动的控制。

在自由活塞内燃发电动力系统工作时，压缩比是通过活塞的 TDC 位置计算得到的。在发生燃烧波动的情况下，活塞在不受控的自由状态下会导致 TDC 位

置的变化，从而使压缩比改变。由于很难准确描述在燃烧波动状态下的系统各参数，因此不适合使用解析解的方式对系统进行控制，采用闭环负反馈控制将会给控制过程带来便利。在实施压缩比控制时，以实际压缩比与期望压缩比的偏差作为控制输入，系统根据该输入值对等效负载进行调节，通过改变总负载的阻抗来影响发电机/负载回路的电流强度，以此改变电磁推力，从而实现对活塞的约束。在控制系统中，负载系数映射了实际负载阻抗的大小，因此在控制系统中用负载系数来描述负载对电磁推力的影响，如图 7 – 12 所示。

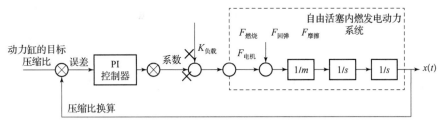

图 7 – 12　自由活塞内燃发电动力系统压缩比闭环控制模型

由发动机匹配设计得出在特定的喷油量下，压缩比为 10 时对发动机的动力特性与燃烧特性最佳，所以选择以压缩比为 10 作为控制目标，仿真结果如图 7 – 13 所示。

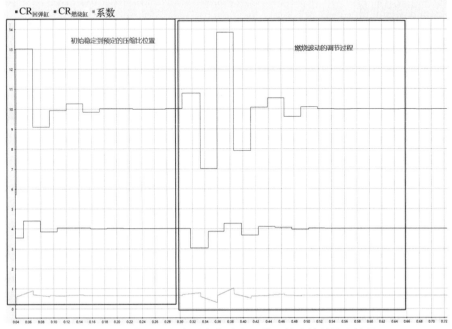

图 7 – 13　自由活塞内燃发电动力系统压缩比控制仿真结果

通过对图 7 - 13 分析可知，第一阶段是稳定燃烧放热情况下峰值缸压控制的效果，可发现在稳定燃烧阶段通过检测上一循环的压缩比，去调控下一循环的负载系数可以完成目标压缩比的控制，此方法可以用来在特定稳定的运行工况下匹配电机推力，完成参数匹配的工作。在第二阶段连续两个循环发生了燃烧波动（以输入能量减少的 30% 来反映），通过调控电机推力，实现飞轮的作用，快速消弭燃烧波动造成的无法按照原计划轨迹运行的影响。通过将近 8 个循环的调控，最后负载系数稳定在一个特定的值，这个值和稳定燃烧阶段对应的值一样，体现出变负载控制只是消弭扰动发生的几个循环。当进入稳定运行阶段后，无波动时，仍按照匹配的电机推力运行，体现出了变负载控制具有"削峰填谷"的作用。但是在实际过程中燃烧是受各种因素影响的，如果消弭的周期不能控制在一个循环内，由于波动是会积累的，就会传递到下一个循环，波动的不确定性就会越大，所以此控制方法不太适用于本系统。

（2）以稳定峰值缸压为目标的变负载控制

自由活塞内燃发电动力系统的运行状态也可以从气缸压强的稳定度去考察。在自由活塞内燃发电动力系统工作时，不同的燃烧放热条件会对应不同的缸压状态。因此，有效控制自由活塞内燃发电动力系统的气缸压强也是稳定自由活塞内燃发电动力系统运行的方法之一。稳定峰值缸压的控制方法，将从如下两个方面进行探讨。

①变负载控制对实现预定峰值缸压的控制。

②变负载控制对抑制燃烧波动引起的峰值缸压变动的控制。

在自由活塞内燃发电动力系统工作时，气缸压强通过压力传感器实时测量得到。在发生放热异常的情况下，缸压随放热量的变化而变化，从而偏离期望缸压。在控制过程中，如按照跟随整个压强曲线的方式进行控制，将存在很大的实施困难，且没有必要。以峰值缸压作为缸压的特征进行控制则相对简单，且峰值缸压的稳定程度可以作为评价自由活塞内燃发电动力系统工作稳定状态的参数。实施峰值缸压控制时，通过采集到的峰值缸压与目标缸压进行对比，使用其偏差作为控制的输入量。通过闭环控制调节负载系数，使作用在活塞组件上的电磁阻力发生变化，约束活塞运动，使峰值缸压跟随该变化而变化。当偏差量小于期望值时，停止调节，完成峰值缸压的稳定控制。与控制压缩比的方式原理相同，采集参数调整为气缸内压强，同时将 PI 控制器参数对应调整。峰值缸压的控制模型如图 7 - 14 所示。

考虑到汽油机动力特性，在零维仿真下，以 8 MPa 的峰值缸压目标作为控制

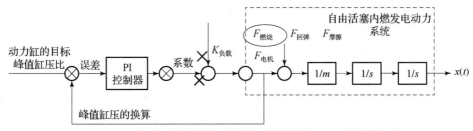

图 7 – 14　自由活塞内燃发电动力系统峰值缸压闭环控制模型

目标，这个目标值可以在实验标定时进行不断修正以匹配出符合自由活塞内燃动力系统最优运动特性，本系统选择的峰值缸压目标只是为了验证控制机理的合理性。峰值缸压控制仿真结果如图 7 – 15 所示。

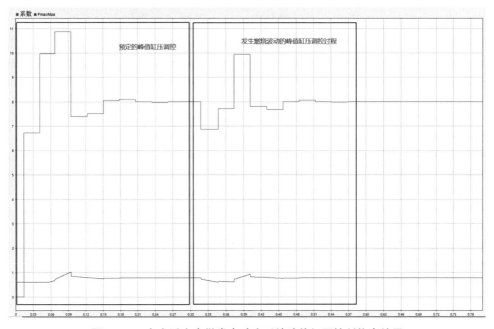

图 7 – 15　自由活塞内燃发电动力系统峰值缸压控制仿真结果

通过图 7 – 15 分析可知，第一阶段是稳定燃烧放热情况下峰值缸压控制的效果，可发现在稳定燃烧阶段通过检测上一循环的峰值缸压，去调控下一循环的负载系数可以完成目标峰值缸压的控制，此方法可以用来在特定稳定的运行工况下匹配电机推力，完成参数匹配的工作。在第二阶段连续两个循环发生了燃烧波动，通过调控电机推力，实现飞轮的作用，快速消弭燃烧波动造成的无法按照原计划轨迹运行的影响，通过将近 8 个循环的调控，最后负载系数稳定在一个特定的值，这个值和稳定燃烧阶段对应的值一样，体现出变负载控制只是消弭扰动发生的几个循环，当进入稳定运行阶段后，无波动时，仍按照匹配的电机推力运行，体现出了变负载控制是具有"削峰填谷"的作用，但是在实际过程中燃烧是受各种因素的影响，如果消弭的周期不能控制在一个循环内，由于波动是会积累的，就会传递到下一个循环，波动的不确定性就会越大，所以此控制方法不太适用于本系统。

（3）以稳定压缩比与高速阶段速度的级联控制式的变负载控制

基于以上两种控制方法分析得到无法实现单次循环内滤除绝大部分的波动，在实际系统上会造成燃烧波动积累效应越来越强，这是自由活塞内燃动力发电系统不能长时间稳定运行的根本。因此提出一个级联式的控制方法，一个循环内从检测一个点作为调控理由，变为一个循环内检测多个点作为调控理由，这样会加快收敛速度，为单循环内滤除大量的波动提供了可能性。位移环控制器使用共振摆式控制器，速度环使用 PI 控制器，且速度环的 PI 控制器使用两套，一个控制器用于调控膨胀冲程，另一个控制器用于调控压缩冲程。级联控制原理如图 7 – 16 所示。

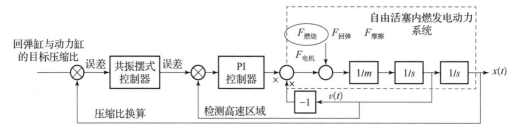

图 7 – 16　级联控制原理

该级联控制方法中共振摆式控制器是基于自由活塞内燃动力发电系统的运动特性所提出的比较创新式的想法，由于自由活塞内燃动力发电系统的运动特性是往复式的，这样动力缸与回复缸的压强特性是相互耦合的，因此共振摆式控制器提出的控制思想是根据测量得到上一循环回弹缸与动力缸的压缩比，产生本次循环的目标速度。又由于考虑到燃烧与进排气时的气流组织易受扰，所以在速度控制器的作用阶段，选择燃烧结束与排气门关闭期间，此时也恰是自由活塞内燃动力系统的高速运行阶段，可以简化为受动力缸压力与空气弹簧压力以及电机推力的简谐振荡原理的自由运动部分。共振摆式控制器产生的速度命令是矩形波，由幅度 A 和偏移量 O 定义，使用上下止点处的压缩比误差来计算 A 和 O，CR_TDC 代表动力缸压缩比，CR_BDC 代表回弹缸压缩比。

$$\begin{cases} A = k_A \int (E_{CR\_TDC} - E_{CR\_BDC}) \, dt \\ O = k_O \int (E_{CR\_TDC} + E_{CR\_BDC}) \, dt \end{cases} \tag{7-21}$$

当 CR_TDC 和 CR_BDC 两者的压缩比均超过命令时，动子的振荡幅度应减小，因此幅度 A 值降低。同样，当这两个压缩比都不足以满足命令时，动子的振荡幅度应增大，因此幅度 A 值增加。相反，当 CR_TDC 超过命令且 CR_BDC 不足以满足命令时，动子应向下止点振荡，从而需要减小偏移量 O。同样，当 CR_TDC 不足以满足命令且 CR_BDC 超过命令，动子应向上止点振荡，从而增加偏移量 O。由于自由活塞内燃发电动力系统中动子被认为是周期性地重复振荡，因此本循环的速度命令值可通过上一循环产生。共振摆式控制器控制原理如图 7 - 17 所示。

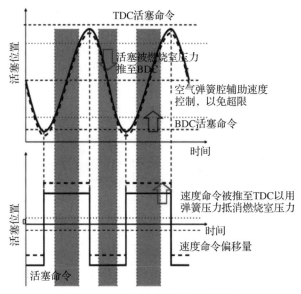

图 7 - 17　共振摆式控制器控制原理

该控制方案的具体执行效果如图 7 - 18 所示。

从以上可反映出，参数匹配与燃烧波动调控都可在本次循环内实现稳定调控，有效地滤除了燃烧波动现象，控制作用可比传统发动机的飞轮作用。因此本系统主要选择级联控制作为变负载控制的主要思想。

（4）基于双参数的控制研究

由于压缩比和缸内压强是强耦合关联的，使两个参数不能任意组合，因此，单独使用变负载控制不能实现缸压和压缩比的同时控制。而在变负载控制下，对应相同压缩比的峰值缸压会因为进入系统的热量不同而发生差异。

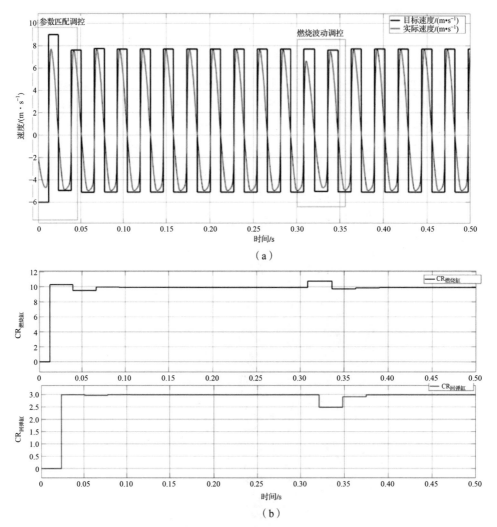

图 7 – 18   级联控制效果

（a）速度控制命令与实际运行速度；（b）回弹缸与动力缸的实际压缩比

对于确定的 FPEG 系统，压缩比和缸压的变化都反映了进入系统和从系统输出能量的变化情况，因此控制压缩比和缸压可以从调节能量的方法上入手。通过控制喷油量，则可以调节进入系统的能量。在压缩比被 VLC 约束后，缸内压强会随着进入系统能量的变化同方向变化，通过精确调节喷油量则可以实现压缩比和峰值缸压的同时控制。由于需要对两个参数同时进行控制，因此可以采用双参数闭环控制系统对压缩比和缸压同时控制，控制精度取决采样精度和控制误差要求。控制系统模型如图 7 – 19 所示。

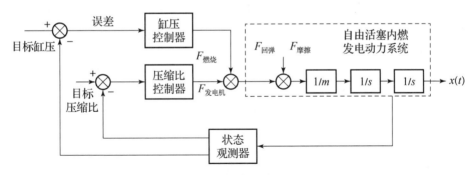

图 7 – 19　双参数控制原理

　　双参数控制实现方法：通过变负载控制的方法调节系统输出能量，通过控制喷油量实现调节系统的输入能量。因此将综合使用变负载控制和喷油量调节控制，构造双参数闭环反馈控制系统。主要采用"乒乓"操作的控制模式，压缩比调节与缸压调节间隔进行。双参数使用的前提是：双参数的反馈值在调节过程中是同向变化的，且变化幅度应逐步递减，才能收敛。控制过程如图 7 – 20 所示。

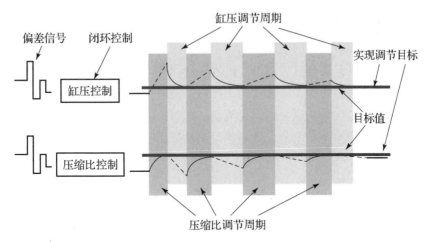

图 7 – 20　"乒乓"操作控制过程

　　在图 7 – 20 中，中间两条粗横线为调节的目标值，靠近粗横线波动的线代表了调节过程的实际压缩比和缸压的变化情况。在调节周期中，细实线代表主动控制引起的压缩比或缸压变化，同一周期内的虚线则代表另外一个参数的被动变化情况。具体实现效果如图 7 – 21 所示。

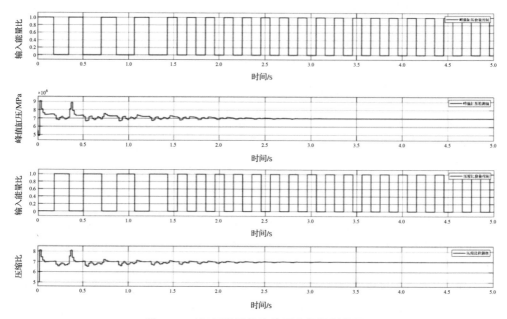

图 7 - 21　缸压和压缩比的双参数控制效果

　　从仿真结果中看到，调节过程有波动，但总体趋势收敛，在调节后期，缸压和压缩比均达到控制目标。波动是"乒乓"操作带来的影响，是过渡状态，波动的幅值会随着调节进程的发展而趋于平缓。在两个参数的控制偏差都达到预期后，实现控制目标，调节过程结束，进入保持状态。在完成调节后，该供油量和负载系数对当前系统的状态是最优的。此后，关闭缸压控制闭环，保持供油参数不变，缸压和压缩比重新建立强耦合关联。此时的供油量和负载系数是满足缸压和压缩比的双参数控制要求的，最终使系统参数回归期望值。

参 考 文 献

[1] 王建昕，帅石金. 汽车发动机原理 ［M］. 北京：清华大学出版社，2011.

[2] 孙柏刚，杜巍. 车辆发动机原理 ［M］. 北京：北京理工大学出版社，2015.

[3] 袁雷，胡冰新，魏克银，等. 现代永磁同步电机控制原理及 MATLAB 仿真 ［M］. 北京：北京航空航天大学出版社，2016.

[4] 王成元，夏加宽，孙宜标. 现代电机控制技术 ［M］. 北京：机械工业出版社，2014.

［5］李向荣，魏镕，孙柏刚. 内燃机燃烧科学与技术［M］. 北京：北京航空航天大学出版社，2012.

［6］JIA B，TIAN G，FENG H，et al. An experimental investigation into the starting process of free – piston engine generator［J］. Applied Energy，2015，157：798 – 804.

［7］JIA B，ZUO Z，FENG H，et al. Effect of closed – loop controlled resonance based mechanism to start free piston engine generator：Simulation and test results［J］. Applied Energy，2016，164：532 – 539.

［8］田春来. 直线电机式自由活塞发动机运动特性与控制策略研究［D］. 北京：北京理工大学，2012.

［9］贾博儒. 点燃式自由活塞内燃发电机起动与工作过程研究［D］. 北京：北京理工大学，2015.

［10］FENG H，ZHANG Z，JIA B，et al. Investigation of the optimum operating condition of a dual piston type free piston engine generator during engine cold start – up process［J］. Applied Thermal Engineering，2021，182：116124.

第 8 章

基于样机开发的总体设计方法

8.1 FPEG 总体参数定义及匹配

自由活塞内燃发电机的样机对于 FPEG 的系统综合研究起着极为重要的作用，FPEG 样机的结构布置及组成将决定该样机可用于 FPEG 理论验证及探索实验的边界。为了使 FPEG 的整体研究迈向工程化应用实际阶段，其样机的设计原则也应符合这一背景目标。因此，对于一定性能指标要求下的 FPEG 样机而言，自样机方案设计阶段起，即应有清晰明确、从实际应用出发的指导原则。在样机方案确定后，则需要依据样机结构布置特点，通过一整套行之有效的样机参数匹配方法，快速准确地确定出样机的各基本参数值，为后续的样机本体结构及子系统设计提供有效的初始参考依据。

8.1.1 单缸双活塞对置型 FPEG 样机总体参数快速匹配方法研究

在确定了有望较快实现工程化应用的 FPEG 机体结构方案后，可着手研究单缸双活塞 FPEG 的总体参数匹配方法。总体参数匹配是 FPEG 样机工作过程仿真的前置工作和必要环节。正确的参数匹配不仅可以展示 FPEG 系统各重要参数间的定性规律，还能为样机工作过程仿真快速提供经验证、相对自洽的初边值条件与重要参数组合，有助于缩短样机设计前期仿真工作的周期。

（1）FPEG 系统的电机推力近似模型

单缸双活塞 FPEG 正常工作时：动力缸点火燃烧，为支撑动子往复运动及回弹缸积蓄回复能提供足够的、由燃料化学能转化而来的热能；电机在往复运动的过程中，持续地将耦合了电机次级的动子动能通过切割磁感线转化为电能向外输出。在整个工作过程中，FPEG 系统周而复始、有条不紊地借助动子往复直线运动进行各种能量转移转换，因此 FPEG 系统工作品质与动子运动强相关。如要正确把握单缸双活塞 FPEG 动子运动规律，则需将决定动子运动规律的各作用力模型准确表达，包括动力缸气体力、回弹缸气体力、电机推力、摩擦力、环境作用力等。其中动力缸和回弹缸的缸内过程遵循理想气体多变过程；燃料为点燃系时动力缸缸内燃烧可近似按 Otto 循环的定容燃烧模型；摩擦力由于系统侧压力的基本消除，其量级较小，可按简单黏滞阻尼力模型，后期如需修正可考虑再加入库伦摩擦项；此处环境作用力是指因动力活塞和回弹活塞直径不同而造成两者背部所受大气压作用力也有所差异，形成不为零的恒定合力。较为特殊的是电机推力，对于电机推力进行全周期的、瞬时的干预控制是令 FPEG 系统维持稳定的重要方法。由于参数匹配是以系统稳定运行为基本前提的，因此电机推力可用一种电机受控时容易实现、电机不受控时能够自然展现的模型来表示。

1）电机推力近似模型

假设单缸双活塞 FPEG 的动子稳定地做周期往复直线运动，直线电机处于发电状态，则理想状态的直线电机永磁体磁简化场强度分布如图 8 - 1 所示。

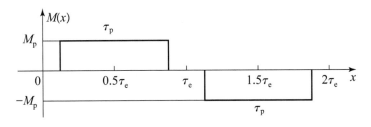

图 8 - 1　直线电机永磁体简化场强分布示意

磁场强度 $M(x)$ 可表示为

$$M(x) = \begin{cases} 0, & 0 < x < \dfrac{\tau_e - \tau_p}{2} \\[2mm] M_p, & \dfrac{\tau_e - \tau_p}{2} < x < \dfrac{\tau_e + \tau_p}{2} \\[2mm] 0, & \dfrac{\tau_e + \tau_p}{2} < x < \dfrac{3\tau_e - \tau_p}{2} \\[2mm] -M_p, & \dfrac{3\tau_e - \tau_p}{2} < x < \dfrac{3\tau_e + \tau_p}{2} \\[2mm] 0, & \dfrac{3\tau_e + \tau_p}{2} < x < 2\tau_e \end{cases} \tag{8-1}$$

在图 8 – 1 及式（8 – 1）中，τ_e 为电机磁铁极距，τ_p 为永磁体的宽度，M_p 为永磁体的磁场强度。可以用一阶截断的傅里叶展开式来近似表示磁场强度，即

$$M_p \approx \frac{a_0}{2} + a_1 \cos\left(\frac{\pi x}{\tau_e}\right) + b_1 \sin\left(\frac{\pi x}{\tau_e}\right) \tag{8-2}$$

$$a_0 = \frac{1}{\tau_e} \int_0^{2\tau_e} M(x)\,\mathrm{d}t \tag{8-3}$$

$$a_1 = \frac{1}{\tau_e} \int_0^{2\tau_e} M(x) \cos\left(\frac{\pi x}{\tau_e}\right)\mathrm{d}x \tag{8-4}$$

$$b_1 = \frac{1}{\tau_e} \int_0^{2\tau_e} M(x) \sin\left(\frac{\pi x}{\tau_e}\right)\mathrm{d}x \tag{8-5}$$

则有

$$M(x) = \frac{4}{\pi} M_p \sin\left(\frac{\pi \tau_p}{2\tau_e}\right) \sin\left(\frac{\pi x}{\tau_e}\right) \tag{8-6}$$

结合气隙磁通密度与磁场强度关系、磁通密度分布可得磁通量 $\phi(x)$ 表达式：

$$\phi(x) = -\frac{8\mu_0 \tau_e N L_B M_p}{\pi^2 h_a} \sin\left(\frac{\pi \tau_p}{2\tau_e}\right) \cos\left(\frac{\pi x}{\tau_e}\right) \tag{8-7}$$

式中，h_a 为气隙宽度；μ_0 为真空磁导率；L_B 为线圈有效长度。由电磁感应定律可获得感应电动势 ε 表达式：

$$\varepsilon = \frac{8\mu_0 N L_B M_p}{\pi h_a} \sin\left(\frac{\pi \tau_p}{2\tau_e}\right) \sin\left(\frac{\pi x}{\tau_e}\right) \frac{\mathrm{d}x}{\mathrm{d}t} \tag{8-8}$$

由此可见，线圈切割磁感线时所产生的感应电动势不仅与活塞动子的运动速度成正比，还与动子的位置有关。

进而考虑如图 8 – 2、图 8 – 3 所示的两类常见 FPEG 负载等效电路 Ⅰ 和 Ⅱ。图 8 – 2 所示为 FPEG 直接输出三相电中的任一相，表示 FPEG 不经整流变流直接带动负载，此时负载类型常为感性负载，通常应并联电容以提高负载功率因数；

图 8-3 所示负载等效电路更为常用，FPEG 所输出交流电经三相 PWM 整流器转为直流电后供应负载，直流母线的负载类型通常不影响交流侧功率因数。

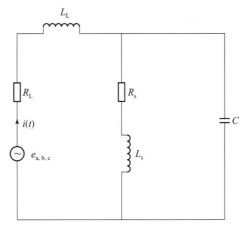

图 8-2　FPEG 负载等效电路 I

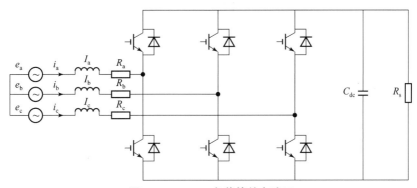

图 8-3　FPEG 负载等效电路 II

在图 8-2 中，e_a，e_b，e_c 为相感应电动势；$i(t)$ 为相电流；R_L 为线圈内阻；L_L 为线圈电感；R_s 为负载电阻阻值；L_s 为负载电感；C 为提高负载端功率因数的并联电容。

在图 8-3 中，e_a，e_b，e_c 为三相感应电动势；i_a，i_b，i_c 为三相电流；R_a，R_b，R_c 分别为三相线圈内阻；L_a，L_b，L_c 分别为三相线圈电感（忽略互感）；C_{dc} 为直流母线稳压电容；R_s 为直流侧任意性质负载。

对图 8-2 所示的负载等效电路 I，当满足

$$X_C \cdot X_L = X_L^2 + R_s^2 \qquad (8-9)$$

即当容抗 X_C、感抗 X_L 与电阻 R_s 间满足式（8-9）时，负载整体呈阻性，功率因数为 1。此时可将负载视为纯阻性，其阻值为 R_s。

由基尔霍夫定律可得

$$\varepsilon(t) = (R_s + R_L)I(t) + L_L \frac{dI(t)}{dt} \tag{8-10}$$

解此微分方程可得

$$I(t) = \frac{\varepsilon(t)}{R_s + R_L}(1 - e^{-\frac{(R_s + R_L)t}{L_L}}) \tag{8-11}$$

由通电导体磁场受力公式，某单相线圈受到的电磁推力为

$$F_{e1} = 2NL_B B(x)I(t) \tag{8-12}$$

联立式（8-11）与式（8-12），可得该单相电机推力大小为

$$F_{e1} = \frac{64\mu_0^2 N^2 L_B^2 M_p^2}{\pi^2 h_a^2 (R_s + R_L)}(1 - e^{-\frac{(R_s + R_L)t}{L_L}})\sin^2\left(\frac{\pi\tau_p}{2\tau_e}\right)\sin^2\left(\frac{\pi x}{\tau_e}\right)\frac{dx}{dt} \tag{8-13}$$

在三相直线电机中，两两线圈间感应电动势相位差均为 $2\pi/3$，其余两相线圈电机推力 F_{e2} 和 F_{e3} 的大小可以分别表示为

$$F_{e2} = \frac{64\mu_0^2 N^2 L_B^2 M_p^2}{\pi^2 h_a^2 (R_s + R_L)}(1 - e^{-\frac{(R_s + R_L)t}{L_L}})\sin^2\left(\frac{\pi\tau_p}{2\tau_e}\right)\sin^2\left(\frac{\pi x}{\tau_e} - \frac{2}{3}\pi\right)\frac{dx}{dt} \tag{8-14}$$

$$F_{e3} = \frac{64\mu_0^2 N^2 L_B^2 M_p^2}{\pi^2 h_a^2 (R_s + R_L)}(1 - e^{-\frac{(R_s + R_L)t}{L_L}})\sin^2\left(\frac{\pi\tau_p}{2\tau_e}\right)\sin^2\left(\frac{\pi x}{\tau_e} + \frac{2}{3}\pi\right)\frac{dx}{dt} \tag{8-15}$$

则电机推力 F_e，即三相总电机推力，其大小为

$$F_e = \frac{96\mu_0^2 N^2 L_B^2 M_p^2}{\pi^2 h_a^2 (R_s + R_L)}(1 - e^{-\frac{(R_s + R_L)t}{L_L}})\sin^2\left(\frac{\pi\tau_p}{2\tau_e}\right)\frac{dx}{dt} \tag{8-16}$$

或简写作矢量式：

$$F_e = -c_e \cdot v \tag{8-17}$$

式中，c_e 为与电机结构、电气参数等有关的电磁阻尼系数（电机稳定运行时 c_e 与时间 t 无关）；v 为动子运动速度，电机处于发电状态时与电机推力方向相反。

式（8-16）、式（8-17）中的电机推力 F_e 可以表征线圈或磁铁受力。当直线电机采用动磁式结构，初级线圈不动而次级磁铁随动子运动时，作用于线圈的电机推力通过磁场反作用于动子磁铁，两者数值相等，方向相反。从式（8-16）可以看出，电机在不受控自然条件下运行时，如不考虑漏磁、谐波影响、边端效应等因素，近似地，一段时间后电机推力与动子运动速度成正比，同时该比例值的大小也受单相线圈电阻、负载电阻等参数影响。

对图 8-3 所示的负载等效电路 Ⅱ，由于 FPEG 系统应用了可控三相 PWM 整流器，其交流侧功率因数始终为 1，可近似认为直流侧负荷变化不会影响该特性。即对于图 8-3 中的三相直线电机而言，可以认为其直接负载为纯阻性。因

此式（8-16）、式（8-17）仍然成立，不过式（8-16）函数式中的（$R_s + R_L$）要改为以交流侧阻值为主的参数。按当前的电机拖动调速技术，受控状态下的直线电机在一定范围内可以生成任意规律的电机推力，自然也包括与动子运动速度始终成正比的电机推力，该电机推力在发电状态下属于黏滞阻尼力。这种类型的电机推力贴合电机自然状态出力，因此更容易实现。

综上所述，处于发电状态时，直线电机的电机推力通常可视为大小与动子速度成正比，方向相反的黏滞阻尼力。与前述摩擦力简单模型一致。

2）电机推力近似模型仿真验证

在相同的结构及电气参数下，电机推力函数表达式对应曲线、Maxwell 仿真所得电机推力曲线，以及稳定条件下两者的对比，如图 8-4～图 8-6 所示。

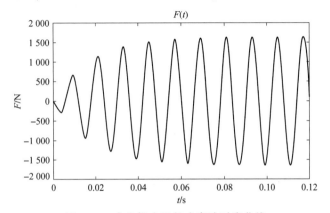

图 8-4　电机推力函数式表达对应曲线

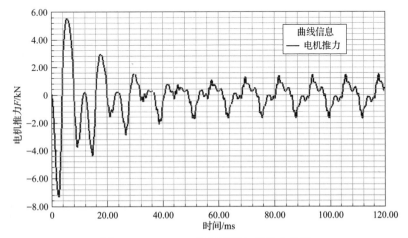

图 8-5　Maxwell 仿真所得电机推力曲线

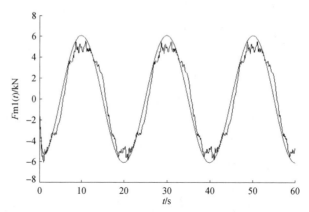

图 8 - 6　条件下电机稳定后两类电机推力曲线对比

通过上述对比可以看到，即使在 Maxwell 电磁仿真过程中因计入漏磁、边端效应等实际因素的影响，而令其电机推力仿真曲线中含有大量谐波，电机推力函数表达式所生成曲线与之相比仍然是十分吻合的。这说明在正常条件下以近似的电机推力函数表达式（8 - 16）及式（8 - 17）可以替代 Maxwell 电机推力仿真计算。

进一步地，为验证电机推力与动子速度间的关系，可将 Maxwell 仿真计算的电机推力曲线和动子速度曲线置于相同的时间坐标系下进行比较，如图 8 - 7 所示。可以看到，电机推力与速度两者曲线的变化趋势一致，周期一致，具有很明显的线性关系。为了研究这种比例关系的变化情况，可以计算由仿真直接数据所得的二次数据——F/v，即电机推力与速度的比值。并观察其随位移及时间的变化情况，如图 8-8、图 8-9 所示。

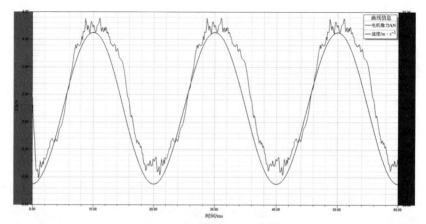

图 8 - 7　Maxwell 仿真电机推力与速度曲线对比

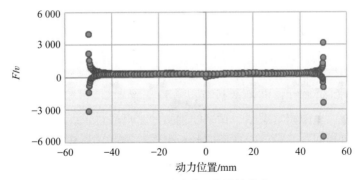

图 8 - 8　F/v 值随动子位置的分布

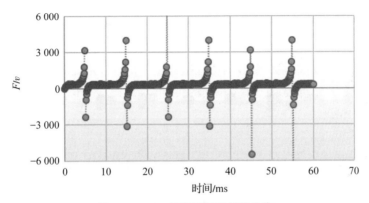

图 8 - 9　F/v 值随运行时间的分布

从图 8 - 8 可以看到，在整个动子行程范围内 F/v 的值基本上是稳定的。仅当动子运动到止点位置时，分母速度 v 值变为零，此时不论 F 是否同步为零，两止点处 F/v 的值均会突变，这是由计算误差引起的（应去掉 $v=0$ 某小邻域对应的数据点），并不影响 F/v 的值全行程内保持基本稳定的结论。

从图 8 - 9 可以看到，F/v 的值每周期除止点附近外，全程基本上均为定值，且各周期间该值相等。同样地，每当接近或到达止点时，动子速度接近或等于零，对于 F/v 值的计算就会出现很大偏差，准确的 F/v 值随运行时间的分布情况也应剔除止点附近邻域的数据。

通过以上仿真对比可以得出结论：发电状态下直线电机的电机推力可近似视为正比于动子速度、方向与之相反的黏滞阻尼力，如式（8 - 17）所示。当电磁阻尼系数 c_e 发生变化时，电机推力特性随之变化，但整体仍与速度成正比。当这一电机推力模型用于系统匹配计算时，其准确度与使用 Maxwell 仿真的结果近似。

8.1.2　单缸双活塞 FPEG 系统参数关系定性分析

　　FPEG 系统参数关系分析主要是指对于重要的系统参数，如缸径、压缩比（对于动力缸与回弹缸这两种参数可以有较大差别）、行程、进排气结构参数、活塞动子质量、电磁阻尼系数、循环喷油量等，可通过系统稳定运行时假设的各理想或简化过程方程，建立起彼此间的数量表征关系，并基于这些表征关系分析参数间宏观影响规律。由于上述过程方程通常简化程度较高，因此一般仅可用作定性分析，或估计某些参数的大概范围。通过这种定性分析，可以先于精细化的系统研究工作建立起对于 FPEG 系统参数间相互影响作用的大致认识，有助于对 FPEG 样机本体设计中结构参数不同重要性的明确及模型仿真研究过程中仿真试验内容的确定，还可以为更加精细化的参数匹配提供部分参数参考值。

　　单缸双活塞 FPEG 系统参数间相互耦合关联是通过系统动力学与能量转换来实现的。为便于分析说明，不失一般性，可以用图 8 - 10 来表示单缸双活塞 FPEG 的受力情况。

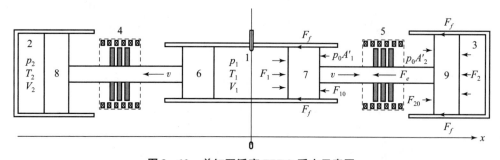

图 8 - 10　单缸双活塞 FPEG 受力示意图

　　在图 8 - 10 中，1 为对置活塞动力缸；2、3 为空气回弹缸；4、5 为直线电机；6、7 为动力活塞；8、9 为回弹活塞。图 8 - 10 中动子所受各力分别为动力缸气体力 F_1、回弹缸气体力 F_2、电机推力 F_e、摩擦力 F_f、动力活塞背面所受大气压作用力 F_{10}（p_0 为大气压，A_1' 为动力活塞背部大气压力作用面积）、回弹活塞背面所受大气压作用力 F_{20}（p_0 为大气压，A_2' 为回弹活塞背部大气压力作用面积）等。图中省去了进排气子系统、同步机构、气压平衡管等附件，以及系统左半边对称的受力情况。

　　考虑上述单缸双活塞 FPEG 动力缸燃烧方式为点燃式理想定容燃烧，且动力缸、回弹缸均不漏气。令动力缸中工质的压力、温度、体积分别为 p_1、T_1、V_1；

回弹缸中工质的压力、温度、体积分别为 p_2、T_2、V_2；动力缸开始纯压缩（排气口关闭）时缸内工质的压力、温度、体积分别为 p_e、T_e、V_e；动力缸内止点工质压力、温度分别为 p_ε、T_ε；动力缸内止点定容燃烧后工质峰值压力、峰值温度分别为 p_z、T_z；回弹缸开始压缩时缸内工质的压力、体积分别为 p_0、V_0；以动力缸中部截面圆圆心为原点，原点与回弹缸缸盖距离为 L，行程为 s，排气冲程率为 h_e；动力活塞每冲程扫过容积为 V_s；动力活塞顶面与原点间距离为 x，此时活塞顶面与动力缸中部截面圆间形成的容积为 V_x；动力缸压缩比为 ε 时余隙容积为 V_ε；从动力缸压缩比为 ε 起行程为 s 时回弹缸的压缩比为 ε'；两缸膨胀压缩多变过程指数均为 n；每循环动力缸缸内空气质量为 m_{air}；空燃比为 l_0；燃料燃烧低热值为 H_u；气体常数为 R_g；定容燃烧时动力缸工质定容比热容为 c_V；燃料燃烧及加热综合效率为 η；动力缸平均指示压力为 p_i，平均有效压力为 p_{ee}；系统发电功率为 p_e；电机发电效率为 η_e；机械效率为 η_m；指示效率为系统综合热效率，为 η_s；电磁阻尼系数为 c_e；摩擦阻尼系数为 c_f；动力活塞直径为 D_1，活塞轴向投影面积为 A_1；回弹活塞直径为 D_2，活塞轴向投影面积为 A_2；动子的质量、速度、加速度分别为 m、v、a；系统按二冲程模型运行，其运行频率为 f。

（1）输出电功率、工作频率、动力缸工质及结构参数间的近似匹配关系

单缸双活塞 FPEG 动力缸的指示功 $\sum W$（回弹缸循环做功量为 0）为

$$\sum W = \oint p\mathrm{d}V = \frac{V_e}{n-1}\left[p_z\left(\frac{1}{\varepsilon} - \frac{1}{\varepsilon^n}\right) - p_e(\varepsilon^{n-1} - 1)\right] \quad (8-18)$$

动力缸峰值缸压 p_z 与纯压缩起始压力 p_e 的关系为

$$p_z = p_e\left(\frac{1+l_0}{l_0}\varepsilon^n + \frac{H_u\eta}{c_V T_e l_0}\varepsilon\right) \quad (8-19)$$

则动力缸指示功 $\sum W$ 与纯压缩起始压力 p_e、动力缸压缩比 ε 等的关系为

$$\sum W = \frac{p_e V_e}{n-1}\left[\frac{1}{l_0}(\varepsilon^{n-1} - 1) + \frac{H_u\eta}{c_V T_e l_0}(1 - \varepsilon^{1-n})\right] \quad (8-20)$$

则动力缸的平均指示压力 p_i 为

$$p_i = \frac{\sum W}{V_s} = \frac{p_e V_e}{(n-1)V_s}\left[\frac{1}{l_0}(\varepsilon^{n-1} - 1) + \frac{H_u\eta}{c_V T_e l_0}(1 - \varepsilon^{1-n})\right] \quad (8-21)$$

动力缸开始纯压缩（排气口关闭）时缸内工质的体积 V_e 与每冲程动力活塞扫过容积 V_s 的关系为

$$\begin{cases} \dfrac{V_e}{\varepsilon} + V_s(1 - h_e) = V_e \\ \dfrac{V_e}{V_s} = \dfrac{1 - h_e}{1 - \varepsilon^{-1}} \end{cases} \quad (8-22)$$

则动力缸的平均指示压力 p_i 与压缩比 ε、纯压缩起始压力 p_e、起始容积 V_e 等的关系为

$$p_i = \frac{p_e}{(n-1)}\frac{1-h_e}{1-\varepsilon^{-1}}\left[\frac{1}{l_0}(\varepsilon^{n-1}-1) + \frac{H_u\eta}{c_V T_e l_0}(1-\varepsilon^{1-n})\right] \tag{8-23}$$

则动力缸的平均有效压力 p_{ee} 为

$$p_{ee} = \eta_m p_i = \eta_m \frac{p_e}{(n-1)}\frac{1-h_e}{1-\varepsilon^{-1}}\left[\frac{1}{l_0}(\varepsilon^{n-1}-1) + \frac{H_u\eta}{c_V T_e l_0}(1-\varepsilon^{1-n})\right] \tag{8-24}$$

根据动力缸平均有效压力 p_{ee} 与 FPEG 系统输出发电功率 P_e 的关系（周期有效机械功相等）：

$$p_{ee}A_1 s = p_{ee}\frac{\pi D_1^2}{4}s = \frac{P_e}{\eta_e f} \tag{8-25}$$

可得系统循环电功 P_e/f 表达式，即输出发电功率 P_e 与运行频率 f、动力缸缸径 D_1、行程 s、动力缸纯压缩起始时缸内工质的压力 p_e、温度 T_e，及动力缸压缩比 ε 等参数的关系为

$$\frac{P_e}{f} = \frac{\pi D_1^2}{4}s \cdot \eta_e \cdot \eta_m \frac{p_e}{(n-1)}(1-h_e)\left(\frac{1}{l_0}\cdot\frac{\varepsilon^n-\varepsilon}{\varepsilon-1} + \frac{H_u\eta}{c_V T_e l_0}\cdot\frac{\varepsilon-\varepsilon^{2-n}}{\varepsilon-1}\right) \tag{8-26}$$

作为对比，通常认为双缸双活塞 FPEG 系统循环电功 P_e/f 表达式，即其输出发电功率 P_e 与运行频率 f、动力缸缸径 D_1、行程 s、动力缸纯压缩起始时缸内工质的压力 p_e、温度 T_e，及动力缸压缩比 ε 等的参数关系为

$$\frac{P_e}{f} = \frac{\pi D_1^2}{4}s \cdot \eta_e \frac{p_e}{n-1}\left(\frac{1}{l_0}\cdot\frac{\varepsilon^n-\varepsilon}{\varepsilon-1} + \frac{H_u\eta}{c_V T_e l_0}\cdot\frac{\varepsilon-\varepsilon^{2-n}}{\varepsilon-1}\right) \tag{8-27}$$

从式（8-26）、式（8-27）的形式来看，两者其实是等效的。只不过式（8-27）是一种更为简化的表达，即忽略了换气过程及摩擦对做功的影响，为式（8-26）在机械效率 $\eta_m = 1$，排气冲程率 $h_e = 0$ 时的特例。两式均可用作 FPEG 系统定性分析。

当忽略次要因素影响时，由式（8-26）可知：

①对于 FPEG 系统，系统循环电功 P_e/f 与动力缸缸径 D_1 的平方成正比；当动力缸压缩比 ε 提高时，系统循环电功 P_e/f 也增大；合理范围内动力缸排气冲程率 h_e 越小则系统循环电功 P_e/f 越大；改变工质状态参数如动力缸纯压缩起始时缸内工质的压力 p_e 和温度 T_e，当工质初始压力 p_e 越大、初始温度 T_e 越低时，系统循环电功 P_e/f 越大。而当系统运行频率 f 不变时，增大动力缸缸径 D_1 及动力缸压缩比 ε，均可增加系统输出发电功率 P_e，增大动力缸缸径 D_1 的提升效果

更为显著；当系统运行频率 f 不变时，改变动力缸其他结构参数（如 h_e）、系统运行参数和工质状态参数等也可以达到改变系统输出电功率 P_e 的效果。

②当单缸双活塞 FPEG 系统与双缸双活塞 FPEG 系统的动力缸结构参数、运行参数、工质状态参数等相等时，两者循环电功 P_e/f 相等。这说明 FPEG 系统的循环电功 P_e/f 仅与动力缸相关，与依靠何种方式进行回弹（对某一动力缸而言）无关。

③当单缸双活塞 FPEG 系统与双缸双活塞 FPEG 系统的动力缸结构参数、运行参数、工质状态参数等相等时，两者的电功率 P_e 和运行频率 f 一般不相等。通常单缸双活塞 FPEG 的回弹缸因需要储备一定的机械能用于压缩对侧动力缸及在回复冲程发电，而双缸双活塞 FPEG 的回弹缸（即某一动力缸的对侧气缸，同样也是动力缸）则不需要额外储备用于回复冲程发电的机械能。对于两系统中某一特定动力缸，当两者具备同样的动力缸平均有效压力 p_{ee} 时，前者所需克服对侧气缸的平均压力更大，因此走完相等行程 s 所需时间更长，即前者运行频率 f 更低。可以证明，当动力缸缸径 D_1、动力缸压缩比 ε、回弹缸起压压力 p_0（p_e）、动子质量 m 等参数均相等时，单缸双活塞 FPEG 的运行频率总是低于双缸双活塞 FPEG 的运行频率。而两者的循环电功 P_e/f 又相等，因此前者的发电功率 P_e 也低于后者。

④要使单缸双活塞 FPEG 系统与双缸双活塞 FPEG 系统等效，即两者发电功率 P_e 相等、运行频率 f 也相等，通常可通过令前者的动力缸缸径 D_1 更大、排气冲程率 h_e 更大及动力缸压缩比 ε 不变或更小（可通过改变电磁阻尼系数 c_e 调节）来实现。必须指出的是，因 FPEG 系统为多参数强耦合系统，只改变或调整单一参数通常不能令单缸双活塞 FPEG 系统与双缸双活塞 FPEG 系统等效。

（2）行程、压缩比、工质状态参数、系统振动特性参数间的近似匹配关系

单缸双活塞 FPEG 系统在运行过程中，活塞动子在动力缸与回弹缸之间来回往复振荡运行，其运动规律由所受合外力决定。即动子将受到动力缸缸内气体压力 F_1、回弹缸缸内气体压力 F_2、电机推力 F_e、摩擦力 F_f 及两活塞背部所受大气压作用力 F_{10} 与 F_{20} 等力的影响。动子的动力学方程为

$$ma + F_e + F_f - F_1 + F_2 + (F_{10} - F_{20}) = 0 \qquad (8-28)$$

其中，电机推力 F_e 的模型已经过前述验证，可按式（8-17）所示的黏滞阻尼力模型。

滑动摩擦力 F_f 因其相对占比不大，近似处理时通常可按恒力或黏滞阻尼力

模型, 其黏滞阻尼力模型与式 (8 - 17) 类似:

$$F_{\mathrm{f}} = -c_{\mathrm{f}} \cdot v \tag{8 - 29}$$

与双缸双活塞 FPEG 系统不同的是, 单缸双活塞 FPEG 系统中动力缸与活塞缸缸径通常不一致。这将引起动力活塞与回弹活塞背部所受大气压作用力 (F_{10} 与 F_{20}) 的差别, 两者之和为定值且不为零。这两个恒力可分别表示为

$$\begin{cases} F_{10} = p_0 \cdot A_1' \\ F_{20} = p_0 \cdot A_2' \end{cases} \tag{8 - 30}$$

动力缸缸内气体作用力 F_1 与回弹缸缸内气体作用力 F_2 均属于非线性弹性力, 分析或粗略估算时通常需要做线性简化处理。常见的方法是利用弹性势能相等的准则, 将非线性气体力等效为线性弹簧力。需要指出的是, 这种等效仅仅是能量层次的等效, 实际上非线性力与线性力所引起的系统响应特性差别极大, 因此线性简化后所得结果仅可用作对平均化参数的定性分析。

考察动力缸膨胀冲程 (回弹缸压缩冲程), 当活塞坐标为 x 时, 动力缸与回弹缸缸内气体工质做功量 $\sum (W_1 + W_2)$ 为

$$\begin{aligned} &\sum (W_1 + W_2) \\ &= \int_0^x (\mathrm{d}W_1 + \mathrm{d}W_2) \\ &= \frac{p_\varepsilon V_\varepsilon^n}{1 - n}\left[\left(V_\varepsilon + x \cdot \frac{\pi D_1^2}{4}\right)^{1-n} - V_\varepsilon^{1-n}\right] + \frac{p_0 V_0^n}{1 - n}\left\{\left[(L - x) \cdot \frac{\pi D_2^2}{4}\right]^{1-n} - V_0^{1-n}\right\} \end{aligned} \tag{8 - 31}$$

假设动力活塞顶面坐标为 x 时, 动力缸气体可以等效为刚度为 k_{1x} 的弹簧, 回弹缸气体可以等效为刚度为 k_{2x} 的弹簧。两弹簧并联, 总刚度为 $(k_{1x} + k_{2x})$。

$$\begin{aligned} &\frac{p_\varepsilon V_\varepsilon^n}{1 - n}\left[\left(V_\varepsilon + x \cdot \frac{\pi D_1^2}{4}\right)^{1-n} - V_\varepsilon^{1-n}\right] + \frac{p_0 V_0^n}{1 - n}\left\{\left[(L - x) \cdot \frac{\pi D_2^2}{4}\right]^{1-n} - V_0^{1-n}\right\} \\ &= \frac{1}{2}(k_{1x} + k_{2x})(x - x_\varepsilon)^2 \end{aligned} \tag{8 - 32}$$

则单缸双活塞 FPEG 系统等效刚度为

$$\begin{aligned} &(k_{1x} + k_{2x}) \\ &= 2\frac{p_\varepsilon V_\varepsilon^n\left[\left(V_\varepsilon + x \cdot \frac{\pi D_1^2}{4}\right)^{1-n} - V_\varepsilon^{1-n}\right] + p_0 V_0^n\left\{\left[(L - x) \cdot \frac{\pi D_2^2}{4}\right]^{1-n} - V_0^{1-n}\right\}}{(1 - n)(x - x_\varepsilon)^2} \end{aligned} \tag{8 - 33}$$

当动力活塞顶达到行程 s 时越过排气口，动力缸内气体压力将发生突变，会影响上式的准确性。简化起见，可假设达到行程 s 时恰好打开排气口。

容易知道，式（8-33）方程为 x 的增函数，当 x 取最大值 $x\varepsilon + s$ 时，等效总刚度 ks 最大。且最大等效总刚度为

$$
\begin{aligned}
k_s &= 2\frac{p_\varepsilon V_\varepsilon^n\left[\left(V_\varepsilon + x \cdot \dfrac{\pi D_1^2}{4}\right)^{1-n} - V_\varepsilon^{1-n}\right] + p_0 V_0^n\left\{\left[(L-x) \cdot \dfrac{\pi D_2^2}{4}\right]^{1-n} - V_0^{1-n}\right\}}{(1-n)(x-x_\varepsilon)^2} \\
&= 2\frac{p_e V_e(\varepsilon^{n-1} - 1) - p_0 V_0(\varepsilon'^{1-n} - 1)}{(n-1)s^2}
\end{aligned}
$$

$$(8-34)$$

由式（8-34）可知，单缸双活塞 FPEG 的两气缸的最大等效总刚度由动力缸压缩比 ε、回弹缸压缩比 ε'、行程 s、两气缸气体压缩初始状态参数等共同决定。

上述两气缸等效刚度 k_s 中不含因动力缸燃烧激励引起的周期性气体作用力增量 $\Delta p \cdot A_1$，又考虑到因动力缸回弹缸缸径不同产生的 $(F_{20} - F_{10})$ 合力通常远小于 $\Delta p \cdot A_1$，可近似忽略。经等效处理，可将式（8-28）变为

$$m\ddot{x} + (c_e + c_f)\dot{x} + k_s x = \Delta p \cdot A_1 \qquad (8-35)$$

由式（8-35）可知，线性化处理气体力后单缸双活塞 FPEG 可看作是有阻尼的受迫振动线性系统。单缸双活塞 FPEG 系统振动频率与燃烧激励频率一致，其稳态响应为持续等幅振动，假设 $\Delta p \cdot A_1$ 在整个周期视角下可视同幅值为 F_0、角速度（频率）为 ω 的简谐激励，则式（8-35）可化为

$$\ddot{x} + 2\xi\omega_0\dot{x} + \omega_0^2 x = \frac{F_0}{m}e^{i\omega t} \qquad (8-36)$$

式中，ω_0 为系统的无阻尼固有角频率；ξ 为系统的阻尼比。

$$\omega_0 = \sqrt{\frac{k_s}{m}} \qquad (8-37)$$

$$\xi = \frac{c_e + c_f}{2\sqrt{k_s m}} \qquad (8-38)$$

式（8-36）的稳态响应为

$$x(t) = A e^{i(\omega t - \theta)} \qquad (8-39)$$

式中，A（即 1/2 行程）为

$$A = \frac{\dfrac{F_0}{k_s}\omega_0^2}{\sqrt{(\omega_0^2 - \omega^2)^2 + 4\xi^2\omega_0^2\omega^2}} = \frac{F_0}{k_s}\frac{1}{\sqrt{(1-S^2)^2 + (2\xi S)^2}} = B\beta \qquad (8-40)$$

θ 为

$$\tan \theta = \frac{2\xi \omega_0 \omega}{\omega_0^2 - \omega^2} = \frac{2\xi S}{1 - S^2} \tag{8-41}$$

B 为系统在静力 F_0 作用下的静位移：

$$B = \frac{F_0}{k_s} \tag{8-42}$$

S 为系统的频率比：

$$S = \frac{\omega}{\omega_0} \tag{8-43}$$

β 为系统的振幅放大因子：

$$\beta = \frac{1}{\sqrt{(1-S^2)^2 + (2\xi S)^2}} \tag{8-44}$$

由式（8-39）等可知，单缸双活塞 FPEG 运动简化为线性有阻尼受迫振动时，其稳态响应是与激励力同频率的简谐运动，且相位滞后。稳态响应的振幅与初始条件无关，其大小由阻尼比 ξ 与频率比 S 决定。

当 S 接近 1 时系统将发生共振，振幅明显增大，阻尼的抑制作用此时也将更为显著。共振角频率 ω_m 为

$$\omega_m = \omega_0 \sqrt{1 - 2\xi^2} = \sqrt{\frac{k_s}{m} - \frac{(c_e + c_f)^2}{2m^2}} \tag{8-45}$$

最大振幅 $A_{\max}$ 为

$$A_{\max} = \frac{B}{2\xi \sqrt{1 - \xi^2}} = \frac{F_0}{\dfrac{c_e + c_f}{\sqrt{m}} \sqrt{k_s - \dfrac{(c_e + c_f)^2}{4m}}} \tag{8-46}$$

由式（8-40）、式（8-46）可知，FPEG 系统行程 s 由激励力（可由峰值缸压 p_z 表征）、电磁阻尼系数 c_e、摩擦阻尼系数 c_f、等效刚度 k_s、动子质量 m 等共同决定。一般地，当激励力增加（如提高动力缸进气压力及喷油量）时，单缸双活塞 FPEG 行程 s、角频率 ω、运行频率 f 均增加。

当激励力幅值 F_0 不变，系统角频率 ω 可从较低值向上接近共振角频率 ω_m（可变）时，单缸双活塞 FPEG 系统将趋向于发生共振。此时如行程（即 $2A_{\max}$）增大，等效刚度也增大，而按式（8-46）可知行程将减小，共同作用下的结果就是行程不变。这与共振预期不符，因此当激励力幅值 F_0 不变时，系统角频率 ω、运行频率 f、行程 s 等均不变。

当激励力幅值 F_0 增加，系统角频率 ω 从较低值向上接近共振频率 ω_m（可

变）时，单缸双活塞 FPEG 系统将趋向于发生共振。此时行程（即 $2A_{max}$）将增大，等效刚度 k_s 也将增大，而按式（8-46）可知分母增加量比不上分子增加量，行程的总体结果仍是增加的。此时系统共振频率 ω_m 也将增加，当激励力幅值 F_0 增加到一定程度时，系统角频率 ω 也将提高到一定水平，将达到共振频率 ω_m 而发生共振。需要指出的是，当系统阻尼比 $\xi \geqslant \sqrt{2}/2$ 时，将不再有共振峰；而当系统阻尼比 $\xi < \sqrt{2}/2$ 时，激励力幅值 F_0 从低往高逐渐增加使系统角频率 ω 增加并跨过共振频率 ω_m 的过程中，因共振的影响，系统行程 s 是可能经历先增加后减小再增加的过程的。

结合式（8-19），前述阻尼受迫振荡模型中的燃烧激励力幅值 F_0 可近似表示为

$$F_0 = (p_z - p_e \varepsilon^n) \cdot \frac{\pi D_1^2}{4} = p_e \left(\frac{1}{l_0} \varepsilon^n + \frac{H_u \eta}{c_V T_e l_0} \varepsilon \right) \cdot \frac{\pi D_1^2}{4} \tag{8-47}$$

将式（8-47）代入式（8-40）中，可得单缸双活塞 FPEG 系统有阻尼受迫振动时的行程 s 为

$$
\begin{aligned}
s &= 2A = \frac{2 \dfrac{F_0}{k_s} \omega_0^2}{\sqrt{(\omega_0^2 - \omega^2)^2 + 4\xi^2 \omega_0^2 \omega^2}} \\
&= \frac{[p_e V_e (\varepsilon^{n-1} - 1) - p_0 V_0 (\varepsilon'^{1-n} - 1)] \cdot \sqrt{(1 - S^2)^2 + (2\xi S)^2}}{p_e \left(\dfrac{1}{l_0} \varepsilon^n + \dfrac{H_u \eta}{c_V T_e l_0} \varepsilon \right) \cdot \dfrac{\pi D_1^2}{4} (n - 1)} \\
&= \frac{p_e V_e (\varepsilon^{n-1} - 1) - p_0 V_0 (\varepsilon'^{1-n} - 1)}{\beta \cdot p_e \left(\dfrac{1}{l_0} \varepsilon^n + \dfrac{H_u \eta}{c_V T_e l_0} \varepsilon \right) \cdot \dfrac{\pi D_1^2}{4} (n - 1)}
\end{aligned}
\tag{8-48}
$$

系统共振时的行程 s_m 为

$$
s_m = 2A_{max}
$$

$$
= \frac{p_e \left(\dfrac{1}{l_0} \varepsilon^n + \dfrac{H_u \eta}{c_V T_e l_0} \varepsilon \right) \cdot \pi D_1^2}{\dfrac{c_e + c_f}{\sqrt{m}} \sqrt{8 \dfrac{p_e V_e (\varepsilon^{n-1} - 1) - p_0 V_0 (\varepsilon'^{1-n} - 1)}{(n-1) s_m^2} - \dfrac{(c_e + c_f)^2}{m}}}
\tag{8-49}
$$

式（8-48）表示单缸双活塞 FPEG 系统有阻尼受迫振动时，系统行程 s 与两缸压缩比 ε 与 ε'、动力缸缸径 D_1、频率比 S 与阻尼比 ξ（振动特性参数，由电磁阻尼系数 c_e、c_f 与动子质量 m 及等效刚度 k_s 等确定）、两缸气体初始状态参数

等的相互关系。该式可用于单缸双活塞 FPEG 系统参数匹配粗估。

由式（8 - 48）可知：

①从表面来看，当其他条件不变时，单缸双活塞 FPEG 系统的行程 s 将随动力缸压缩比 ε 的增大而减小（因为分母中 ε 的幂高于分子中的），随回弹缸压缩比 ε' 的增大而增大，但通常两缸压缩比 ε 与 ε' 的变化只能依靠改变其他参数来实现。在单缸双活塞系统的结构固定、喷油条件不变时，改变电磁阻尼系数 c_e、改变两缸纯压缩起始压力 p_e 与起压压力 p_0 等均可影响压缩比的值。而同样当其他条件不变时，单缸双活塞 FPEG 系统的行程 s 也将随动力缸工质纯压缩起始压力 p_e 的提高而增大，随回弹缸工质起压压力 p_0 的提高而减小。由于压缩比与压力对行程影响的趋同作用及两者的关联，效果上可以将压缩比视为压力的因变量。

②当其他条件不变、动力缸工质纯压缩起始压力 p_e 提高时，喷油量增多（因式中空燃比 l_0 不变），则动力缸平均有效压力 p_{ee} 增大，外止点外移，回弹缸压缩比 ε' 增大。又因此时动力缸刚度增大，变得更难压缩，而峰值压力 p_z 也不会随 p_e 等比例增加，结合式（8 - 19）可知动力缸压缩比 ε 将会减小。喷油量增多将提高角频率 ω 和频率比 S，而通常 FPEG 系统正常工作的运行角频率 ω 大于其共振角频率 ω_m，即频率比 $S > 1$。此时无论阻尼比 $\xi \geqslant \sqrt{2}/2$ 与否，根据线性有阻尼受迫振动系统简谐激励下的 $\beta - S$ 幅频特性，振幅放大因子 β 均随频率比 S 的增大而减小。因此振幅放大因子 β 将减小，由式（8 - 48）可知行程 s 增大。而喷油量增多对 FPEG 系统的实际影响之一就是增加行程 s。因此，当其他条件不变、单缸双活塞 FPEG 系统动力缸工质纯压缩起始压力 p_e 提高时，动力缸压缩比 ε 减小、回弹缸压缩比 ε' 增大、振幅放大因子 β 减小、行程 s 增大。不仅验证（1）中因果关联结论，也检验了式（8 - 48）用于单缸双活塞 FPEG 系统定性分析的正确性。

③当其他条件不变、回弹缸工质起压压力 p_0 提高时，回弹缸刚度增大，变得更难压缩，外止点内移，回弹缸压缩比 ε' 减小。同时对于动力缸而言，回弹缸的平均压力提高，将导致内止点内移，动力缸压缩比 ε 增大。由于回弹缸刚度增大，动力缸刚度也增大，则系统刚度 k_s 增大。这将导致幅值 A 减小，行程 s 减小，且因动子运动减慢，系统角频率 ω 随之减小，而固有频率 ω_m 因系统刚度增大（F_0 变化幅度小，k_s 变化相对大）反而提高，则频率比 S 减小，振幅放大因子 β 增大。因此，当其他条件不变、单缸双活塞 FPEG 系统回弹缸工质起压压力 p_0 提高时，动力缸压缩比 ε 增大、回弹缸压缩比 ε' 减小、振幅放大因子 β 增大、

行程 s 减小。同样验证了（1）中因果关联结论，也检验了式（8-48）用于单缸双活塞 FPEG 系统定性分析的正确性。

④式中分母的动力活塞横截面积 $\pi D_1^2/4$ 与行程 s 的乘积即动力活塞工作容积，其他条件不变时，工作容积不变，此处体现的是功平衡，而非强调动力活塞横截面积 $\pi D_1^2/4$ 与行程 s 间的反比关系。通常动力缸缸径 D_1 与行程 s 之比应接近 1，即提高了动力缸缸径 D_1 时，实际也应提高行程 s。因此当提高动力缸缸径 D_1 时，结合上述讨论结果，可以通过提高动力缸工质纯压缩起始压力 p_e 或降低回弹缸工质起压压力 p_0 等方式实现。

（3）动子质量、行程、压缩比、运行频率间近似匹配关系

第二部分中所得各振动特性表达式及式（8-48）、式（8-49）表示的匹配关系式等，可用于系统参数范围初定及整体参数匹配程度检验。但因形式相对复杂，不能更直观反映 FPEG 特定参数间定性匹配关系，可在不改变能量平衡关系的前提下进一步简化系统振动模型，以期获取一些针对单缸双活塞 FPEG 系统有指导意义的定性结论。

将动力缸、回弹缸缸内工质弹性力线性化后，可将单缸双活塞 FPEG 的系统运动视为线性有阻尼受迫振动，如式（8-35）所示。单缸双活塞 FPEG 系统稳定运行时，对其进行周期积分，可得

$$\oint m\ddot{x}\mathrm{d}x + \oint(c_e + c_f)\dot{x}\mathrm{d}x + \oint k_s x\mathrm{d}x = \oint \Delta p \cdot A_1 \mathrm{d}x \qquad (8-50)$$

$$\oint mv\mathrm{d}v + \oint(c_e + c_f)v\mathrm{d}x + \oint k_s x\mathrm{d}x = \oint \Delta p \cdot A_1 \mathrm{d}x \qquad (8-51)$$

式中，第一项 $\oint mv\mathrm{d}v$ 的积分结果为任一位置周期起止点动子动能的差，为零；第三项 $\oint k_s x\mathrm{d}x$ 为任一位置周期起止点系统弹性势能的差，也为零。第二项 $\oint(c_e + c_f)v\mathrm{d}x$ 为电机推力与摩擦力所做周期负功总和的绝对值，第四项 $\oint \Delta p \cdot A_1 \mathrm{d}x$ 为每循环外界输入的、由燃料燃烧转化而来的全部机械功。其积分结果表明，单缸双活塞 FPEG 系统稳定运行时，每循环输入系统的机械功（燃烧热转化而来）恰好抵消了电机推力与摩擦力所做负功，系统运行参数保持不变。从能量转化转移的角度来看，这其实等同于稳定运行的 FPEG 系统既无外界能量输入，也无阻尼耗散，即系统振动可等效为无阻尼自由振动：

$$m\ddot{x} + k_s x = 0 \qquad (8-52)$$

需要说明的是，由于上式是基于整个循环层面进行等效简化的，因此其结果

结论仅适用于对系统周期平均参数的定性分析。

无阻尼自由振动方程的解可写作：

$$x = A\sin(\omega_0 t + \theta) \tag{8-53}$$

式中，ω_0 为系统振动固有角频率，如式（8-37）所示。振幅 A 和初相角 θ 分别为

$$A = \sqrt{x_0^2 + \left(\frac{v_0}{\omega_0}\right)^2}, \quad \theta = \arctan\left(\frac{\omega_0 x_0}{v_0}\right) \tag{8-54}$$

式中，x_0、v_0 分别为动子位移和速度的初始值。

由式（8-37）可得系统振动固有频率为

$$f = \frac{\omega_0}{2\pi} = \frac{s}{\sqrt{2}\pi} \cdot \sqrt{\frac{p_e V_e(\varepsilon^{n-1} - 1) - p_0 V_0(\varepsilon'^{1-n} - 1)}{(n-1)m}} \tag{8-55}$$

由于式（8-55）所描述的是频率 f 为周期性参数，因此可作为定性分析依据。对该式整理可得动子质量与两缸压缩比、运行频率等的匹配关系：

$$m = \frac{p_e V_e(\varepsilon^{n-1} - 1) - p_0 V_0(\varepsilon'^{1-n} - 1)}{2\pi^2(n-1)} \cdot \frac{s^2}{f^2} \tag{8-56}$$

需要指出的是，将稳定运行的单缸双活塞 FPEG 系统视为无阻尼自由振动系统，仅是为获得系统周期平均参数（如频率、行程等）大概特性结论而作的近似等效，实际上两者振动特性有着本质不同。

由式（8-56）所展示的系统重要基本参数间匹配关系，对于稳定运行的单缸双活塞 FPEG 系统：

①当 FPEG 系统结构参数确定，需要提高输出功率 P_e 时，通常可利用提高循环喷油量的方式。当循环喷油量提高时，运行频率 f 在其他条件不变化时也必然提高，为保证动子质量 m 不变，式（8-56）分子必然增大，动力缸与回弹缸压缩比 ε、ε' 和行程 s 增大；当运行频率 f 不变、循环喷油量不变时，通过降低电磁阻尼系数 c_e，也可以令压缩比 ε、ε' 和行程 s 增大。此时运行周期不变，动子平均速度 $\bar{v}$ 提高，虽然电磁阻尼系数 c_e 下降了，但由于动力缸压缩比提高引起热效率提高，每循环输入系统的机械功增加，这将使得输出功率 P_e 增加。

②当 FPEG 系统参数整体匹配后，如果动子质量 m 的实际值偏高（实际样机动子质量容易偏高），或在已经平衡的状态下系统动子质量 m 突然增加了，当其他条件不变时，由于整体运动的平均加速度 $\bar{a}$ 减小，导致平均速度 $\bar{v}$ 减小，运行频率 f 下降，电机推力与摩擦力做功量因此也将减少。而循环喷油量不变时，

就只有当系统热效率降低时才能重新平衡，因此 FPEG 系统两缸的压缩比 ε、ε' 会降低，行程 s 会缩短。此时 FPEG 系统输出功率 P_e 下降。如果要恢复输出功率 P_e，最直接的方法是提高循环喷油量。当系统运行频率 f 恢复至原值时，式（8-56）的分母与原值相等，此时只有分子增大才会令动子质量 m 高于原值，即两缸压缩比 ε、ε' 提高，行程 s 增加，则平均速度 $\bar{v}$ 增大，发电功率高于原值；当两缸压缩比 ε、ε' 及行程 s 恢复至原值时，则基于式（8-56）频率 f 将低于原值，则在电磁阻尼系数 c_e 不变的前提下，系统输出功率 P_e 将低于原值。综合可知，在单缸双活塞 FPEG 系统已匹配好的参数体系中，动子质量 m 增加，当不改变循环喷油量时系统输出功率 P_e 必然下降（甚至停机），当增加循环喷油量使系统功率 P_e 恢复时，相应的运行频率 f 低于原值，两缸压缩比 ε、ε' 和行程 s 均高于原值。

③当 FPEG 系统参数整体匹配后，如果动子质量 m 的实际值偏高（实际样机动子质量容易偏高），或在已经平衡的状态下系统动子质量 m 突然增加了，根据（2）的分析，此时压缩比 ε、ε'，行程 s，频率 f 均将降低。而通过降低电磁阻尼系数 c_e 可以提高动力缸与回弹缸的压缩比 ε、ε'。当压缩比 ε、ε' 与行程 s 恢复至原值时，系统运行频率 f 仍低于原值，平均速度 $\bar{v}$ 也未恢复。此时系统输出功率 P_e 低于原值，摩擦输出功率也因平均速度 $\bar{v}$ 未恢复而低于原值。其总体结果就是系统输入能量保持不变，系统输出及消耗能量减少，系统不会平衡，压缩比、行程和频率都将继续提高。当减小电磁阻尼系数 c_e 至运行频率 f 恢复至原值时，由式（8-56）可知，压缩比 ε、ε' 与行程 s 及平均速度 $\bar{v}$ 均将超过原值，此时系统循环喷油量不变，但热效率提高，系统循环输入能量增加，系统输入功率增大。则输出电功率 P_e 与摩擦力消耗功率 P_f 之和增大，且摩擦力消耗功率 P_f 增大，根据热力学第二定律，同为黏滞阻尼力模型的电机推力，其输出功率 P_e 也将增大。即虽然电磁阻尼系数 c_e 降低，但平均速度 $\bar{v}$ 提高了，且平均速度 $\bar{v}$ 提高对输出电功率 P_e 提高的影响超过了电磁阻尼系数 c_e 下降对输出电功率 P_e 降低的影响，综合效果为 P_e 提高。

8.1.3 单缸双活塞 FPEG 系统快速总体参数匹配方法研究

单缸双活塞 FPEG 系统的总体参数匹配设计即寻求在一定的性能指标下，主要结构尺寸参数、系统运行参数、重要状态参数等之间的相互关系，并应可进一步求出其相对可信的具体值。而单缸双活塞 FPEG 系统的快速总体参数匹配方法则为可快速实现这一目标的方法。

为快速获得诸如动子质量、运行频率、喷油量、压缩比、活塞直径等核心参数间的相互关系，FPEG 系统的总体参数匹配通常采用的是先将实际的强非线性有阻尼受迫振动模型简（退）化为线性无阻尼自由振动模型，再以简（退）化模型的行程、运行频率、运动质量、等效刚度等参数间关系式为纽带，结合循环电功等方程导出各主要参数间的数量关系。这类方法所用简（退）化模型与 FPEG 运行实际过程一般存在较为明显的偏离，可用作平均意义下的粗略定性分析，这对于更为直观地展现 FPEG 重要参数间基本耦合关系很有用处。但由之所得各参数计算值的可信度不高，通常不可直接应用于 FPEG 样机的开发设计中。

在单缸双活塞 FPEG 样机设计初期，为了快速匹配出合理自洽的参数组合，可基于较为理想的等容燃烧模型、绝热过程模型和黏滞阻尼力（包括电机推力、滑动摩擦力）模型等缸内热力过程模型，结合能量方程、动力学方程及近似的运动模型等建立起经有效简化的单缸双活塞 FPEG 样机耦合计算模型。配置好约束条件后通过快速试算即可获得单缸双活塞 FPEG 样机总体参数匹配结果。

（1）单缸双活塞对置型 FPEG 样机总体参数匹配原则

实用、精度较高的参数匹配方法应以能量转换关系（动能定理）为核心，而不必关注 FPEG 系统的具体运动或振动形式。单缸双活塞对置型 FPEG 样机（外源供气）总体参数匹配原则如下。

①压缩与膨胀冲程（以动力缸为参考）内气体力、电磁推力、摩擦力等合外力做功转化为活塞动子动能，当合外力为零时，动能最大，且最大动能处应位于气口未打开的位置。

②同一周期后一冲程位移值达到前一冲程行程时，合外力做功应均为 0，以保证两冲程的行程一致。

③压缩与膨胀冲程的速度 – 时间曲线近似按正弦曲线。

相关系列方程如下：

$$p_{1xe}A_1 + p_a(A_2 - A_1) = p_{2xe}A_2 + (c_e + c_f)v_{max-e} \qquad (8-57)$$

$$W_{1xe} + W_{2xe} + p_a(A_2 - A_1)x - \int(c_e + c_f)vdx = \frac{1}{2}mv_{max-e}^2 \qquad (8-58)$$

$$W_{1se} + W_{2se} + p_a(A_2 - A_1)s - \int(c_e + c_f)vdx = 0 \qquad (8-59)$$

$$\int_{v=0}^{v=v_{\max-e}} (c_e + c_f) v dx \approx \frac{\pi}{4\omega}(c_e + c_f) v_{\max-e}^2 = \frac{t_1}{4}(c_e + c_f) v_{\max-e}^2 \quad (8-60)$$

$$\int_{v=0}^{v=0} (c_e + c_f) v dx \approx 2\frac{\pi}{4\omega}(c_e + c_f) v_{\max-e}^2 = \frac{t_1}{2}(c_e + c_f) v_{\max-e}^2 \quad (8-61)$$

$$p_{1xe} = \begin{cases} p_z \left(\dfrac{V_\varepsilon}{V_\varepsilon + xA_1}\right)^n, 0 < x \leqslant s(1-h_e) \\[3mm] p_{ef}, s(1-h_e) < x \leqslant s(1-h_s) \\[3mm] p_s, s(1-h_s) < x \leqslant s \end{cases} \quad (8-62)$$

$$p_{2xe} = p_0 \left(\frac{V_0}{V_0 - xA_2}\right)^n \quad (8-63)$$

$$W_{1xe} = \begin{cases} \dfrac{p_z V_\varepsilon}{n-1}\left[1 - \left(\dfrac{V_\varepsilon}{V_\varepsilon + xA_1}\right)^{n-1}\right], 0 < x \leqslant s(1-h_e) \\[4mm] \dfrac{p_z V_\varepsilon}{n-1}\left[1 - \left(\dfrac{V_\varepsilon}{V_\varepsilon + s(1-h_e)A_1}\right)^{n-1}\right] + p_{ef}A_1[x - s(1-h_e)], s(1-h_e) < x \leqslant \\[2mm] s(1-h_s) \\[4mm] \dfrac{p_z V_\varepsilon}{n-1}\left[1 - \left(\dfrac{V_\varepsilon}{V_\varepsilon + s(1-h_e)A_1}\right)^{n-1}\right] + p_{ef}A_1 s(h_e - h_s) + p_s A_1[x - s(1-h_s)], \\[2mm] s(1-h_s) < x \leqslant s \end{cases}$$

$$(8-64)$$

$$W_{2xe} = \frac{p_0 V_0}{n-1}\left[1 - \left(\frac{V_0}{V_0 - xA_2}\right)^{n-1}\right], 0 < x \leqslant s \quad (8-65)$$

$$p_{2xc}A_2 = p_0(A_2 - A_1) + p_{1xc}A_1 + (c_e + c_f)v_{\max-c} \quad (8-66)$$

$$W_{1xc} + W_{2xc} - p_0(A_2 - A_1)x - \int(c_e + c_f)v dx = \frac{1}{2}mv_{\max-c}^2 \quad (8-67)$$

$$W_{1sc} + W_{2sc} - p_0(A_2 - A_1)s - \int(c_e + c_f)v dx = 0 \quad (8-68)$$

$$\int_{v=0}^{v=v_{\max-c}} (c_e + c_f) v dx \approx \frac{\pi}{4\omega}(c_e + c_f) v_{\max-c}^2 = \frac{t_2}{4}(c_e + c_f) v_{\max-c}^2 \quad (8-69)$$

$$\int_{v=0}^{v=0} (c_e + c_f) v dx \approx 2\frac{\pi}{4\omega}(c_e + c_f) v_{\max-c}^2 = \frac{t_2}{2}(c_e + c_f) v_{\max-c}^2 \quad (8-70)$$

$$p_{1xc} = \begin{cases} p_s, 0 < x \leqslant sh_s \\[2mm] p_{eb}, sh_s < x \leqslant sh_e \\[2mm] p_e \left(\dfrac{V_e}{V_e - (x - sh_e)A_1}\right)^n, sh_e < x \leqslant s \end{cases} \quad (8-71)$$

$$p_{2xc} = p_0 \left(\frac{V_0}{V_0 + xA_2 - sA_2} \right)^n \tag{8-72}$$

$$W_{1xc} = \begin{cases} -p_s A_1 x, \ 0 < x \le sh_s \\ -(p_s A_1 sh_s + p_{eb} A_1 (x - sh_s)), \ sh_s < x \le sh_e \\ -\left\{ \frac{p_0 V_e}{n_2 - 1} \left[\left(\frac{V_e}{V_e - (x - sh_e)A_1} \right)^{n_2 - 1} - 1 \right] + p_s A_1 sh_s + p_{eb} A_1 s(h_e - h_s) \right\}, \ sh_e < x \le s \end{cases} \tag{8-73}$$

$$W_{2xc} = \frac{p_{2c} V_{2c}}{n - 1} \left[1 - \left(\frac{V_{2c}}{V_{2c} + xA_2} \right)^{n-1} \right], 0 < x \le s \tag{8-74}$$

$$p_{2c} V_{2c}^n = p_0 V_0^n \tag{8-75}$$

$$\begin{cases} V_e / V_\varepsilon = \varepsilon \\ V_0 / V_{2c} = \varepsilon' \end{cases} \tag{8-76}$$

$$p_z = p_e \varepsilon^n + \frac{p_e \varepsilon \eta h_u}{c_V T_e (1 + l_0)} \tag{8-77}$$

$$V_e = \frac{60 l_0 R_g T_e}{\eta \eta_e \eta_s N h_u p_e} P_e \tag{8-78}$$

$$v_{\max-e} / v_{\max-c} \approx t_2 / t_1 \tag{8-79}$$

$$\frac{\delta A_1 + \Delta V}{[\delta + s(1 - h_e)] A_1 + \Delta V} = \frac{1}{\varepsilon} \tag{8-80}$$

$$V_e = [\delta + s(1 - h_e)] A_1 + \Delta V \tag{8-81}$$

式 (8-57) 为膨胀冲程动子达到峰值速度时的受力方程。p_{1xe}、p_{2xe} 分别为膨胀冲程动力缸、回弹缸内气体压力；p_a 为大气压力；A_1、A_2 分别为动力缸、回弹缸活塞轴向投影面积。

式 (8-58) 为从膨胀冲程起点至动子达到峰值速度这一过程中作用于动子的功能关系。W_{1xe}、W_{2xe} 分别为膨胀冲程动力缸、回弹缸气体力做功量；c_e、c_f 分别为电磁阻尼系数、摩擦阻尼系数；$v_{\max-e}$ 为膨胀冲程活塞动子峰值速度。

式 (8-59) 为整个膨胀冲程作用于动子的功能关系；W_{1se}、W_{2se} 分别为整个膨胀冲程动力缸、回弹缸气体力做功量。

式 (8-60) 为按总体匹配原则 (3)、动子自膨胀冲程起点运动至峰值速度过程中电机推力和摩擦力所做功的近似表达。ω 为等效角频率；t_1 为膨胀冲程时长。

式 (8-61) 为按总体匹配原则 (3)、在整个膨胀冲程中电机推力和摩擦力所做功的近似表达。

式（8-62）为膨胀冲程中动子运动位移为 x 时动力缸中的气体压力。p_z 为动力缸内止点峰值缸压，V_g 为动力缸内止点余隙容积；n 为动力缸内气体热力过程平均多变指数；s 为行程；h_e、h_s 分别为动力缸排气冲程率和扫气冲程率；p_{ef} 为预先排气过程动力缸内气体平均压力；p_s 为扫气过程动力缸内气体平均压力。

式（8-63）为膨胀冲程中动子运动位移为 x 时回弹缸中的气体压力。p_0 为回弹缸内止点时起压压力；V_0 为回弹缸内止点时起压容积。

式（8-64）为膨胀冲程中动子运动位移为 x 时动力缸中的气体做功量。

式（8-65）为膨胀冲程中动子运动位移为 x 时回弹缸中的气体做功量。

式（8-66）为压缩冲程动子达到峰值速度时的受力方程。p_{1xc}、p_{2xc} 分别为压缩冲程动力缸、回弹缸内气体压力。

式（8-67）为从压缩冲程起点至动子达到峰值速度这一过程中作用于动子的功能关系。W_{1xc}、W_{2xc} 分别为压缩冲程动力缸、回弹缸气体力做功量。

式（8-68）为整个压缩冲程作用于动子的功能关系；W_{1sc}、W_{2sc} 分别为整个压缩冲程动力缸、回弹缸气体力做功量。

式（8-69）为按总体匹配原则（3）、动子自压缩冲程起点运动至达到峰值速度过程中电机推力和摩擦力所做功的近似表达。v_{max-c} 为压缩冲程活塞动子峰值速度；t_2 为压缩冲程时长。

式（8-70）为按总体匹配原则（3）、在整个压缩冲程中电机推力和摩擦力所做功的近似表达。

式（8-71）为压缩冲程中动子运动位移为 x 时动力缸中的气体压力。p_e 为动力缸有效起压压力；V_e 为动力缸有效起压容积。

式（8-72）为压缩冲程中动子运动位移为 x 时回弹缸中的气体压力。

式（8-73）为压缩冲程中动子运动位移为 x 时动力缸中的气体做功量。p_{eb} 为过后排气过程中动力缸内气体平均压力。

式（8-74）为压缩冲程中动子运动位移为 x 时回弹缸中的气体做功量。p_{2c} 为回弹缸外止点时缸内气体压力，V_{2c} 为回弹缸外止点时缸内气体容积。

式（8-75）为压缩冲程回弹缸中气体多变过程方程。

式（8-76）为动力缸、回弹缸压缩比等式。ε 为动力缸压缩比，ε' 为回弹缸压缩比。

式（8-77）为动力缸中气体峰值压力表达式；h_u 为汽油低热值；c_V 为动力缸内止点定容燃烧产物比热容。l_0 为化学计量空燃比；p_e、T_e 为动力缸排气口关闭时缸内气体压力与温度。

式（8 - 78）为动力缸性能参数、结构参数、气体状态参数等的等式。R_g 为气体常数；η 为用于加热工质的热量占全部燃烧放热的比例；η_s 为活塞动子机械功占工质吸收热量的比例；η_e 为发电效率；N 为系统等效转速；P_e 为发电功率。

式（8 - 79）为按总体匹配原则（3）时，膨胀与压缩冲程峰值速度比应近似满足的比例条件。

式（8 - 80）、式（8 - 81）为动力缸、动力活塞顶面结构尺寸与压缩比等的关系；δ 为动力缸内止点活塞顶面隙高；ΔV 为动力缸活塞顶面内陷容积。

（注：上述对应实际动力装置的一半）

（2）单缸双活塞对置型 FPEG 样机总体参数匹配中的约束条件

上述方程构成相对接近系统实际工作过程的动力学模型，通过解算可获得各关键结构初始尺寸，具体方法为依据上述模型编制相关计算程序，在约束条件内反复试算迭代，直至结果收敛。则对于一定性能指标（如输出发电功率 $P_e = 6$ kW，等效转速 $N = 2\,000$ r/min）的单缸双活塞 FPEG 样机，其约束条件具体如下。

①由发电功率、等效转速、大概能量转换效率、大概行程缸径比、大概排气冲程率等粗略估算可得其动力缸缸径、单边行程尺寸应处在 60 mm ± 5 mm 范围内。与之对应回弹缸的缸径应在 120 mm ± 10 mm 范围内，以保证回弹活塞直径及回弹缸压缩比都不致过高，使活塞动子总体质量不超标且漏气少，密封较易实现，同时回弹缸内气体压缩终温也不致过高而造成散热损失、润滑油结焦及不必要的热负荷。

②动力缸、回弹缸活塞直径均应由商用成品活塞环/密封环的使用外径决定。

③直线电机发电效率通常不应超过 0.81。

④内燃机中化学能向机械能转化的效率在压缩比为 10 的条件下通常不应超过 0.36。

⑤排气冲程率可在 0.12 ~ 0.25 范围内，扫气冲程率可在 0.08 ~ 0.15 范围内。

⑥常见直线电机能承受的最大动子往复运动速度为 4 ~ 6 m/s，除额外加入导向支承装置外，不应使活塞动子速度超过 4 ~ 6 m/s。同时也不应使活塞动子平均速度过低，因为对于所选直线电机而言，其发电能力（电磁阻尼系数）终究有限，应保证在其负载等效外阻抗不接近零的情况下，电磁阻尼系数处于 150 ~ 300 N/(m·s) 范围内。综合考虑前述因素，在等效转速 2 000 r/min 条件下，动子平均速度应处在 3.16 ~ 4.47 m/s 之间（对应峰值速度为 4.47 ~ 6.32 m/s），对应行程应处在 47.4 ~ 67.05 mm 范围内。

⑦参考同等机械功率二冲程发动机，其平均摩擦压力多为 0.15 MPa。考虑到所开发样机带有较大缸径的回弹缸，可能需要较多的密封环，并考虑加工及配合因素，及动力缸活塞比同级活塞多了一道气环，虽然 FPEG 因为无明显侧向力而减少了摩擦，但综合之下仍必须留出一定的摩擦力冗余。样机平均摩擦压力应处于 0.15~0.3 MPa 范围内。

⑧单缸双活塞对置型 FPEG 样机总体参数匹配原则（2）。

⑨其余必要约束条件。

（3）单缸双活塞对置型 FPEG 样机总体参数匹配结果

根据以上内容，并按（2）中所述各约束条件输入初始值后，通过不断调整缸径、压缩比、起压压力等关键参数，使二冲程的合力所做功均近似为零，且所得系列参数组合均符合基本约束条件。需要指出的是，原本通过快速试算所得系列参数并非仅有一种可用组合，但在约束条件（2）的制约下通常仅有少数组合符合各方面要求。使用这种方式可以在 FPEG 系统部分参数改变时，如设计需求变更或通过其他仿真或实验方法判断需要对某些参数进行调整，可以重新快速匹配出含新参数的 FPEG 系统参数新组合，迅速为零维、三维等仿真模型更新基本参数集及初边值条件，对加快整体设计与仿真工作的进度起到了积极作用。

（4）单缸双活塞对置型 FPEG 样机总体参数快速匹配方法有效性验证

根据上述内容，单缸双活塞 FPEG 样机总体参数匹配方法为基于缸内热力过程模型、动力学模型及运动学模型等或理想或近似的模型，并遵循相对合理的匹配原则和约束条件的一种对 FPEG 系统参数组合进行快速计算的应用。通过所搭建简单计算程序快速试算即可获得理论上基本符合样机设计指标要求的总体参数匹配结果。这种方法的有效性（指通过简单计算所得结果与通过较为复杂的系统零维模型进行仿真所得结果的接近程度）有赖于其基本假设，尤其是参数匹配原则（3）中近似正弦运动假设的合理性，可以通过搭建基本的单缸双活塞 FPEG 系统 MATLAB/Simulink 模型来验证。

单缸双活塞 FPEG 系统的 MATLAB/Simulink 基本验证模型可用详细系统建模模型（见第 5 章相关内容）的简化版本，如省略漏气（或将多环漏气改为单环漏气），不考虑换气过程细节（临界/亚临界排气，是否倒流，废气残余加热，物性参数改变等），并以单韦伯公式表征燃料消耗过程，以简单黏滞阻尼力数学模型代替电机复杂物理模型等，可通过关闭或替换详细系统模型中相关计算环节来实现这种简化。对于单缸双活塞 FPEG 系统的正常工作过程，上述简化模型已具备一定的计算精度。在输入参数一致的前提下，如果应用单缸双活塞对置型

FPEG 样机总体参数快速匹配方法所得结果（输出功率、等效转速、行程、冲程时长、峰值速度等）与该简化模型所计算结果基本一致或差别不大，即可认为前者可在一定程度上代替后者进行快速计算，这也是快速匹配方法的意义所在。图 8-11 所示为单缸双活塞 FPEG 正常工作 MATLAB/Simulink 简化模型。

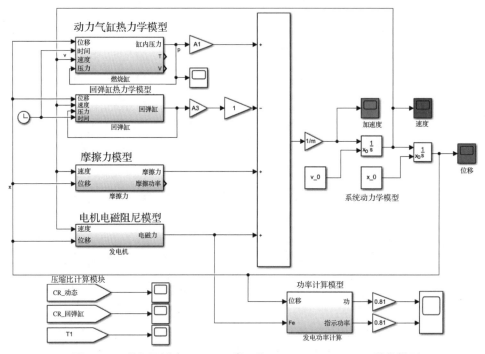

图 8-11　单缸双活塞 FPEG 正常工作 MATLAB/Simulink 简化模型

本书提出的单缸双活塞对置型 FPEG 样机总体参数快速匹配方法可以在一定程度上代替单缸双活塞 FPEG 正常工作 MATLAB/Simulink 模型进行快速参数匹配计算。

8.2　FPEG 双模（电动/发电）直线电机选配及总体设计

8.2.1　FPEG 双模直线电机选配

系统稳定工作过程对直线电机的性能指标主要包括直线电机动子行程、最大运行速度、动子质量、阻尼系数、峰值推力、电机功率和效率。

　　对于自由活塞发动机而言，活塞动子组件不受机械刚性约束，其行程和运行频率可变，因此在选择直线电机动子时，行程应该选择大于系统设计的行程目标值。直线电机在工作时，其定子线圈的磁场为行波磁场，在定子铁芯的端部，磁路突然断裂，产生端部效应；长动子能够保证永磁体与定子耦合作用的磁场不发生突变，弱化边端效应，减小电磁推力波动；但动子长度不宜太长，否则又会引起动子运动质量增大，制造成本增加。直线电机的最大运行速度是为了保证在系统工作过程中，直线电机不会因为往复运动速度过大发生结构性失效。

　　通过对不同运动质量的参数化分析可以得到在保证系统能够连续运行的前提下，运动质量越小，系统的运行频率越大，电机发电功率越大，系统的整体性能越好。活塞动子组件作为自由活塞发动机的唯一运动部件，由动力活塞、回弹活塞、动子和连接部件组成；活塞和连接件一般采用高强度、低质量密度的铝合金材料，动子主要部分是质量密度较大的钕铁硼永磁材料。因此，选型过程中严格控制动子质量是实现运动组件轻量化的主要手段。

　　电机阻尼系数与峰值推力是自由活塞的动力学方程中的重要部分。随着电磁阻尼系数增大，电机推力增大，电机吸收能量增加，回弹气缸的压缩势能减小，可能会导致压缩冲程没有足够的能量将活塞推至内止点，引起发动机失火。电磁阻尼系数与直线电机的结构参数和电磁参数相关，有一定的控制调整裕度。

　　电机功率和效率直接影响了系统的输出性能。在自由活塞发电机中，直线电机作为能量转换装置，其运动状态主要由发动机的输入能量决定。当发动机输入能量不变，在直线电机的最大电流、最大速度允许范围的前提下，直线电机的能量转换效率越高，能够输出的功率越大。因此，在直线电机选型中，更关注直线电机的能量转换效率，合理选择和匹配电机负载，让直线电机工作在高效率区域。

　　综上，单缸对置活塞内燃发电系统对直线电机性能需求如表 8 - 1 所示。

表 8 - 1　直线电机性能需求

性能参数	数值
行程/mm	>70
动子质量/kg	<3
电磁阻尼系数/(N/(m·s))	180~220
峰值推力/N	>1 600
电机效率/%	80

8.2.2　FPEG 双模电机总体设计技术研究

FPEG 双模电机的总体设计步骤主要包括 FPEG 永磁同步电机的电磁设计、控制器/驱动器的设计以及具体结构设计和物理样机实现等。

FPEG 永磁同步直线电机总体的设计技术要求如下。

根据系统总体需求，针对发动机和直线电机的耦合匹配问题，采用零维仿真模型的方法研究了发动机和直线电机在起动过程和连续运行过程两种工作模式下对直线电机 $F-v$ 特性参数和电机结构参数之间的关系，提出耦合 FPEG 运行特性的直线电机设计技术参数要求，再通过电磁学数值仿真计算确定直线电机的总体设计方案。

电机运动部件（动子）与自由活塞内燃机连杆连接，电气端口与储能系统连接。电机工作在电动模式下，应提供内燃机正常起动所需的拖动力。电机工作在发电模式下，对外输出三相交流电，应满足相关的电能指标要求。轴承一般采用滑动轴承，要求易维护、摩擦小，以保证在高加速度条件下起定位导向作用，保证长时间工作不衰减、不发生严重偏磨。电机运动件（动子等）、固定件（外壳等）具有足够的机械强度与刚度。

根据设计任务书的需求，经过初步校核计算的结果，确定直线电机的主要结构尺寸，包括定子有效长度、定子内径、气隙长度等，选取不同的极槽比方案进行直线电机的电磁仿真和优化工作分析。通过有限元仿真分析获得不同极槽比方案下的直线电机空载和负载下的电磁参数和性能参数，对各种极槽比方案进行比较遴选，最终确定最优的电磁设计方案。综合考虑获得较高的功率因数和效率，最终选择 15 槽 13 极的方案。

8.3　FPEG 内燃机子系统参数设计

8.3.1　FPEG 内燃机子系统燃烧和换气过程建模与分析的理论研究

FPEG 缸内工作过程的仿真直接关系到实际 FPEG 工作状况，因此所建立的模型必须能够准确反映实际中 FPEG 的工作状态，但是 FPEG 的仿真模型又与实际的物理模型有所差别，仿真模型要求只对真实的气体流动区域进行建模，这一区域对应真实的物理模型恰好是物理模型所属的空腔区域。自由活塞汽油直线发电机结构如图 8 - 12 所示。

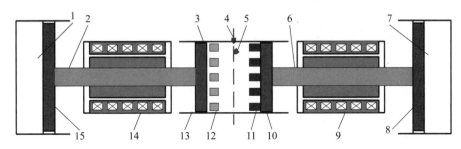

图 8 - 12 自由活塞汽油直线发电机结构

1—左回弹室；2—左动子；3—燃烧室；4—火花塞；5—喷油器；6—右动子；7—右回弹室；
8—右回弹活塞；9—右定子；10—右活塞；11—排气口；12—进气口；13—左活塞；
14—左定子；15—左回弹活塞

（1）相位等效方法与分析

在对 FPEG 开展理论与仿真研究的前期，一般通过耦合动力学、热力学、传热学、直线电机电磁模型等零维仿真模型来对系统进行数学建模，即将缸内热力学过程和电机的电磁作用通过直线动力装置中唯一的运动件（动子）进行耦合，以模拟系统复杂的多场作用过程。在仿真过程中多以时间作为动力学方程的基本变量，但将在这种坐标系下所得到的结论应用于不同型号、不同功率或不同类型的直线动力装置上时就会出现对比性差或不具备参考性的问题。而在对传统曲柄连杆发动机的研究过程中，衡量某一过程或者某一时刻的状态与特性时都会以曲轴转角作为参考变量，为了与之相比较并发现各个过程（燃烧放热或换气过程）或关键时刻部分参数所反映的系统性能变化需要将参考变量统一，这样也便于借鉴传统样机设计和试验过程中所得到的经验结论。再者在对系统进行更加精确的仿真过程中，某些发动机仿真软件默认参考变量是曲轴转角，并直接关系动网格模型的建立。在综合考虑这些因素的基础上，必须对直线动力装置开展相位等效方法的分析与理论研究，从另外一个角度分析运动特性的相关结论。

经过结构改造的 FPEG 保留了位移运动部件——动子，若是"自上而下"地进行动力学分析并推导运动学方程，方法复杂且与零维仿真无异，因此应直接从实际运动过程入手，借鉴传统发动机活塞运动方程，虚拟并重建直线动力装置的动力元件结构。首先固定单一循环，即在压缩比不变的假设下对传统发动机的曲柄连杆部分约束参数进行变量化处理，以此推导得到能够以较高精度逼近直线动力装置实际运动轨迹的运动学方程。

1）简化等效方法

在对 FPEG 进行曲轴转角相位等效分析时，首先需要将对置气缸式二冲程 FPEG 虚拟成为一个传统曲柄连杆式发动机结构模型，如图 8 - 13 所示。其中图 8 - 13（a）为典型的对置气缸二冲程 FPEG 结构型式，由于与传统发动机相比活塞的直线运动保持不变，因此建立如图 8 - 13（b）所示的虚拟曲柄连杆式发动机结构（CICEs）。

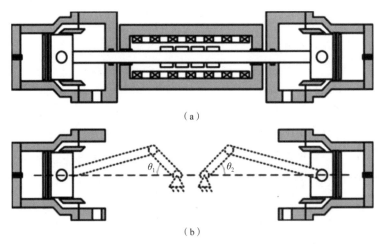

（a）

（b）

图 8 - 13　对缸式 FPEG 与等效虚拟发动机结构示意图

（a）自由活塞式直线内燃发动机；（b）虚拟曲柄连杆式发动机

尽管分别建立了两个曲柄连杆机构，两个活塞的运动轨迹理论上是一致的，可以单独对其中一侧气缸开展研究，其活塞运动的上止点和下止点对于对侧气缸来说恰恰相反，在定义曲轴转角时为了保证两个活塞作为一个整体运动，可以定义 θ_1 和 θ_2 具有以下关系：

$$\theta_1 + \theta_2 = 180° \qquad (8 - 82)$$

将研究目标锁定为 FPEG 其中一侧气缸后还需进行单循环假设，假定在某一循环过程中压缩比固定，活塞 TDC 和 BDC 位置也都是确定的，至于在多循环过程中表现出的止点位置和压缩比循环变动也都是建立在这一基础之上的。

据此建立虚拟 FPEG 单缸坐标系及结构简图如图 8 - 14 所示，将曲轴 O 设为坐标系原点，A 为曲柄和连杆铰接点，B 为活塞销中心，OA 为曲柄，AB 为连杆。假设连杆长度为 l，曲柄长度为 r，曲轴转角为 θ，等效曲柄连杆比 $\lambda = r/l$，连杆与轴线夹角为 φ；同时假定活塞销为 B 点，曲柄肩为 A 点。在此假定下可以设定坐标原点位置为曲轴 O，则活塞处于 TDC 时活塞销位置坐标为 $(l+r, 0)$，此时 $\theta=0°$；活塞处于 BDC 时活塞销位置坐标为 $(l-r, 0)$，此时 $\theta=180°$。

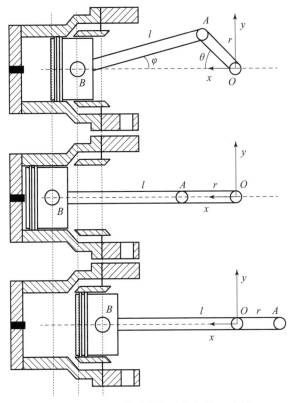

图 8-14 相位等效曲柄连杆机构示意图

当活塞运动到上下止点的中心位置时，坐标位置为 $(l, 0)$，该坐标位置同时也是 FPEG 动子运动的中心位置，可以计算得到此时的曲轴转角为

$$\theta_c = \arccos\left(\frac{r}{2l}\right) \tag{8-83}$$

式中，θ_c 为活塞运动到中心位置时的曲轴转角。

根据内燃机曲柄连杆运动学原理，可以计算得到活塞位置与曲轴转角之间的关系：

$$x = r \cdot \cos\theta + l \cdot \cos\varphi \tag{8-84}$$

若式（8-84）中曲柄长度 r 和连杆长度 l 按照之前设定，仅将活塞销位置表示为 θ 的函数，因其在表达和计算中的复杂性，可以进行级数展开并且取前两项即可较好地表达活塞的运动特性：

$$x = r\left(\cos\theta + \frac{1}{\lambda} - \frac{1}{2}\lambda\,\sin^2\theta\right) \tag{8-85}$$

式（8-85）即传统发动机在坐标系下活塞销位置随曲轴转角变化方程，对方程求导可以得到活塞速度方程：

$$\frac{dx}{dt} = -\omega r\left(\sin\theta + \frac{\lambda}{2}\sin(2\theta)\right) \tag{8-86}$$

虚拟传统发动机的曲柄连杆机构需要根据实际 FPEG 参数进行等效设置，在进行单循环运动特性分析时，首先需要确定的参数是曲柄长度，此参数的 2 倍即活塞的总行程，因此按照 FPEG 动子总行程的 1/2 进行设置，可以保证在单循环中的止点位置保持不变。然而在进行活塞位移对比分析研究过程中，式（8-86）中 x 所在的坐标系会导致其随着连杆长度或连杆比的变化产生无法对比的情况，因此将该式临时转换为以活塞总行程的中心位置作为坐标零点：

$$x = r\left(\cos\theta + \frac{1}{\lambda} - \frac{1}{2}\lambda\,\sin^2\theta\right) - l \tag{8-87}$$

可以知道，式（8-85）和式（8-86）这两个方程并不相互独立，对于位移方程，未知数包括曲轴转角 θ 和曲柄连杆比 λ；而速度方程中则包含未知数曲柄连杆比 λ 和角速度 ω。如果这些参数都是确定的，则活塞运动规律与传统发动机相同，而位移和速度曲线的差异则仅仅体现在曲柄连杆比 λ 和角速度 ω 这两个参数上。在相位等效过程中总需要固定一个参数，因此产生了两种等效方法，分别是等效曲轴转角法和等效连杆法。

2）等效曲轴转角法

等效曲轴转角法是相对于简化法提出的，并不是按照时间-位移曲线中时间轴上的数值一一对应于等差曲轴转角数列，而是按照活塞实际位移映射 CICEs 转角-位移曲线上面所得到的曲轴转角序列。即将位移 x_1 处对应的 FPEG 曲轴转角修正为该位移所对应的 CICEs 曲线映射在曲轴转角坐标轴上的角。具体等效方法可得到

$$\frac{\lambda r}{2}\cos^2\theta + r\cos\theta + \frac{(2r - r\lambda^2)}{2\lambda} - x = 0 \tag{8-88}$$

反求 $\arccos\theta$ 可以得到

$$\cos\theta = \frac{\pm\sqrt{r^2\lambda^2 - r^2 + 2r\lambda \cdot x} - r}{r\lambda} \tag{8-89}$$

由于 θ 取值范围为 [-180°, 180°]，那么 $\cos\theta$ 取值不应全是负数，因此可以计算 θ 为

$$\theta = \arccos\left(\frac{\sqrt{r^2\lambda^2 - r^2 + 2r\lambda \cdot x} - r}{r\lambda}\right) \qquad (8-90)$$

3）等效连杆法

采用上述等效曲轴转角法所得到的位移与速度结果尽管在用于计算某点或具体过程的相位变化时存在等效性和通用性，但是并不能完全反映活塞位移随时间变化的具体规律，经过等效后的曲线结果近似于 CICEs 的曲柄连杆机构，已经不能完全反映 FPEG 运动特性，因此基于简化等效曲轴转角法提出等效连杆法。该方法是指在位移和速度方程中将转速默认为固定不变，而位移差和速度差均是由连杆长度产生变化造成的，也就是将虚拟的传统发动机的曲柄连杆机构看作一个连杆长度可变的机构。

假设等效连杆长度是随简化法等效得到的曲轴转角变化函数 $l(\theta)$，则可以表示为

$$x = r\cos\theta + l(\theta) - \frac{r^2}{2l(\theta)}\sin^2\theta \qquad (8-91)$$

表示的是在曲轴中心为坐标原点的坐标系下活塞位置的变化，这与实际 FPEG 数据坐标系正好相差连杆长度 l，也就是式（8-92）所处理的问题。因此将该公式所在坐标系平移 $l(\theta)$，坐标原点变为活塞行程中心位置，得到活塞相对该原点位置变化量为

$$\Delta x = r\cos\theta - \frac{r^2}{2l(\theta)}\sin^2\theta \qquad (8-92)$$

进而可以计算得到

$$l(\theta) = \frac{r^2\sin^2\theta}{2(r\cos\theta - \Delta x)} \qquad (8-93)$$

换一种方法将式（8-94）反求 $l(\theta)$

$$l(\theta) = \frac{1}{2}(x - r\cos\theta \pm \sqrt{4x \cdot r\cos\theta + 2r^2\sin^2\theta}) \qquad (8-94)$$

但是作为 FPEG 活塞位移的 x 所在坐标系为活塞行程中点，将坐标系移动到曲轴中心需要预设一个连杆长度 l_0，最终得到的也是在此坐标系下的连杆长度，为了便于观察在实际等效过程中连杆变化情况，可以将连杆长度表示为

$$\Delta l(\theta) = \frac{1}{2}\left[(x + l_0) - r\cos\theta \pm \sqrt{4(x + l_0) \cdot r\cos\theta + 2r^2\sin^2\theta}\right] - l_0 \qquad (8-95)$$

4）等效转速法

尽管 FPEG 系统运行频率在单一工况下是一定的，但是在实际运行过程的单循环内并不是规律的定转速曲柄连杆机构中活塞运动速度曲线，因此当需要

对特殊位置或某一过程中转速进行分析时应对活塞速度进行等效转速的相位转换。特基于简化曲轴转角相位等效方法提出等效转速法，即将活塞运动过程看作是转速随曲轴转角变化的，引入 $\omega(\theta)$，通过活塞速度方程反求曲轴转角，可以得到等效转速表达式：

$$\omega(\theta) = -\frac{v}{r\left(\sin\theta + \dfrac{\lambda}{2}\sin(2\theta)\right)} \tag{8-96}$$

（2）FPEG 内燃机子系统燃烧和换气过程建模与分析的理论研究

1）FPEG 内燃机子系统流体力学控制方程

FPEG 的缸内复杂的变化过程是一个包含物理和化学反应的气液两相反应过程，通过笛卡儿直角坐标系下一系列用来控制缸内气、液变化过程的质量、动量和能量等包含各种附加不稳定控制项、对流控制项、扩散控制项及源控制项等偏微分方程组成。

①组分的连续方程。组分的连续方程定义为在单位时间内流入该微元体的质量与流出该微元体的质量差等于该微元体内质量的变化，它反映的是质量守恒定律，可由下式给出：

$$\frac{\partial \rho_{\mathrm{m}}}{\partial t} + \nabla \cdot (\rho_{\mathrm{m}} \vec{u}) = \nabla\left[\rho D \nabla\left(\frac{\rho_{\mathrm{m}}}{\rho}\right)\right] + \dot{\rho}_{\mathrm{m}}^{c} + \dot{\rho}_{\mathrm{m}}^{s} \tag{8-97}$$

式中，ρ 为混合气的密度；ρ_{m} 为组分 m 的密度；$\dot{\rho}_{\mathrm{m}}^{c}$ 为化学反应产生的组分 m 质量的源项；$\dot{\rho}_{\mathrm{m}}^{s}$ 为喷雾产生的组分 m 质量的源项；D 为组分 m 的扩散系数；∇ 为哈密尔顿算子，其定义为

$$\nabla \equiv i\frac{\partial}{\partial x} + j\frac{\partial}{\partial y} + k\frac{\partial}{\partial z} \tag{8-98}$$

考虑到混合气的组成，对流体混合物所有组分求和，得到总的连续方程：

$$\frac{\partial \rho}{\partial t} + \nabla \cdot (\rho_{\mathrm{m}} \vec{u}) = \dot{\rho}^{s} \tag{8-99}$$

式中，$\dot{\rho}^{s}$ 为喷雾导致缸内的质量变化项。

②混合物的动量守恒方程。利用牛顿第二定律，对黏性流体微元进行分析即可得到各流体微元的动量守恒方程：

$$\frac{\partial(\rho\vec{u})}{\partial t} + \nabla \cdot (\rho\vec{u}) = -\nabla p - A_0 \nabla\left(\frac{2}{3}\rho\kappa\right) + \nabla \cdot \boldsymbol{\sigma} + \vec{F} + \rho\vec{g} \tag{8-100}$$

式中，p 为流体压力；κ 为湍动能；$\vec{F}$ 为单位时间和体积内喷射油滴所具有的动量；$\vec{g}$ 为比体积力；A_0 为不定常数，层流时取 0，湍流时取 1；$\boldsymbol{\sigma}$ 为黏性应

力张量。由式（8 - 101）定义：

$$\boldsymbol{\sigma} = \mu \big[\nabla \vec{u} + (\nabla \vec{u})^{\mathrm{T}} \big] + \lambda (\nabla \cdot \vec{u}) \boldsymbol{I} \tag{8 - 101}$$

式中，μ 为第一黏性系数；λ 为第二黏性系数；$\boldsymbol{I}$ 为单位二阶张量：

$$\mu = (1.0 - A_0) \rho v_0 + \mu_{\mathrm{a}} + \mu_{\mathrm{t}} \tag{8 - 102}$$

$$\mu_{\mathrm{a}} = \frac{A_1 T^{\frac{2}{3}}}{T + A_2} \tag{8 - 103}$$

$$\mu_{\mathrm{t}} = A_0 \frac{C_\mu \rho \kappa^2}{\varepsilon} \tag{8 - 104}$$

$$\lambda = A_3 \mu \tag{8 - 105}$$

③混合物的能量守恒方程。将能量守恒定律应用到黏性流体力学中，即黏性流体的能量守恒方程。由式（8 - 106）所示，这里采用比内能的形式主要是防止动能的计算误差引起内能的变化：

$$\frac{\partial}{\partial t}\Big[\rho\Big(e + \frac{V^2}{2}\Big)\Big] + \nabla \cdot \Big[\rho\Big(e + \frac{V^2}{2}\Big)V\Big]$$

$$= \rho \dot{q} + \frac{\partial}{\partial x}\Big(k\frac{\partial T}{\partial x}\Big) + \frac{\partial}{\partial y}\Big(k\frac{\partial T}{\partial y}\Big) + \frac{\partial}{\partial z}\Big(k\frac{\partial T}{\partial z}\Big) - \frac{\partial(up)}{\partial x} - \frac{\partial(vp)}{\partial y} - \frac{\partial(wp)}{\partial z} +$$

$$\frac{\partial(u\tau_{\mathrm{xz}})}{\partial x} + \frac{\partial(u\tau_{\mathrm{yx}})}{\partial y} + \frac{\partial(u\tau_{\mathrm{zx}})}{\partial z} + \frac{\partial(v\tau_{\mathrm{xy}})}{\partial x} + \frac{\partial(v\tau_{\mathrm{yy}})}{\partial y} + \frac{\partial(v\tau_{\mathrm{zy}})}{\partial z} + \tag{8 - 106}$$

$$\frac{\partial(w\tau_{\mathrm{xz}})}{\partial x} + \frac{\partial(w\tau_{\mathrm{yz}})}{\partial y} + \frac{\partial(w\tau_{\mathrm{zz}})}{\partial z} + \rho f \cdot V$$

式中，k 表示单位质量流体的热导率；e 表示单位质量流体的内能；$\dot{q}$ 表示单位质量流体的体积加热率；V 表示单位流体微团的速度。

④化学组分守恒方程。组分守恒指的是在计算单元中的组分都应该遵循质量守恒定律，组分守恒方程由式（8 - 107）表示如下：

$$\frac{\partial(\rho c_{\mathrm{s}})}{\partial t} + \nabla(\rho c_{\mathrm{s}} V)$$

$$= \frac{\partial}{\partial x}\Big(D_{\mathrm{s}}\frac{\partial(\rho c_{\mathrm{s}})}{\partial x}\Big) + \frac{\partial}{\partial y}\Big(D_{\mathrm{s}}\frac{\partial(\rho c_{\mathrm{s}})}{\partial y}\Big) + \frac{\partial}{\partial z}\Big(D_{\mathrm{s}}\frac{\partial(\rho c_{\mathrm{s}})}{\partial z}\Big) + S_{\mathrm{s}} \tag{8 - 107}$$

式中，c_{s} 表示任一组分的体积浓度；ρ 为任一组分的密度；D_{s} 为任一组分的扩散系数；S_{s} 为生产率。

2）FPEG 内燃机子系统燃烧和换气过程的湍流模型

FPEG 在工作过程中，缸内始终伴随着一种或者多种耦合的可压缩，高、低甚至超高马赫、非定常、各向异性的湍流运动。它直接决定了换气过程的效果、油束的蒸发率、混合气的形成和分布、火焰的传播速率及燃烧效果、传热传质及排放特性等过程。因此，对缸内湍流运动进行准确的模拟是分析和研究 FPEG 各种现象的基础，目前对缸内湍流运动进行三维数值模拟模型有大涡模拟、雷诺应力方程、代数应力方程模型、标准 $k-\varepsilon$ 模型、零方程模型、单方程模型等各种方法，但其本质都是对可压缩黏性流体的 N-S 方程进行数值求解。而其中的 $k-\zeta-f$ 模型采用快速球形畸变理论，可以适用于可压缩流体，喷雾的模拟，混合气的形成，流场结构中传热、放热及燃烧后的污染物预测等方面，计算精度和稳定性比较好，是目前缸内燃烧模拟中应用最为广泛和认可的湍流模型，相关的 κ 和 ε 方程定义为

$$\rho \frac{\partial \kappa}{\partial t} + \rho \frac{\partial (u_j \kappa)}{\partial x_j} = -\frac{2}{3} \rho \kappa \frac{\partial u_j}{\partial x_j} + \tau_{ij} \frac{\partial u_i}{\partial x_j} + \frac{\partial}{\partial x_j} \left(\frac{\mu_e}{Pr_k} \frac{\partial \kappa}{\partial x_j} \right) - \rho \varepsilon + \ddot{W}^s]$$

$$\rho \frac{\partial \varepsilon}{\partial t} + \rho \frac{\partial (u_j \varepsilon)}{\partial x_j} = -\left(\frac{2}{3} c_{\varepsilon 1} - c_{\varepsilon 3} + \frac{2}{3} c_\mu c_\eta \frac{k}{\varepsilon} \frac{\partial u_j}{\partial x_j} \right) + \frac{\partial}{\partial x_j} \left(\frac{\mu_e}{Pr_\varepsilon} \frac{\partial \varepsilon}{\partial x_j} \right) + \quad (8-108)$$

$$\frac{\varepsilon}{k} \left[(c_{\varepsilon 1} - c_\eta) \tau_{ij} \frac{\partial u_i}{\partial x_j} - c_{\varepsilon 2} \rho \varepsilon + c_s \ddot{W}^s \right]$$

在模型中：

$$c_{\varepsilon 3} = 0.143 + (-1)^\delta 0.068\,99 c_\eta \eta \qquad (8-109)$$

$$c_\eta = \frac{\eta \left(1 - \dfrac{\eta}{\eta_0} \right)}{1 + \beta \eta^3} \qquad (8-110)$$

$$\eta = \frac{\kappa}{\varepsilon} (2 S_{ij} S_{ij})^{\frac{1}{2}} \qquad (8-111)$$

$$S_{ij} = \frac{1}{2} \left(\frac{\partial u_i}{\partial x_j} + \frac{\partial u_j}{\partial x_i} \right) \qquad (8-112)$$

式中，ρ 表示流体密度；μ 为动力黏度；μ_t 为湍流黏度；$\overline{u^2}$ 为黏度尺度；$\ddot{W}^s$ 为与喷雾相互作用而产生的湍流源项；σ_k、$c_{\varepsilon 1}$、$c_{\varepsilon 2}$、$\sigma_{\varepsilon 3}$、c_μ 分别为定常数；Pr_ε，Pr_k 为普朗特数。

3）FPEG 内燃机子系统燃烧和换气过程的壁面传热模型

在 CFD 数值仿真软件中，壁面传热模型是通过存储在壁面和壁面附近网格中的温度、流场及湍流数据计算壁面的传热热流的，常见的模型有 Launder - Spalding 模型、Huh 模型、Poinsot 模型、Han - Reitz 模型和 Rakopoulos 模型。此次采用了 AVL/FIRE 软件中推荐的 Han - Reitz 模型来计算自由活塞发动机燃烧室壁面的传热热流。该模型考虑了边界层内流体物性及湍流黏度的非均匀性分布和

燃烧源项的影响，目前被广泛应用于内燃机的传热计算中。

Han – Reitz 模型基于通用的能量守恒方程，假设无量纲黏度 v^+、湍流普朗特数 Pr_t 和无量纲距离 y^+ 之间的关系为

$$\begin{cases} \dfrac{v^+}{Pr_t} = 0.1 + 0.025y^+ + 0.012\,(y^+)^2, y^+ \leqslant y_0^+ = 40 \\ \dfrac{v^+}{Pr_t} = 0.476\,7y^+, y^+ > y_0^+ \end{cases} \qquad (8-113)$$

通过对能量方程进行积分计算，得到壁面边界层内无量纲温度的分布函数为

$$T^+ = 2.1\ln(y^+) + 2.1G^+y^+ + 33.4G^+ + 2.5 \qquad (8-114)$$

式中，$G^+ = Gv/q_w u^*$；G 为能量方程中的源项；q_w 为壁面传热热流。

最终 Han – Reitz 模型中的壁面热流计算公式为

$$q_w = \frac{\rho u_\tau c_p T \ln(T/T_w) - (2.1y^+ + 33.4)Gv/u_\tau}{2.1\ln(y^+) + 2.5} \qquad (8-115)$$

式中，u_τ 为摩擦速度；c_p 为比热容；T 和 T_w 分别为气体和壁面的温度。

4）FPEG 内燃机子系统燃烧和换气过程的喷雾模型

针对发动机的喷雾过程，Fire 能够提供的模拟破碎的模型有很多，主要有 WAVE 模型，FIPA 和 KHRT 模型，TAB 模型，HUH – GOSMAN 模型。

其中：

WAVE 模型可调整的参数不多，结果可靠，适用于多喷孔的柴油机。

FIPA 和 KHRT 模型使用的范围更广，其 We 数可以很小，适用于柴油机和汽油机。

TAB 模型不适用于柴油喷射，可以应用于低速的汽油喷射过程（空锥形喷射或者漩流喷射）。

HUH – GOSMAN 适用于中等喷射压力的汽油机多孔喷射对液体与气体界面上沿流动方向扰动波的不稳定性进行分析，当不稳定波的振幅大于临界值时，液滴即发生分裂。

因此本次仿真采用 HUH – GOSMAN 模型，其基本思想是认为射流内部的湍流扰动和气动力是导致液体分裂雾化的动因，主要调整参数如下。

$C1$：影响第一次破碎发生的时间。负值表示会延迟；正值，其值越大，破碎时间越短。

$C2$：子液滴直径采用 Chi – Square 分布的指数相，或者采用 Rosin – Rammler 分布的指数。

$C3$：一般不调节。

C4：调节子液滴 SMD 与母液滴直径的比值，其值越大，子液滴直径越小。

C5：调节表面张力的影响程度，其值越大，破碎时间越长，是重点调整参数。

C6：推荐值为 0.5。

C7：调节黏性力的影响程度，其值越大，破碎时间越长。

C8：试验证明与 *C5* 的关系为 $C8 = C5/24$。

C9：调节子液滴的速度。

5）FPEG 内燃机子系统燃烧和换气过程的蒸发模型

针对蒸发模型，Fire 主要有以下几种。

Dukowicz：认为传热和传质过程是完全相似的过程，并且假定 Lewis 数（热扩散系数与质扩散系数的比值）为 1。计算油蒸气的物性参数（比热、黏性等）所对应的温度采用 1/2 法，即当地流体温度和液滴表面温度和的 1/2。

Spalding：Levis 数仍为 1，但是由于不再认为传热和传质是完全相似的，需要先求解温度的微分方程，才能求得液滴的新直径，因此需要迭代。

Abramzon：需要迭代，但是不再有 Lewis 数为 1 的限制，对于发动机运转条件下的燃油蒸发过程，三种模型没有明显的区别，由于 Dukowicz 模型不需要迭代，计算时间短，是推荐选项。

Frolov：Firev2008 的新模型，与 Dukowicz 模型相似，没有 Lewis 数为 1 的限制，并且对于边界层的网格上的液滴，参考温度采用的是液滴的表面温度。

因此，此次仿真采用 Dukowicz 模型。

6）FPEG 内燃机子系统燃烧和换气过程的燃烧模型

缸内的燃烧过程直接决定了内燃机的经济性、动力性和排放特性，为了能够清晰分析缸内的燃烧过程，借助于数值模拟方法对 OFPG 缸内燃烧过程进行分析、验证和预测是一种行之有效的方法。目前模拟缸内燃烧过程的模型可分为涡破碎模型、湍流火焰速度模型、火焰面密度模型（ECFM）、概率密度函数模型、特征时间尺度模型和稳态燃烧模型等。而其中的 ECFM 模型作为近年发展起来的一种耦合求解混合气温度与火焰传播速度关系的燃烧模型，它认为燃烧过程中化学反应的时间尺度要远远慢于湍流扩散的时间尺度；因此，它认为燃烧主要发生在未燃混合气无限薄的薄层上在湍流扩散的影响下分层进行传播，火焰形态只在自身薄层内发生变形、扩散和卷曲；此外，模型中采用了两步化学反应机理来描述燃料中 C、H 与空气之间的反应过程，如式（8-116）和式（8-117）所示：

$$C_nH_mO_k + \left(n + \frac{m}{4} - \frac{k}{2}\right)O_2 \rightarrow nCO_2 + \frac{m}{2}H_2O \tag{8-116}$$

$$C_nH_mO_k + \left(\frac{n}{2} - \frac{k}{2} \right)O_2 \rightarrow nCO + \frac{m}{2}H_2 \qquad (8-117)$$

式中，n，m，k 分别为相应燃料化学分子式中原子的数目。各个反应过程的速率可分别由式（8-118）和式（8-119）给出：

$$\omega_{fu,1} = \omega_L \gamma \qquad (8-118)$$

$$\omega_{fu,2} = \omega_L (1.0 - \gamma) \qquad (8-119)$$

式中，ω_L 为单位火焰前锋面上的平均层流燃料消耗率；γ 为 C、H 原子数量函数。结合式（8-118）、式（8-119），平均燃烧反应速率可定义为

$$\overline{\rho \dot{r}_{fu}} = -\Sigma \sum_{r=1}^{2} v_{i,r} \omega_{fu,r} \qquad (8-120)$$

式中，Σ 为火焰面密度；$v_{i,r}$ 为组分 i 在第 r 个反应中的化学计量数。

8.3.2　FPEG 内燃机子系统燃烧和换气过程建模与分析方法

（1）FPEG 内燃机子系统燃烧和换气过程建模与分析流程

自由活塞内燃发电动力系统的多场耦合建模所采用的数值仿真模型为零维燃烧模型与基于流体力学的零维数值模型，而在零维缸内过程仿真中选用的韦伯燃烧放热模型与基于流体力学的气流组织零维模型并不具备能够进行燃烧扫气过程中的缸内流场、温度场、速度场以及压力场等物理场的分析计算，因此在完成燃烧室密闭空间具体尺寸的确定后，需要借用 Fire 软件对燃烧与扫气过程进行三维仿真研究，主要观察扫气过程中的残余废气系数、新鲜空气系数、燃油捕捉率等参数是否符合指标要求以及观察燃烧过程中燃烧放热率、燃烧室内温度等参数变化情况是否符合指标要求，从而可进一步对零维仿真模型进行修正，以实现验证性的精确分析。在 Fire 软件中，仿真过程按照图 8-15 进行。

在实际仿真分析过程中，参数的设置、三维结构模型的搭建、网格划分以及边界条件的设置起着至关重要的作用，因此后续将在此软件中对参数及模型的详细配置情况进行阐述分析。

（2）FPEG 内燃机子系统燃烧和换气过程建模分析

CFD 仿真的前提是对仿真对象几何形状的精确描述，因此在仿真时充分考虑了汽油机燃烧系统各个子系统之间的耦合关系，将换气过程、喷雾过程、燃烧过程集中在同一网格模型中计算。在划分网格中，由于网格质量对计算速度和计算精度影响很大，其中主要是网格数量和网格体积大小，当然网格体积越小时，计算精度越高，但是这样容易造成网格数量过多，影响计算效率，因此，根据相关

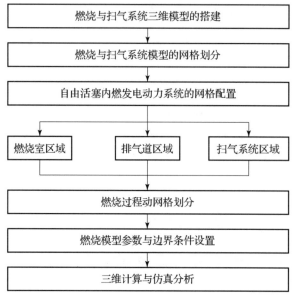

图 8-15　三维仿真流程

论文和试验数据，为了兼顾仿真效率和仿真精度，采用结构化六面体网格，基本长度为 2 mm，同时对进排气口流动区域进行局部的网格细化，采用气口附近的网格长度为 1 mm，细化层数为 5 层，这样兼顾了仿真的精确度和效率，总体网格数量在 30 万左右。具体如图 8-16 所示。

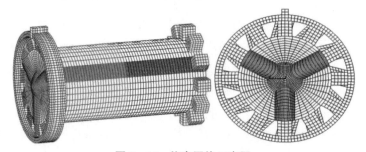

图 8-16　仿真网格示意图

8.3.3　不同换气方式 FPEG 内燃机子系统换气过程建模与分析

在二冲程回流扫气系统的设计工作中，气口参数的计算是重点。在传统机型上已对此有较多研究成果，相关设计理论较为完备。但在自由活塞式内燃机领域，研究工作还有待丰富。出于对自由活塞机型工作机理的考虑，良好的扫气系统设计对工作的稳定性有重要意义。以往的设计工作大多以经验或相似设计方法为主，尚未提出一种具体的设计计算方法。鉴于自由活塞机型与传统机型的基本工作原理相同，可以传统机型回流扫气系统设计方法为基础，通过某种方法进行修正，使之适用于自由活塞机型领域设计工作。根据这一思路，首先分析自由活塞机型与传统机型之间回流扫气系统运行特性的差异，再利用等效转速变换法在自由活塞机型工作特性与传统机型工作特性之间实现等效联系，然后根据分析结果，在传统机型回流扫气系统气口参数设计计算方法的基础上加以修正，最终形成自由活塞机型回流扫气系统气口参数专门设计方法。而在二冲程机型的扫气系统布局形式中，回流扫气和直流扫气是两种主流方案。相比较而言，回流扫气方案具有结构简单、较易实现的优点，可以有效降低整体研究中的技术风险。

三个比时面值参数 Z_{be}、Z_{bf}、Z_{bs} 在设计计算过程中并不是完全互相独立的，当选定其中任意两个之后，第三个随之确定。一般就其重要性的先后，设计中将选定扫气口比时面值 Z_{bs} 和提前排气比时面值 Z_{bf}，之后排气口比时面值 Z_{be} 即有唯一取值。扫气口比时面值 Z_{bs} 的设计选定原则主要有两点，其一是要保证 Z_{bs} 能够满足扫气性能要求，其二是在满足要求的同时尽可能减小该值。如果该值的取值过大，将导致内燃机的做功行程缩短，推高冲程损失，损害内燃机工作效率。三项比时面值参数中对扫气系统性能影响最大的是提前排气比时面值 Z_{bf}，该值与排气开始时的气缸内压力共同决定了扫气口打开时的气缸内压力。扫气口打开时的气缸内压力直接影响到扫气道内新鲜充量进入气缸的时间、速度，这对于扫气系统的性能优劣有重要意义。从设计原则上说，Z_{bf} 应尽可能减小取值，从而缩小冲程损失，并且防止新鲜充量大量流出排气口，造成短路损失。

二冲程机气口参数的统计数据如表 8-2 所示。

表 8-2 二冲程机气口参数的统计数据

参数	Z_{be}	Z_{bs}	Z_{bf}	b_e	b_s
汽油机	9 ~ 14	7 ~ 13	0.2 ~ 0.5	0.40 ~ 0.66	0.45 ~ 0.80
摩托车	13 ~ 17	8.0 ~ 11.5	0.3 ~ 0.9	0.60 ~ 0.85	0.65 ~ 0.80
汽车	10.0 ~ 15.5	5.0 ~ 8.5	0.3 ~ 0.9	—	—
柴油机	12 ~ 25	8 ~ 20	0.15 ~ 0.70	0.50 ~ 0.75	0.3 ~ 0.6

（1）回流换气方式分析

在二冲程内燃机领域，常使用气口时面值与气缸排量之比即"比时面值"，作为评价二冲程内燃机换气系统设计的重要指标。通常设计所得比时面值应处于一个合适的范围内。此值过大会导致二冲程内燃机的短路损失增加，过低则会引发扫气效率不足，缸内残余废气过多。由于气口时面值与活塞运动规律存在密切联系，同时自由活塞机型的活塞运动曲线与传统机型存在显著差异，故自由活塞机型的扫气特性可能不同于传统机型。为了研究二者之间的差异，构造一款自由活塞内燃发电动力系统，其结构与配置参数如表 8 – 3 所示。

表 8 – 3　自由活塞内燃发电动力系统结构与配置参数

参数	数值	单位
缸径	52.50	mm
有效行程	31.00	mm
设计行程	68.00	mm
排气口高度	15.00	mm
扫气口高度	13.50	mm
压缩比	可变	—
动子质量	5.87	kg
电机常数	74.40	N/A
负载电阻	18.00	Ω

采用相同的气缸结构和冲程长度，并以相同的工作频率运行。以活塞处于上止点时为位移零点，传统发动机与 FPEG 的活塞位移和活塞运动速度对比如图 8 – 17 所示。

虽然自由活塞机型和相同几何结构的传统机型具有同样的最大气口打开面积，但受自由活塞机型特殊活塞运动规律影响，其二者的换气过程持续时间存在明显区别。通过仿真可以计算得到自由活塞机型排气比时面值约为 8.9，扫气比时面值约为 6.5。同期对应传统机型排气比时面值约为 14.8，扫气比时面值约为 11.2，二者之间差异较为显著。由于比时面值对二冲程机型的扫气过程有非常重要的影响，特殊活塞运动规律所带来的比时面值的差异最终将反映到扫气效率、新鲜充量捕捉率等指标的区别上。

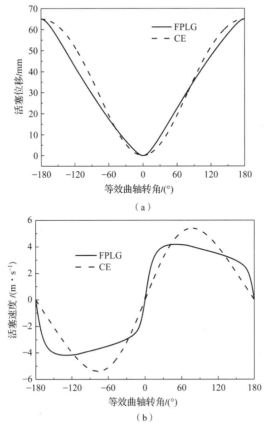

图 8 - 17　FPEG 与传统发动机的活塞运动规律对比

（a）活塞位移；（b）活塞速度

1）回流换气方式结构参数

仿真方法验证所采用的研究对象是本课题组自行设计的一款自由活塞内燃发电动力系统内燃机模块，其结构参数见表 8 - 4。

表 8 - 4　内燃机模块结构参数

参数名	参数值	单位
缸径	60	mm
有效行程	62	mm
排气口高度	25	mm
扫气口高度	15	mm

　　图 8 – 18 中展示的几何构型是完整的气道布局，其中包含三条扫气道、一条排气道以及气缸体部分。由于实验中主要针对扫气口的流量系数进行测试，排气口处于封闭状态，因此在网格划分过程中剔除了排气道部分网格，仅对扫气道和气缸体部分展开仿真计算。具体的网格划分情况见图 8 – 19。仿真设置参数如表 8 – 5 所示。

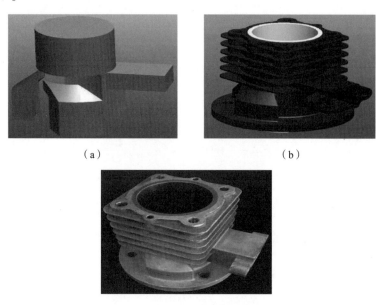

（a）　　　　　　　　　　　　　　　（b）

（c）

图 8 – 18　研究对象的气道几何构型及实际样机

（a）气道几何构型；（b）样机三维模型；（c）实际物理样机

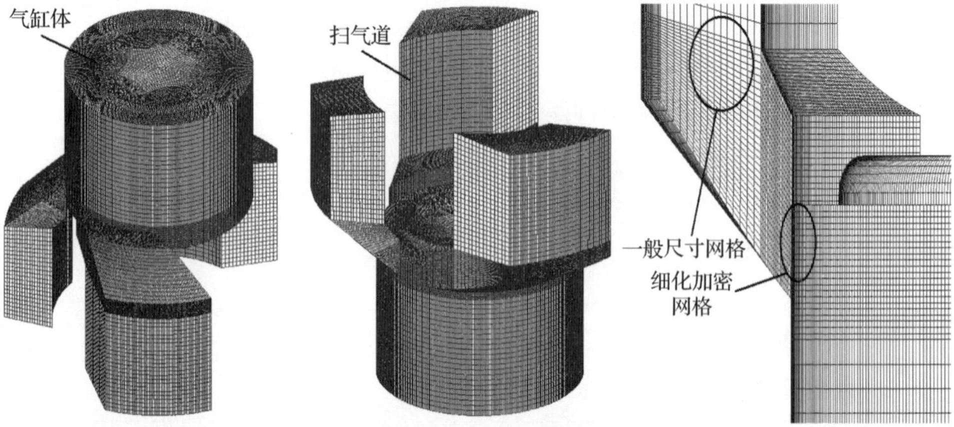

气缸体　　　　　　扫气道　　　　　　一般尺寸网格

细化加密网格

图 8 – 19　网格划分示意图

表 8 – 5　仿真设置参数

参数	数值	单位
扫气压力	1.2	bar
扫气温度	293.15	K
湍动能	20.0	m^2/s^2
排气压力	1.1	bar
排气温度	333.15	K
扫气壁面温度	293.15	K
排气壁面温度	333.15	K
左侧活塞顶温度	453.15	K
活塞壁面温度	463.15	K

网格划分采用 HyperMesh 软件，依据仿真状态点的不同，网格总数在 60 万~90 万之间变化，所有网格均为六面体。网格数量的变化主要来源于网格细化处理区域的大小差异。利用 Fire 软件对内燃机进行仿真的过程中，要使得仿真计算所取得的结果尽可能接近实际物理状态，需要着重对气口位置附近的网格进行细化加密。对于有气门的机型而言，气门附近的网格是处理的重点，而对于二冲程气口式机型，主要细化气口附近的网格。在此次计算中，加密网格的细节见图 8 – 19。细化网格的尺寸在 0.5 mm 左右，其余网格尺寸一般在 2 mm 左右。

2）回流换气方式对换气过程的影响

图 8 – 20 为 FPEG 回流扫气过程废气分布云图，结果显示 FPEG 采用回流换气的形式，在合适的进气压力下能够实现较好的换气效果。从图 8 – 21 FPEG 回流扫气过程的扫气效率结果来看，在换气结束时，扫气效率能够达到 90% 左右。

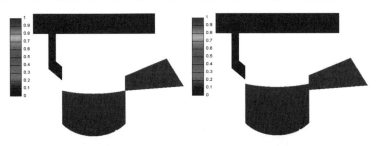

图 8 – 20　FPEG 回流扫气过程废气分布云图

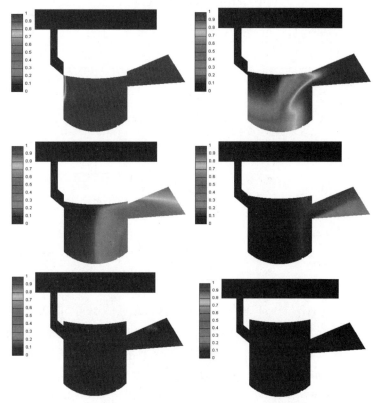

图 8 - 20   FPEG 回流扫气过程废气分布云图(续)

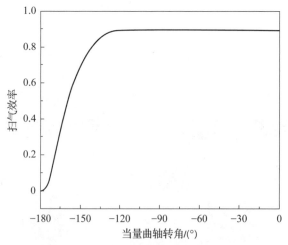

图 8 - 21   FPEG 回流扫气过程的扫气效率

3）回流换气方式对燃烧过程的影响

图 8–22 所示为不同等效曲轴转角下 FPEG 与传统发动机的缸内气体温度场分布情况。可以看到，火花塞首先点燃其周围的可燃混合气，并放出热量使燃烧室局部温度升高，随着化学反应的发生与火焰的传播，高温区域逐渐向整个燃烧室扩展。FPEG 在燃烧过程中的最高局部温度达到 2 837.9 K。同时由于 FPEG 在压缩过程中具有较慢的活塞运动速度，导致压缩过程中其缸内气流强度低于传统发动机。因此可以看到，传统发动机的火焰传播速度要快于 FPEG，并在上止点附近完成大部分燃料的燃烧。在进入膨胀冲程后，FPEG 的活塞快速向下止点运动，导致缸内气体流动强度有所增强，火焰传播速度提高，但是燃烧室容积也增加较快，使得火焰传播到终燃混合气的距离变长。综合来看，FPEG 的燃烧放热过程要长于传统发动机。

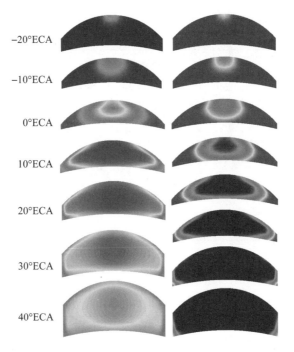

图 8–22　不同等效曲轴转角下 FPEG 与传统发动机的缸内气体温度场分布情况

（2）直流换气方式对换气及燃烧过程的影响

1）仿真模型参数配置

仿真采用结构化六面体网格，具体如图 8–16 所示。

仿真模型参数如表 8–6 所示。

表 8 – 6　模型参数

参数	数值	单位
扫气口高度	8	mm
扫气口个数	12	个
扫气口开启位置	50. 927	mm
扫气口闭合位置	58. 927	mm
排气口开启位置	49. 535	mm
排气口闭合位置	58. 927	mm
排气口高度	9. 39	mm
排气口个数	12	个
排气口倾角	15	(°)
活塞直径	56. 5	mm
压缩比	10	—
行程	55. 12	mm
避让槽深	3	mm
避让槽宽	12	mm
凹面直径	32. 03	mm
凹面深度	5. 45	mm

仿真边界参数如表 8 – 7 所示。

表 8 – 7　仿真边界参数

参数	数值	单位
扫气压力	2	bar
扫气温度	293. 15	K
湍动能	20. 0	m^2/s^2
排气压力	1. 1	bar
排气温度	333. 15	K

续表

参数	数值	单位
扫气壁面温度	293.15	K
排气壁面温度	333.15	K
左侧活塞顶温度	453.15	K
活塞壁面温度	463.15	K
点火时刻	−16.5	(°)

2）直流换气方式对换气过程的影响

直流扫气过程如图 8 − 23 所示。

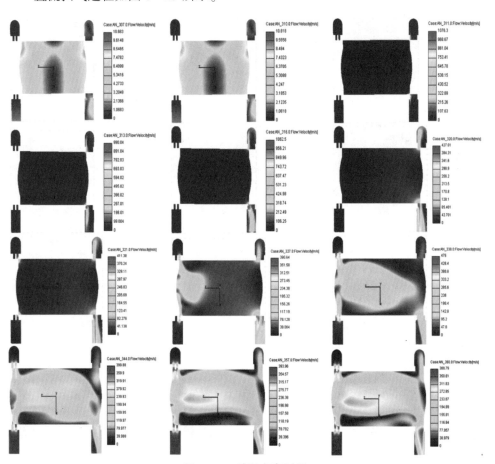

图 8 − 23　直流扫气过程

3）直流换气方式对燃烧过程的影响

火花塞采用三组对称 120°形式布置，在点火时刻三个火花塞同步跳火，火核呈球形，火花能量也完全相同，但是由于不同火花塞周围的混合气分布不同，因此在后期出现了不同的着火状况。具体表现为，在点火初期，由于火花塞 3 周围当量比在 1.0～1.4 之间，因此其余两个火花塞周围的混合气都比较稀薄，没有处于合适的当量比范围 0.6～2.0 之间，因此不能顺利实现点火，从图 8－24 也可以明显看出火花塞在点火初期顺利点火浓度较高，但是其余两个火花塞火花密度明显偏弱，但是随着气流的进一步运动，其余两个火花塞周围的混合气浓度合适，点火密度又逐渐加强，同时先期顺利点火的火核又逐渐扩散到未燃区，最后使整个燃烧室空间实现完全点火。

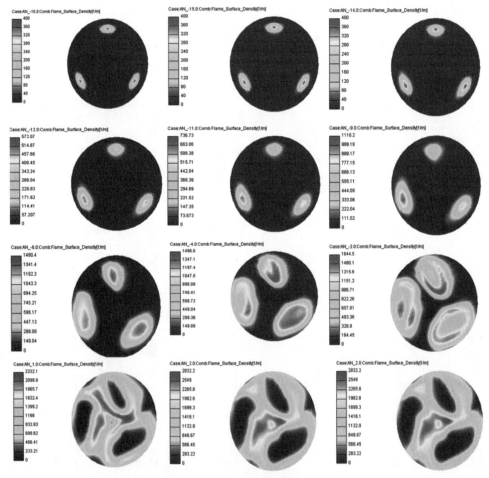

图 8－24　燃烧过程

8.3.4　多方案 FPEG 内燃机子系统换气过程分析

（1）FPEG 内燃机子系统换气过程分析（方案 1）

1）仿真条件模型参数

此方案采用的仿真参数如表 8 - 8 所示。

表 8 - 8　结构参数配置

参数	数值	单位
扫气口高度	8	mm
扫气口个数	12	个
扫气口开启位置	50.927	mm
扫气口闭合位置	58.927	mm
排气口开启位置	49.535	mm
排气口闭合位置	58.927	mm
排气口高度	9.39	mm
排气口个数	12	个
排气口倾角	15	(°)
活塞直径	56.5	mm
压缩比	10	—
行程	55.12	mm
避让槽深	3	mm
避让槽宽	12	mm
凹面直径	32.03	mm
凹面深度	5.45	mm

仿真边界参数如表 8 - 9 所示。

表 8 - 9　仿真边界参数

参数	数值	单位
扫气压力	2	bar
扫气温度	293.15	K
湍动能	20.0	m^2/s^2

续表

参数	数值	单位
排气压力	1.1	bar
排气温度	333.15	K
扫气壁面温度	293.15	K
排气壁面温度	333.15	K
左侧活塞顶温度	453.15	K
右侧活塞顶温度	453.15	K
活塞壁面温度	463.15	K

2）气流速度运动

同时，从横向截面图 8 - 25 可以看出，由于扫气口存在 15°倾角，明显在缸内形成了一股涡流，这些涡流相互作用，在缸内中心形成相对平稳的涡流中心，同时随着涡流的旋转作用，迅速向缸壁圆周方向发展，类似于空气弹簧作用，迅速将废气顺利挤出缸体。

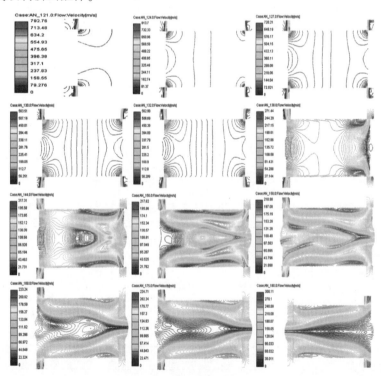

图 8 - 25　喷雾流程

在整个扫气过程中，缸内废气已经几乎完全顺利排出，从扫气效率曲线图中可以明显看出，在此种结构下，扫气效率达到了 99.6% 。

3）换气过程

从图 8-26 可以看出，废气从最开始的缸内含量 100%，在排气口先打开的时

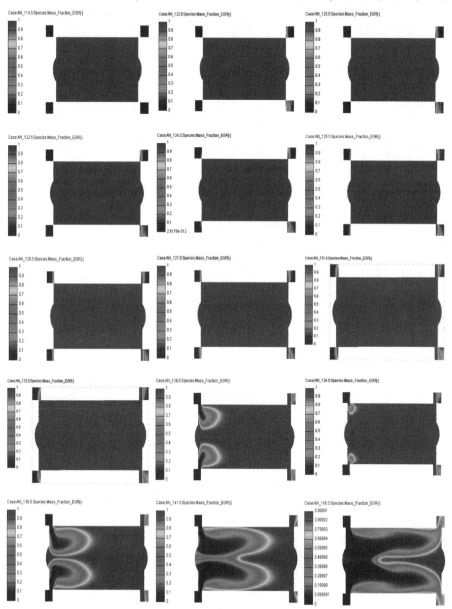

图 8-26　扫气流程

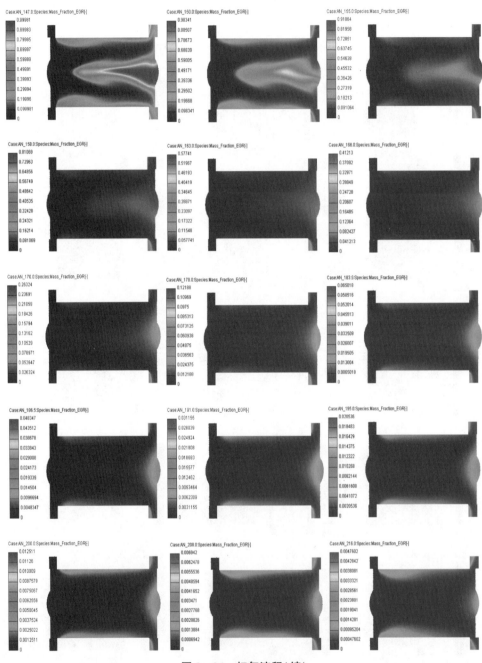

图 8 - 26　扫气流程(续)

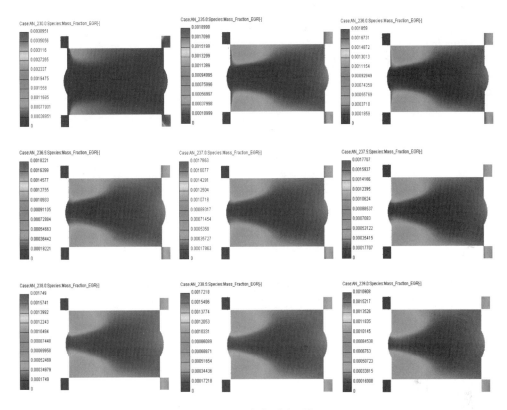

图 8 – 26　扫气流程（续）

间内，处于自由排气阶段，此时缸内压力要高于排气口 1.1 bar 的压力，由于压差的作用，缸内大部分的废气都可以自行排出，到扫气口将要开启时，接近 50% 的废气自行排出，此时缸内压力达到 2.2 bar 左右，略高于扫气口压力为 2 bar。因此在扫气口打开时，会出现少量废气倒流现象，但是此时时间非常短，仅在 3°曲轴转角内，缸内废气压力已经略低于扫气压力，废气已经开始顺利经由缸内通过排气口排出。

在整个扫气过程中，缸内废气已经几乎完全排出，从扫气效率曲线图（图 8 – 27）可以明显看出，在此种结构下，扫气效率达到了 94%。

（2）FPEG 内燃机子系统换气过程分析（方案 2）

1）仿真条件模型参数

模型参数如表 8 – 10 所示。

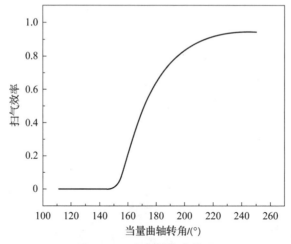

图 8 - 27　扫气效率曲线图

表 8 - 10　模型参数

参数	数值	单位
扫气口高度	4	mm
扫气口个数	12	个
扫气口开启位置	44.85	mm
扫气口闭合位置	58.85	mm
排气口开启位置	49.46	mm
排气口闭合位置	58.85	mm
排气口高度	9.39	mm
排气口个数	12	个
排气口倾角	15	(°)
活塞直径	56.5	mm
压缩比	10	—
行程	55.12	mm
避让槽深	3	mm
避让槽宽	12	mm
凹面直径	48.17	mm
凹面深度	3.35	mm

初始仿真参数如表 8 – 11 所示。

表 8 – 11　初始仿真参数

参数	数值	单位
扫气压力	2	bar
扫气温度	293.15	K
湍动能	20.0	m^2/s^2
排气压力	1.1	bar
排气温度	333.15	K
扫气壁面温度	293.15	K
排气壁面温度	333.15	K
左侧活塞顶温度	453.15	K
右侧活塞顶温度	453.15	K
活塞壁面温度	463.15	K

2）气流速度

从图 8 – 28 扫气流程可以明显看出，在此结构的气口尺寸条件下，随着扫气过程的完成，在燃烧室内仍然残留有大量的废气。扫气效率曲线显示，扫气效率仅为 25%，如图 8 – 29 所示。

（3）FPEG 内燃机子系统换气过程分析（方案 3）

1）仿真条件模型参数

模型参数如表 8 – 12 所示。

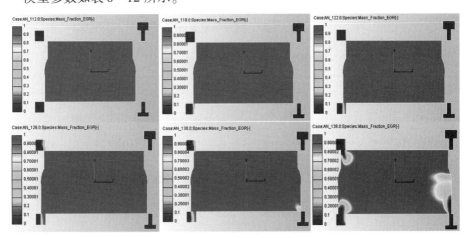

图 8 – 28　扫气流程图

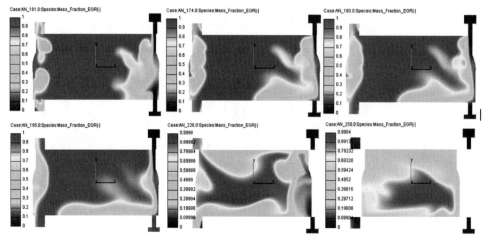

图 8 – 28　扫气流程图(续)

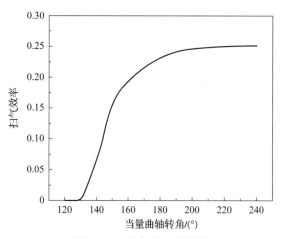

图 8 – 29　扫气效率曲线图

表 8 – 12　模型参数

参数	数值	单位
扫气口高度	8	mm
扫气口个数	12	个
扫气口开启位置	49.80	mm
扫气口闭合位置	57.80	mm
排气口开启位置	48.4	mm

续表

参数	数值	单位
排气口闭合位置	57.80	mm
排气口高度	9.4	mm
排气口个数	12	个
排气口倾角	15	(°)
活塞直径	56.5	mm
压缩比	10	—
行程	55.12	mm
避让槽深	3	mm
避让槽宽	12	mm
凹面直径	49.633 3	mm
凹面深度	5.85	mm

初始仿真参数如表 8-13 所示。

表 8-13　仿真参数

参数	数值	单位
扫气压力	2	bar
扫气温度	293.15	K
湍动能	20.0	m^2/s^2
排气压力	1.1	bar
排气温度	333.15	K
扫气壁面温度	293.15	K
排气壁面温度	333.15	K
左侧活塞顶温度	453.15	K
右侧活塞顶温度	453.15	K
活塞壁面温度	463.15	K
点火时刻	-18.5	(°)

2）气流速度

如图 8 - 30 所示，活塞从外止点向内止点运动过程中，随着进排气口的逐渐关闭，气流运动速度也逐渐增大。特别是当曲轴转角为 - 117°时，排气口将要关闭时，直接出现了发散现象，这与模型结构有关。

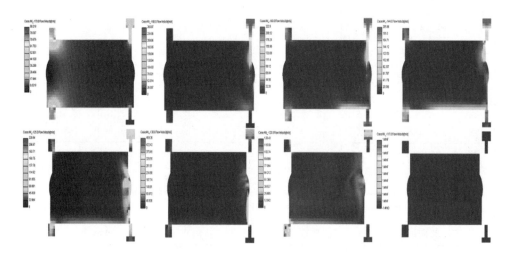

图 8 - 30　气体组织过程

（4）FPEG 内燃机子系统换气过程分析（方案 4）

1）仿真条件模型参数

模型参数如表 8 - 14 所示。

表 8 - 14　模型参数

参数	数值	单位
扫气口高度	4	mm
扫气口个数	12	个
扫气口开启位置	55. 11	mm
扫气口闭合位置	59. 11	mm
排气口开启位置	49. 72	mm
排气口闭合位置	59. 11	mm
排气口高度	9. 4	mm

续表

参数	数值	单位
排气口个数	12	个
排气口倾角	15	(°)
活塞直径	56.5	mm
压缩比	10	—
行程	55.12	mm
避让槽深	3	mm
避让槽宽	12	mm
凹面直径	40.83	mm
凹面深度	3.25	mm

初始仿真参数如表 8 – 15 所示。

表 8 – 15 仿真参数

参数	数值	单位
扫气压力	2	bar
扫气温度	293.15	K
湍动能	20.0	m^2/s^2
排气压力	1.1	bar
排气温度	333.15	K
扫气壁面温度	293.15	K
排气壁面温度	333.15	K
左侧活塞顶温度	453.15	K
右侧活塞顶温度	453.15	K
活塞壁面温度	463.15	K
点火时刻	−23.5	(°)

2）气流速度

气流组织过程如图 8 – 31 所示。

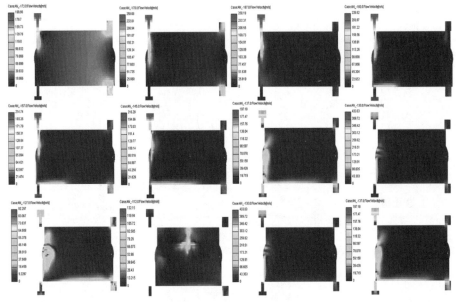

图 8 – 31　气流组织过程

整体来说，此种结构对应的喷油设置，点火时刻相对合理，但是由于气口尺寸设计原因，扫气效率仅达到 45%，如图 8 – 32 所示。

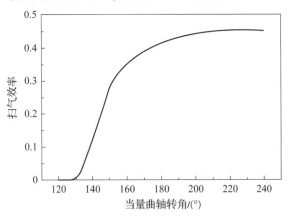

图 8 – 32　扫气效率曲线图

（5）FPEG 内燃机子系统换气过程分析（方案 5）

1）仿真条件模型参数

模型参数如表 8 – 16 所示。

表 8 - 16　模型参数

参数	数值	单位
扫气口高度	8	mm
扫气口个数	12	个
扫气口开启位置	50.87	mm
扫气口闭合位置	58.87	mm
排气口开启位置	49.47	mm
排气口闭合位置	58.87	mm
排气口高度	9.4	mm
排气口个数	12	个
排气口倾角	15	(°)
活塞直径	56.5	mm
压缩比	10	—
行程	55.12	mm
避让槽深	3	mm
避让槽宽	12	mm
凹面直径	46.7	mm
凹面深度	3.45	mm

初始仿真参数如表 8 - 17 所示。

表 8 - 17　初始仿真参数

参数	数值	单位
扫气压力	2	bar
扫气温度	293.15	K
湍动能	20.0	m^2/s^2

续表

参数	数值	单位
排气压力	1. 1	bar
排气温度	333. 15	K
扫气壁面温度	293. 15	K
排气壁面温度	333. 15	K
左侧活塞顶温度	453. 15	K
右侧活塞顶温度	453. 15	K
活塞壁面温度	463. 15	K
点火时刻	− 36. 5	(°)

2）气流速度

从图 8 – 33 和图 8 – 34 可以明显看出，虽然点火提前角过大，但由于结构设计的合理性，缸内废气仍然能够及时排出，扫气效率仍然达到了 94%，再次验证了结构设计的合理性。

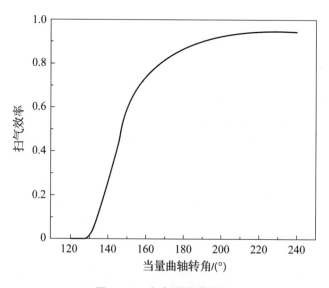

图 8 – 33　扫气效率曲线图

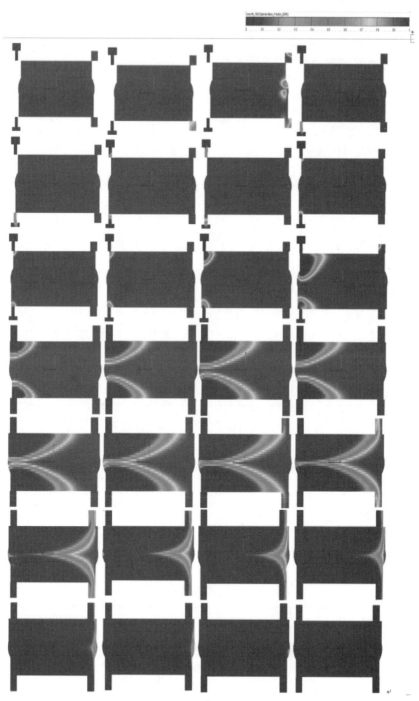

图 8 - 34　气流速度图

（6）FPEG 内燃机子系统换气过程分析（方案 6）

1）仿真条件模型参数

模型参数如表 8-18 所示。

表 8-18　模型参数

参数	数值	单位
扫气口高度	8	mm
扫气口个数	12	个
扫气口开启位置	51.67	mm
扫气口闭合位置	58.67	mm
排气口开启位置	49.28	mm
排气口闭合位置	58.67	mm
排气口高度	9.4	mm
排气口个数	12	个
排气口倾角	15	(°)
活塞直径	56.5	mm
压缩比	10	—
行程	55.12	mm
避让槽深	3	mm
避让槽宽	12	mm
凹面直径	48.9	mm
凹面深度	3.75	mm

初始仿真参数如表 8-19 所示。

表 8-19　初始仿真参数

参数	数值	单位
扫气压力	2	bar
扫气温度	293.15	K
湍动能	20.0	m^2/s^2
排气压力	1.1	bar

续表

参数	数值	单位
排气温度	333.15	K
扫气壁面温度	293.15	K
排气壁面温度	333.15	K
左侧活塞顶温度	453.15	K
右侧活塞顶温度	453.15	K
活塞壁面温度	463.15	K
点火时刻	-13.5	(°)

2）气流速度

气流运动图如图 8-35 所示。

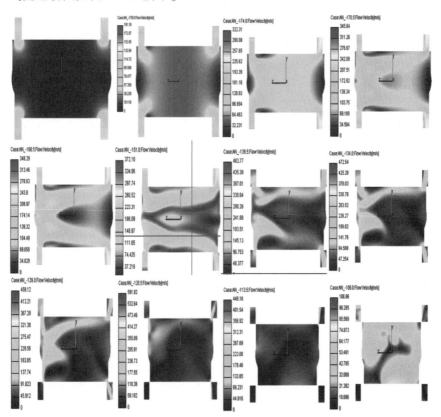

图 8-35　气流运动图

由于结构的合理性，扫气效率仍达到了92%，如图8-36所示。

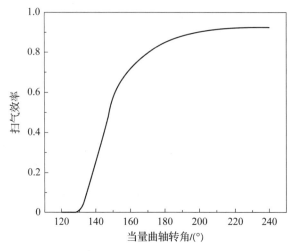

图8-36　扫气效率曲线图

（7）FPEG 内燃机子系统换气过程分析（方案7）

1）仿真条件模型参数

模型参数如表8-20所示。

表8-20　模型参数

参数	数值	单位
扫气口高度	8	mm
扫气口个数	12	个
扫气口开启位置	51.30	mm
扫气口闭合位置	59.30	mm
排气口开启位置	49.91	mm
排气口闭合位置	59.30	mm
排气口高度	9.4	mm
排气口个数	12	个
排气口倾角	15	（°）
活塞直径	56.5	mm

参数	数值	单位
压缩比	10	—
行程	55.12	mm
避让槽深	3	mm
避让槽宽	12	mm
凹面直径	34.23	mm
凹面深度	3.05	mm

初始仿真参数如表 8 - 21 所示。

表 8 - 21　初始仿真参数

参数	数值	单位
扫气压力	2	bar
扫气温度	293.15	K
湍动能	20.0	m^2/s^2
排气压力	1.1	bar
排气温度	333.15	K
扫气壁面温度	293.15	K
排气壁面温度	333.15	K
左侧活塞顶温度	453.15	K
右侧活塞顶温度	453.15	K
活塞壁面温度	463.15	K
点火时刻	-11.5	(°)

2）气流速度

从图 8 - 37 可以明显看出，由于结构参数设计得不合理，导致换气过程不能正常实现。

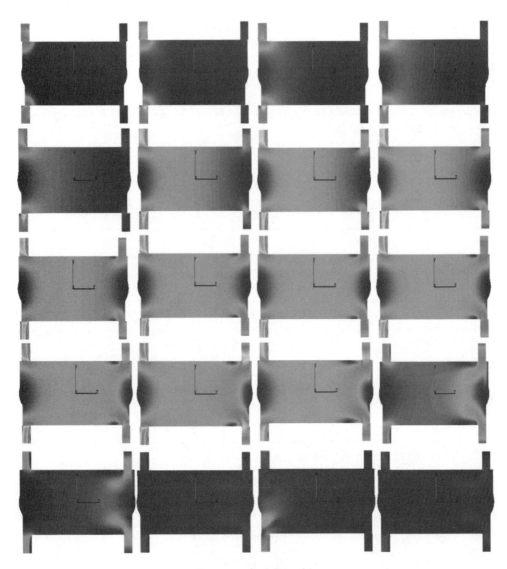

图 8 – 37 气流组织过程

（8）FPEG 燃烧室结构优化技术以及内燃机子系统气口尺寸参数设计技术研究

经过以上仿真，对一些重点参数和仿真进行了总结，如图 8 – 38 所示。

通过以上数值实验分析，切向倾角过小，涡流难以形成，新鲜空气与废气掺混严重；倾角过大，会造成涡流过大，新鲜空气沿缸壁流动部分增多，容易将废弃包裹在涡流中心，倾角增大，缸内涡流比和进气量均随之增大，在 15°时达到

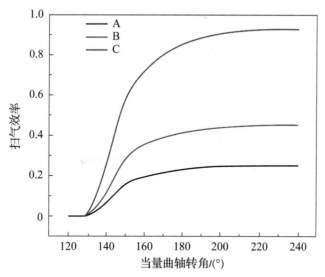

图 8 - 38　扫气效率曲线图（附彩图）

最大值，且扫气效率和充气效率同时得到提高。

涡流排冲程率增大，缸内涡流增强，充气效率几乎呈线性增大；涡流排冲程率减小，进气量减少，扫气效率下降，当涡流排冲程率比为 0. 35 时，倾角增大，缸内涡流比和进气量均随之增大，在 15°时达到最大值，换气质量大幅提升。

采用增压技术，提高扫气压力，但会使新旧工质混合增加。试验台架设计技术与实现为了对单缸双自由活塞直线电机扫气系统内的气流组织运动特性以及设计的扫气系统合理性进行研究和验证，搭建了扫气试验平台。

经过对气口尺寸的不断优化，扫气效率由以前的 20% 提高到 45%，最后提高到 99%，充分保证了换气的效果，及时顺利地排出燃烧室内残余的废气，使新鲜空气能够及时进入燃烧室，保证每个循环都能够有足够的新鲜空气进入，防止因为空气问题导致的不能燃烧现象。

8. 3. 5　多方案 FPEG 内燃机子系统燃烧过程分析

（1）FPEG 内燃机子系统燃烧过程分析（方案 1）

1）参数配置

结构参数配置如表 8 - 22 所示。

表 8 – 22　结构参数配置

参数	数值	单位
扫气口高度	8	mm
扫气口个数	12	个
扫气口开启位置	50.927	mm
扫气口闭合位置	58.927	mm
排气口开启位置	49.535	mm
排气口闭合位置	58.927	mm
排气口高度	9.39	mm
排气口个数	12	个
排气口倾角	15	(°)
活塞直径	56.5	mm
压缩比	10	—
行程	55.12	mm
避让槽深	3	mm
避让槽宽	12	mm
凹面直径	32.03	mm
凹面深度	5.45	mm

火花塞和喷油器布置如图 8 – 39 所示。

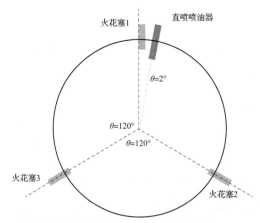

图 8 – 39　火花塞和喷油器布置示意图

仿真边界参数如表 8 – 23 所示。

表 8 – 23　仿真边界参数配置

参数	数值	单位
扫气压力	2	bar
扫气温度	293.15	K
湍动能	20.0	m^2/s^2
排气压力	1.1	bar
排气温度	333.15	K
扫气壁面温度	293.15	K
排气壁面温度	333.15	K
左侧活塞顶温度	453.15	K
右侧活塞顶温度	453.15	K
活塞壁面温度	463.15	K
喷射时刻	– 32	(°)
点火时刻	– 16.5	(°)

2）喷雾过程分析

从图 8 – 40 可以明显看出，虽然燃油蒸发主要与喷油脉宽、喷油压力、缸内

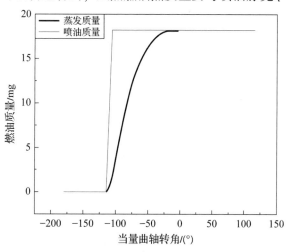

图 8 – 40　喷油曲线与蒸发曲线

温度、液滴粒径等多种综合因素有关，甚至相互之间也经常出现耦合作用的影响，但此次仿真采用的相关参数基本保证了燃油在火花塞跳火前几乎完全蒸发，蒸发量几乎达到100%。此次喷雾贯穿距在52.5 mm左右，没有出现碰壁现象，同时喷雾粒径基本在5 μm左右，喷油参数设置基本合理。同时从图8-41中明显看出，贯穿距基本上是由喷油压力决定的，在喷油结束后，贯穿距在液滴的惯性作用下继续增加，但增加的距离有限，在喷油结束后，液滴运动速度明显下降，出现拐点。随后液滴运动主要受气流运动状态的影响。喷雾流程如图8-41所示。

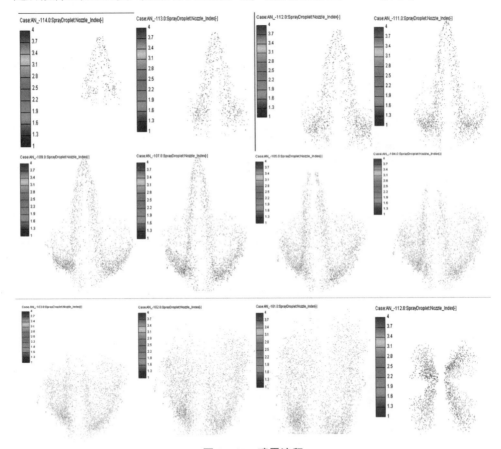

图8-41 喷雾流程

3）燃烧过程分析

火花塞采用三组对称120°的形式布置，在点火时刻三个火花塞同步跳火，火核呈球形，火花能量也完全相同，但是由于不同火花塞周围的混合气分布不同，因此在后期出现了不同的着火状况。具体表现为，在点火初期，由于火花塞3周围当量比在1.0~1.4之间，因此其余两个火花塞周围的混合气都比较稀薄，没有处于合适的当量比范围（0.6～2.0 之间），因此不能顺利实现点火。从图中也可以明显看出火花塞在点火初期顺利点火浓度较高，但是其余两个火花塞火花密度明显偏弱，随着气流的进一步运动，其余两个火花塞周围的混合气浓度合适，点火密度又逐渐加强，同时先期顺利点火的火核又逐渐扩散到未燃区，最后使整个燃烧室空间实现完全点火。燃烧过程如图 8 - 42 所示。燃烧过程曲线如图 8 - 43 所示。

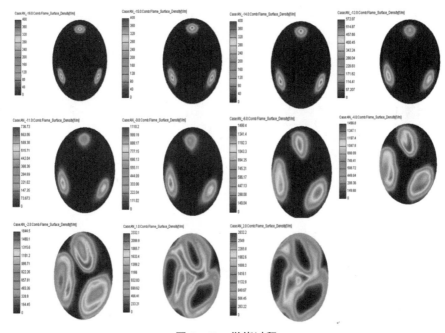

图 8 - 42　燃烧过程

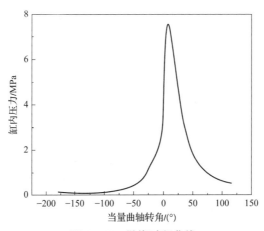

图 8 - 43　燃烧过程曲线

（2）FPEG 内燃机子系统燃烧过程分析（方案 2）

1）参数配置

模型参数如表 8 - 24 所示。

表 8 - 24 模型参数

参数	数值	单位
扫气口高度	4	mm
扫气口个数	12	个
扫气口开启位置	44.85	mm
扫气口闭合位置	58.85	mm
排气口开启位置	49.46	mm
排气口闭合位置	58.85	mm
排气口高度	9.39	mm
排气口个数	12	个
排气口倾角	15	(°)
活塞直径	56.5	mm
压缩比	10	—
行程	55.12	mm
避让槽深	3	mm
避让槽宽	12	mm
凹面直径	48 166 667	mm
凹面深度	3.35	mm

初始仿真参数如表 8 - 25 所示。

表 8 - 25 初始仿真参数

参数	数值	单位
扫气压力	2	bar
扫气温度	293.15	K

续表

参数	数值	单位
湍动能	20.0	m^2/s^2
排气压力	1.1	bar
排气温度	333.15	K
扫气壁面温度	293.15	K
排气壁面温度	333.15	K
左侧活塞顶温度	453.15	K
右侧活塞顶温度	453.15	K
活塞壁面温度	463.15	K
点火时刻	−34.5	(°)

火花塞和喷油器布置形式如图 8 – 44 所示。

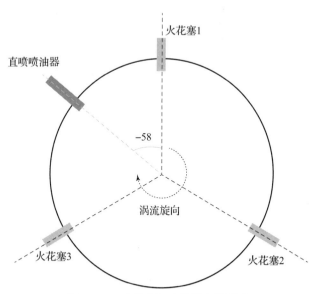

图 8 – 44　火花塞和喷油器布置形式

2）喷雾过程分析

从喷雾流场图（图 8 – 45）中可以明显看出，由于喷雾位置设置原因，存在一定量的燃油碰壁现象，在喷雾贯穿距也可以明显看出，喷雾距离也已经大于缸径 56.5 mm，达到了 60 mm，在图中可以明显看出，出现了碰壁现象。同时，在点火时刻燃油蒸发量才为 64%，将近 1/3 的燃油还没有完全蒸发。喷油量和蒸发量如图 8 - 46 所示。

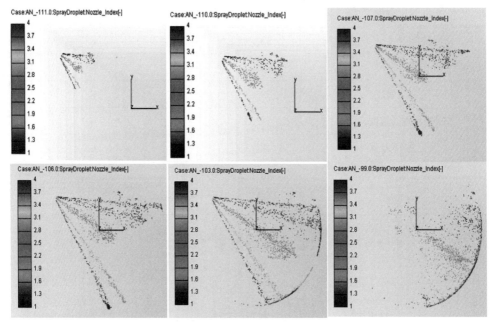

图 8 - 45　喷雾流场图

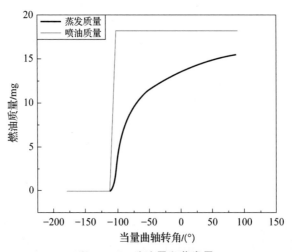

图 8 - 46　喷油量和蒸发量

3）燃烧过程分析

从图 8 -47 可以明显看出，在点火初始时刻，火花塞顺利实现跳火，但是由于周边混合气分布不合理，不能实现顺利点火，火焰前锋面未能顺利传播，导致火焰消失。缸压变化曲线如图 8 -48 所示。

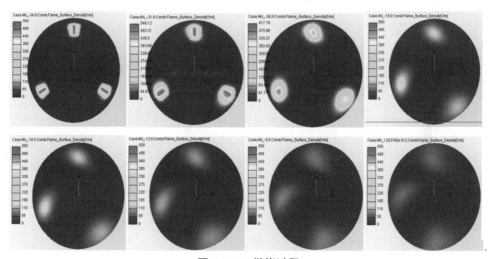

图 8 -47　燃烧过程

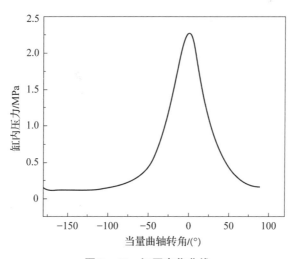

图 8 -48　缸压变化曲线

（3）FPEG 内燃机子系统燃烧过程分析（方案 3）

1）仿真条件模型参数

模型参数如表 8 -26 所示。

表 8 – 26　模型参数

参数	数值	单位
扫气口高度	8	mm
扫气口个数	12	个
扫气口开启位置	49.80	mm
扫气口闭合位置	57.80	mm
排气口开启位置	48.4	mm
排气口闭合位置	57.80	mm
排气口高度	9.4	mm
排气口个数	12	个
排气口倾角	15	(°)
活塞直径	56.5	mm
压缩比	10	—
行程	55.12	mm
避让槽深	3	mm
避让槽宽	12	mm
凹面直径	49.63	mm
凹面深度	5.85	mm

火花塞和喷油器布置形式如图 8 – 49 所示。

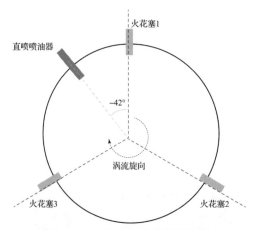

图 8 – 49　火花塞和喷油器布置形式

初始仿真参数如表 8 – 27 所示。

表 8 – 27　仿真边界条件配置

参数	数值	单位
扫气压力	2	bar
扫气温度	293. 15	K
湍动能	20. 0	m^2/s^2
排气压力	1. 1	bar
排气温度	333. 15	K
扫气壁面温度	293. 15	K
排气壁面温度	333. 15	K
左侧活塞顶温度	453. 15	K
右侧活塞顶温度	453. 15	K
活塞壁面温度	463. 15	K
点火时刻	– 18. 5	(°)

2）喷雾过程

从喷雾流场图（图 8 – 50）容易看出，在此种结构下，喷雾没有出现明显的碰壁现象，从图 8 – 41 喷雾贯穿距可以看到，喷雾距离接近缸径，同时在点火时刻，燃油蒸发量已经到了 89%。燃油蒸发量与喷油位置有关，同时也与缸内的

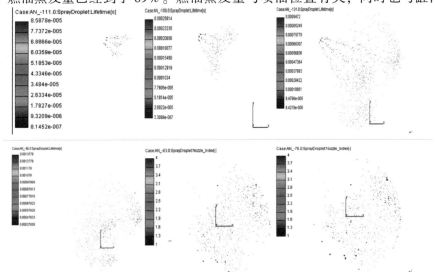

图 8 – 50　喷雾流场图

温度和压力有关系。喷雾曲线和蒸发曲线如图 8 -51 所示。

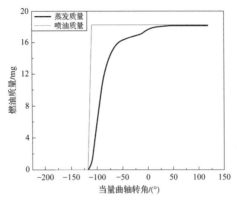

图 8 -51 喷雾曲线和蒸发曲线

3）燃烧过程

从燃烧过程（图 8 -52）可以明显看出，由于气流运动组织的不合理，在火

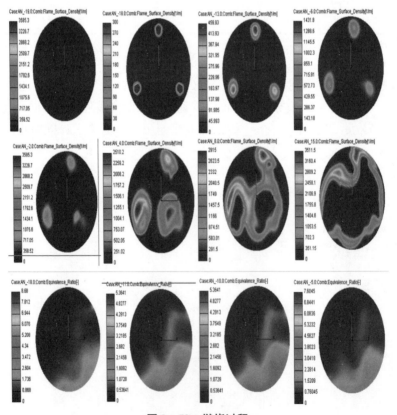

图 8 -52 燃烧过程

花塞跳火之后，没能顺利实现点火，但是随着气流组织的进一步运动，活塞运动上止点以后，火焰开始传播，此时从放热率曲线也可以明显看出，瞬时放热量迅速上升，火焰开始缓慢传播。累积放热量也开始上升。但是这种明显燃烧滞后的现象会严重影响发动机性能，同时造成 NO_x、CO_x 严重污染。缸内压力曲线如图 8 - 53 所示。

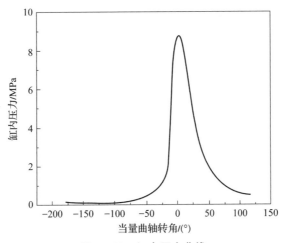

图 8 - 53　缸内压力曲线

（4）FPEG 内燃机子系统燃烧过程分析（方案 4）

1）仿真条件模型参数

模型参数如表 8 - 28 所示。

表 8 - 28　模型参数

参数	数值	单位
扫气口高度	4	mm
扫气口个数	12	个
扫气口开启位置	55.11	mm
扫气口闭合位置	59.11	mm
排气口开启位置	49.72	mm
排气口闭合位置	59.11	mm
排气口高度	9.4	mm
排气口个数	12	个
排气口倾角	15	（°）

续表

参数	数值	单位
活塞直径	56.5	mm
压缩比	10	—
行程	55.12	mm
避让槽深	3	mm
避让槽宽	12	mm
凹面直径	40.83	mm
凹面深度	3.25	mm

火花塞和喷油器布置形式如图 8 – 54 所示。

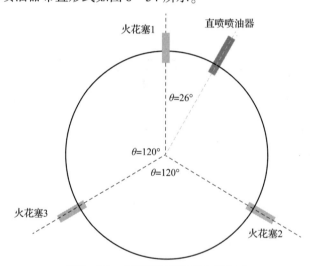

图 8 – 54 火花塞和喷油器布置形式

初始仿真参数如表 8 – 29 所示。

表 8 – 29 初始仿真参数

参数	数值	单位
扫气压力	2	bar
扫气温度	293.15	K
湍动能	20.0	m^2/s^2
排气压力	1.1	bar

续表

参数	数值	单位
排气温度	333.15	K
扫气壁面温度	293.15	K
排气壁面温度	333.15	K
左侧活塞顶温度	453.15	K
右侧活塞顶温度	453.15	K
活塞壁面温度	463.15	K
点火时刻	-23.5	(°)

2）喷雾过程

此种结构的燃油喷雾整体状况较好，在点燃时刻蒸发量很高，也没有出现严重的碰壁现象。喷雾过程如图 8-55 所示。喷油量和蒸发量如图 8-56 所示。

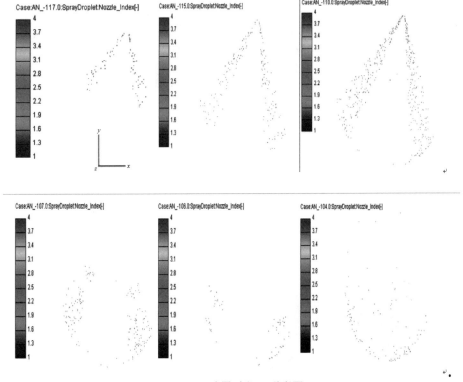

图 8-55 喷雾过程（附彩图）

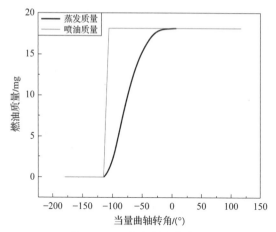

图 8 - 56　喷油量和蒸发量

3）燃烧过程

燃烧过程如图 8 - 57 所示。缸内压力曲线如图 8 - 58 所示。

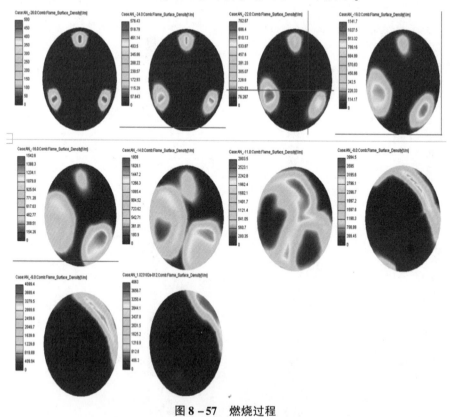

图 8 - 57　燃烧过程

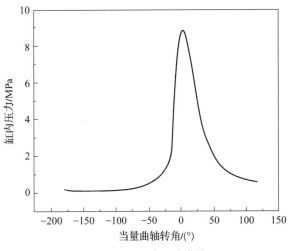

图 8 - 58 缸内压力曲线

整体来说，此结构保证了在火花塞跳火之后，能够顺利点火，在瞬时放热率曲线和累计放热率曲线中也可以明确看出，点火之后顺利实现火焰传播；但是由于最高压力出现在上止点附近，没有处于压缩上止点后 10°~15°，因此点火提前角设置不是非常合理。

（5）FPEG 内燃机子系统燃烧过程分析（方案 5）

1）仿真条件模型参数

模型参数如表 8 - 30 所示。

表 8 - 30　模型参数

参数	数值	单位
扫气口高度	8	mm
扫气口个数	12	个
扫气口开启位置	50.87	mm
扫气口闭合位置	58.87	mm
排气口开启位置	49.47	mm
排气口闭合位置	58.87	mm
排气口高度	9.4	mm
排气口个数	12	个

参数	数值	单位
排气口倾角	15	(°)
活塞直径	56.5	mm
压缩比	10	—
行程	55.12	mm
避让槽深	3	mm
避让槽宽	12	mm
凹面直径	46.7	mm
凹面深度	3.45	mm

初始仿真参数如表 8 – 31 所示。

表 8 – 31　初始仿真参数

参数	数值	单位
扫气压力	2	bar
扫气温度	293.15	K
湍动能	20.0	m^2/s^2
排气压力	1.1	bar
排气温度	333.15	K
扫气壁面温度	293.15	K
排气壁面温度	333.15	K
左侧活塞顶温度	453.15	K
右侧活塞顶温度	453.15	K
活塞壁面温度	463.15	K
点火时刻	– 36.5	(°)

火花塞和喷油器布置形式如图 8 – 59 所示。

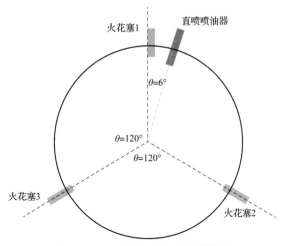

图 8-59　火花塞和喷油器布置形式

2）喷雾过程

从图 8-60 中可以明显看出，此种结构的燃油喷雾整体状况较好，在点燃时刻蒸发量未能实现完全蒸发达到 83%，满足燃烧需求。喷油量和燃油蒸发量如图 8-61 所示。

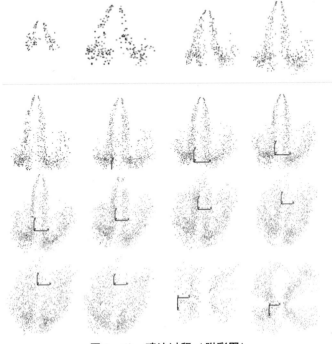

图 8-60　喷油过程（附彩图）

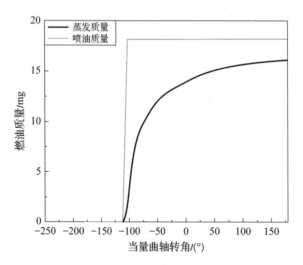

图 8 – 61　喷油量和燃油量蒸发量

3）燃烧过程

燃烧过程如图 8 – 62 所示。

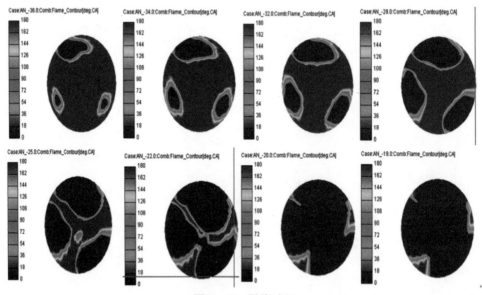

图 8 – 62　燃烧过程

虽然点火提前角比较大，但是由于点火时刻火花塞周围的混合气浓度分布比较均匀，因此仍然实现了顺利点火，燃油在短时间内顺利燃烧完毕。缸内压力曲线如图 8 – 63 所示。

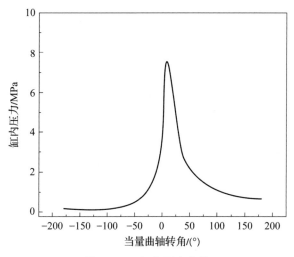

图 8 - 63　缸内压力曲线

（6）FPEG 内燃机子系统燃烧过程分析（方案 6）

1）仿真条件模型参数

模型参数如表 8 - 32 所示。

表 8 - 32　模型参数

参数	数值	单位
扫气口高度	8	mm
扫气口个数	12	个
扫气口开启位置	51. 67	mm
扫气口闭合位置	58. 67	mm
排气口开启位置	49. 28	mm
排气口闭合位置	58. 67	mm
排气口高度	9. 4	mm
排气口个数	12	个
排气口倾角	15	(°)
活塞直径	56. 5	mm
压缩比	10	—

参数	数值	单位
行程	55.12	mm
避让槽深	3	mm
避让槽宽	12	mm
凹面直径	48.9	mm
凹面深度	3.75	mm

初始仿真参数如表 8 - 33 所示。

表 8 - 33　初始仿真参数

参数	数值	单位
扫气压力	2	bar
扫气温度	293.15	K
湍动能	20.0	m^2/s^2
排气压力	1.1	bar
排气温度	333.15	K
扫气壁面温度	293.15	K
排气壁面温度	333.15	K
左侧活塞顶温度	453.15	K
右侧活塞顶温度	453.15	K
活塞壁面温度	463.15	K
点火时刻	-13.5	(°)

火花塞和喷油器布置形式如图 8 - 64 所示。

2）喷雾过程

从图 8 - 65 可以明显看出，由于喷雾位置和角度的原因，喷雾贯穿距在后期自行扩散期间出现了稍微的碰壁现象，但是在接近点燃时刻，燃油蒸发量仍然达到了 13 mg，接近 70%，同时燃油平均直径也在 10 ~ 20 μm 之间，符合缸内直喷的要求。喷油量和蒸发量曲线如图 8 - 66 所示。

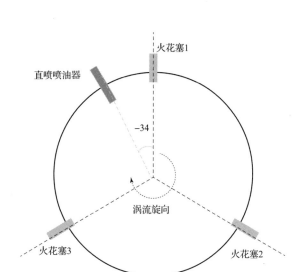

图 8 – 64　火花塞和喷油器布置形式

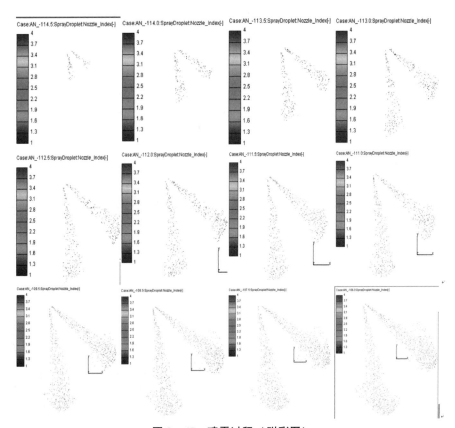

图 8 – 65　喷雾过程（附彩图）

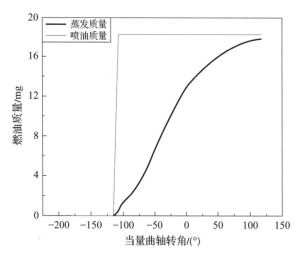

图 8 - 66　喷油量和蒸发量曲线

3）燃烧过程

从图 8 - 67 可以明显看出，虽然缸内压力在上止点附近出现了明显的上升，但是从数值来看仍然偏小，结合燃烧过程的图形来看，明显属于未正常点燃现象，同时累积放热率非常滞后，在上止点后才出现缓慢上升，这主要是燃烧滞燃期太长造成的。缸内压力曲线如图 8 - 68 所示。

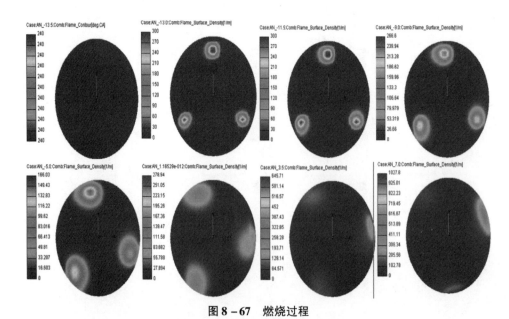

图 8 - 67　燃烧过程

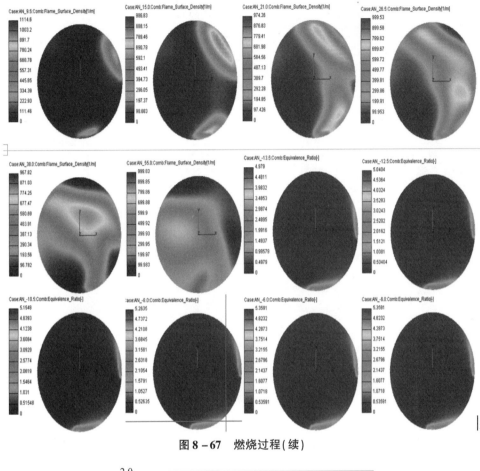

图 8-67　燃烧过程(续)

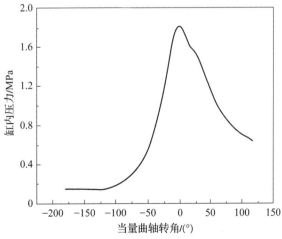

图 8-68　缸内压力曲线

（7）FPEG 内燃机子系统燃烧过程分析（方案 7）

1）仿真条件模型参数

模型参数如表 8 - 34 所示。

表 8 - 34　模型参数

参数	数值	单位
扫气口高度	8	mm
扫气口个数	12	个
扫气口开启位置	51.30	mm
扫气口闭合位置	59.30	mm
排气口开启位置	49.91	mm
排气口闭合位置	59.30	mm
排气口高度	9.4	mm
排气口个数	12	个
排气口倾角	15	(°)
活塞直径	56.5	mm
压缩比	10	—
行程	55.12	mm
避让槽深	3	mm
避让槽宽	12	mm
凹面直径	34.23	mm
凹面深度	3.05	mm

初始仿真参数如表 8 - 35 所示。

表 8 - 35　初始仿真参数

参数	数值	单位
扫气压力	2	bar
扫气温度	293.15	K
湍动能	20.0	m^2/s^2
排气压力	1.1	bar
排气温度	333.15	K

续表

参数	数值	单位
扫气壁面温度	293.15	K
排气壁面温度	333.15	K
左侧活塞顶温度	453.15	K
右侧活塞顶温度	453.15	K
活塞壁面温度	463.15	K
点火时刻	−11.5	(°)

2）喷雾过程

从图 8−69 可以看出，由于喷油位置和角度的影响，在点火时刻，燃油未能实现完全蒸发，但燃油蒸发量仍然达到了 12 mg 左右，占到总共喷油量的 65% 左右，同时燃油在后期自行扩散瞬间，出现不少的碰壁现象。喷油量和蒸发量如图 8−70 所示。

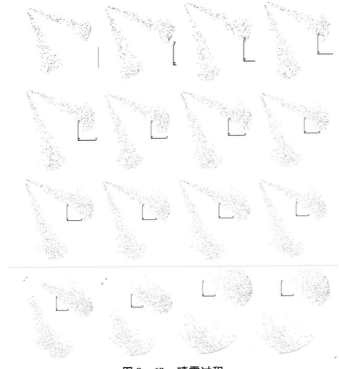

图 8−69　喷雾过程

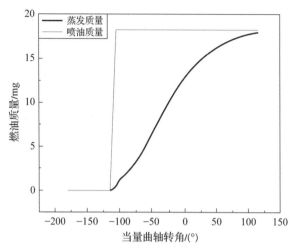

图 8 - 70　喷油量和蒸发量

3）燃烧过程

从燃烧过程（图 8 - 71）来看，虽然点火提前角偏小，但由于燃烧时刻火花塞周围的混合气浓度适宜，仍然实现了顺利燃烧，但瞬时放热率明显偏低。结合燃烧过程的图形来看，明显属于未正常点燃现象，同时累积放热率非常滞后，在上止点后才出现缓慢上升，这主要是燃烧滞燃期太长造成的。缸内压力曲线如图 8 - 72 所示。

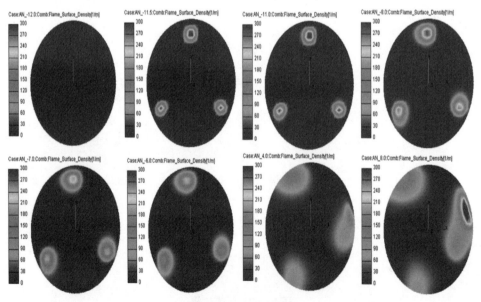

图 8 - 71　燃烧过程

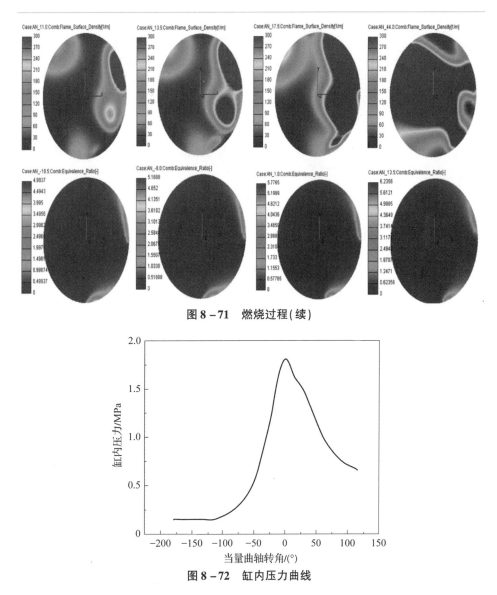

图 8 - 71　燃烧过程 (续)

图 8 - 72　缸内压力曲线

（8）FPEG 燃烧室结构优化技术以及内燃机子系统控制参数设计研究

通过对喷油器的位置、安装角度和喷油器喷油压力、喷油脉宽、喷油背压、喷油时刻周围环境温度以及燃油温度相关参数进行仿真分析，得出了相关参数对燃油蒸发影响的规律（图 8 - 73），为实际试验中喷油系统的设置提供一定的参考，同时保证燃油在点火时刻尽量蒸发完全，使燃料的利用率达到最高，内燃机的热效率也达到最高。

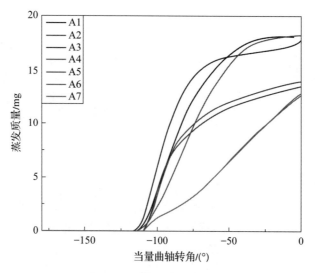

图 8 – 73　喷油量蒸发曲线 （附彩图）

从缸内压力曲线 （图 8 – 74） 可以明显看出，即使在当量比相同的情况下，即燃油供给流量完全相同，但在压缩比相同的情况下，由于喷油角度也不相同，造成的燃油蒸发量不相同，同时点火提前角不同，造成的燃烧状况也不完全相同，使缸内最后产生的最高压力也不完全相同，其中只有曲线 A1、A2 最高压力出现在压缩上止点 12°CA 左右，也就意味着点火提前角为最佳点火提前角。

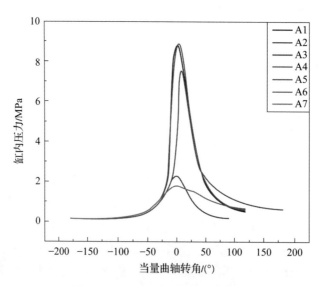

图 8 – 74　缸内压力曲线 （附彩图）

参 考 文 献

［1］ 吴兆汉. 内燃机设计 ［M］. 北京：北京理工大学出版社，1990.

［2］ 周龙保. 内燃机学 ［M］. 北京：机械工业出版社，2011.

［3］ 孙柏刚，杜巍. 车辆发动机原理 ［M］. 北京：北京理工大学出版社，2015.

［4］ STONE R. Introduction to internal combustion engines ［M］. London：Macmillan Publishing Company，1985.

［5］ KÖHLER E，FLIERL R. Verbrennungsmotoren：motormechanik，berechnung und auslegung des hubkolbenmotors ［M］. Berlin：Springer – Verlag，2007.

［6］ YAN X，FENG H，ZUO Z，et al. Research on the influence of dual spark ignition strategy at combustion process for dual cylinder free piston generator under direct injection ［J］. Fuel，2021，299：120911.

［7］ Yan X，Feng H，Zhang Z，et al. Investigation research of gasoline direct injection on spray performance and combustion process for free piston linear generator with dual cylinder configuration ［J］. Fuel，2021，288：119657.

［8］ 吴礼民. 对置式自由活塞发电机建模理论与关键技术问题研究 ［D］. 北京：北京理工大学，2022.

［9］ 闫晓东. 点燃式缸内直喷对置自由活塞发电机燃烧系统工作特性研究 ［D］. 北京：北京理工大学，2022.

彩　　插

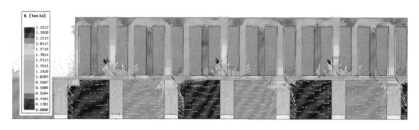

（a）

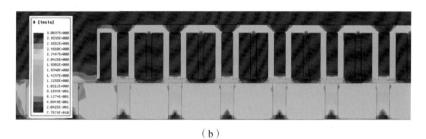

（b）

图 4 - 5　直线电机的磁通密度分布

（a）磁通矢量分布；（b）磁密分布云图

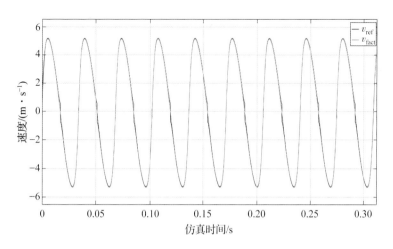

图 4 - 57　电机速度曲线仿真结果（电动状态）

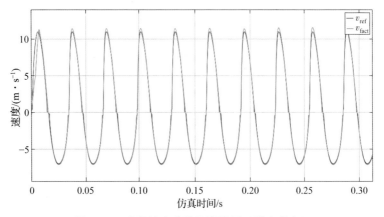

图4-60 电机速度曲线仿真结果（发电状态）

充电状态下网侧电压相电流波形

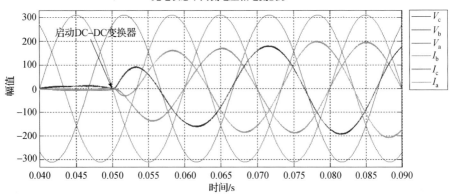

图5-12 系统充电状态下网侧相电压相电流波形

充电到放电网侧相电压相电流波形

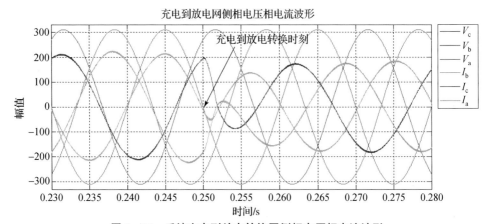

图5-14 系统充电到放电转换网侧相电压相电流波形

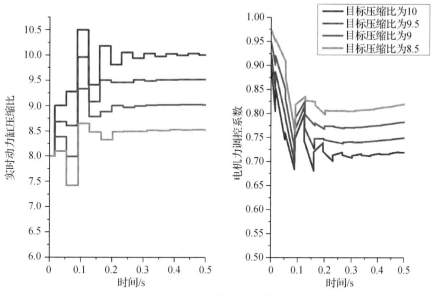

图 5 - 36 压缩比调控效果

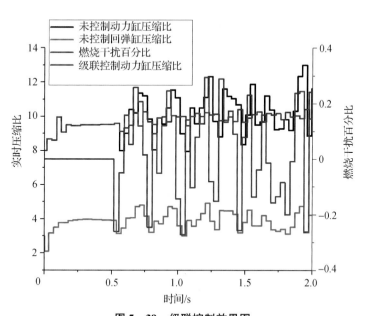

图 5 - 39 级联控制效果图

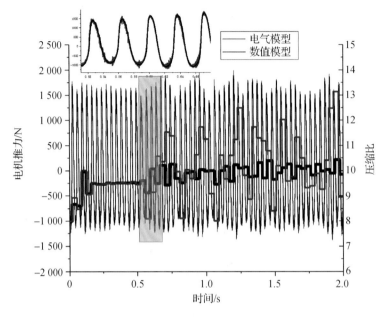

图 5 –42   电气系统与数值模型计算对比

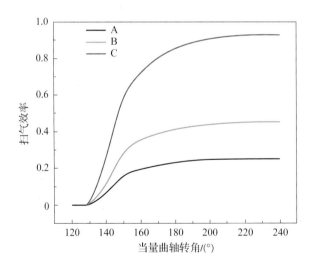

图 8 –38   扫气效率曲线图

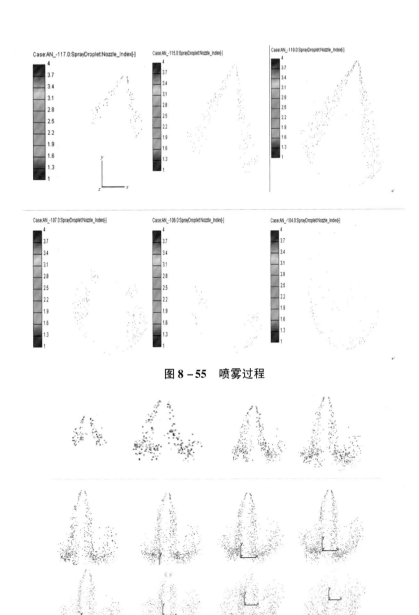

图 8 – 55　喷雾过程

图 8 – 60　喷油过程

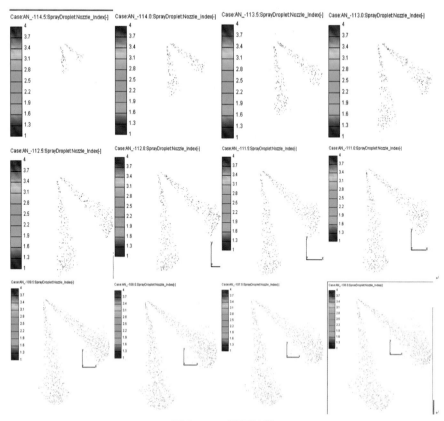

图 8 - 65　喷雾过程

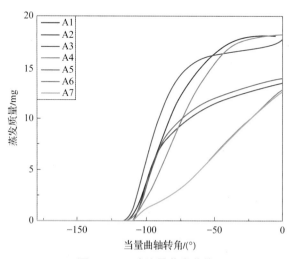

图 8 - 73　喷油量蒸发曲线

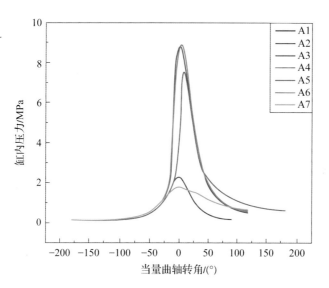

图 8 - 74 缸内压力曲线